你也能成为发明人

You Can Also Be An Inventor

——发明启迪与专利攻略

任京生 著

美商EHGBooks微出版公司
www.EHGBooks.com

EHG Books 公司出版
Amazon.com 總經銷
2014 年版權美國登記
未經授權不許翻印全文或部分
及翻譯為其他語言或文字
2014 年 EHGBooks 第一版

ISBN-13 : 978-1-62503-161-7

作者简介

任京生，暨南大学中文系学士学位、中国人民大学企业管理系研究生、美国 Franklin University 经济系学士学位、美国 Seton Hall University 亚洲学系硕士学位、美国 Ohio State University 东亚系访问学者。

发表散文、杂文、论文等各类文章数百篇，一些文章获奖，并被有关文集收入。2003 年由南方日报出版社出版《从东到西看关系——我在美国教授关系学》，2009 年由暨南大学出版社出版《轻轻松松教中文——海外中文教学手册》，2014 年由美国科发出版集团出版《加拿大闯荡纪趣——80 个人的成功故事》《宝刀不老志为刃——任京生文集第三集》等专集。

在美国、加拿大多家华文媒体担任过主编、编辑、专栏作家。现为加拿大华裔作家协会理事、国际东西方研究院温哥华研究院总干事、北美国际多元化电影家协会理事、世界养生协会理事等。

年轻时喜爱发明，发表过小发明文章数百篇，并在中国获得 30 多项专利。　　✉ renjingsheng@hotmail.com

Jingsheng Ren, B.A. in Chinese Language and Literature at Jinan University, Completed MBA course requirement at Renmin University of China, Bachelor of Science - Business Administration at Franklin University, M. A. in Asia Studies at Seton Hall University, Visiting Scholar at The East Asia Language Department of Ohio State University.

I have published hundreds of articles on topics such as current events, Chinese culture and history, inventions, management, science, and sociology. In 2003, I published a book with Southern Press Inc by the name of *Looking at Networking from East to West*. In 2009, I published a book with Jinan University Press Inc by the name of *The Simple and Easy Way to Teach Chinese: A Guide for Overseas Chinese Teachers*. I will soon publish *People's Portraits* first edition, second edition, as well as People's Interviews on *How to settle in Canada*.

I had been editor, chief editor, as well as designated blogger for many medias in the States as well as Canada. I am currently a council member for the Canada writer's association, Secretary General for Western International Exploration corp Vancouver Branch, council member for North America International Multicultural Filmmakers Society, and council member for Global Health Association.

When I were young, I were always interested in inventions and technological innovation. I have published hundreds of invention articles, and had 39 patents in China.

目錄

序：我的发明历程

　　我是大学中文系毕业，都说中文系的人喜欢写诗，可我年青时代却喜欢搞发明，可谓不务正业。其实，写诗与搞发明有如孪生兄弟，都是因于爱胡思乱想。诗人往往是些喜爱幻想和激情勃发的人，诗人每遇美好事物，总是容易触景生情，产生灵感，于是浮想联翩，佳句喷薄而出。而我是过于喜爱"坚如磐石，稳如泰山"这样的顽固，缺少了诗人的激情，于是写不出好诗；可却多了一些爱幻想的习惯，于是，喷薄不出激情的诗篇，却喷射出了一些对生活用品的异想天开。其实，这也和写诗一样，诗人一见美好景色就激动，就好诗连篇；我是一见哪样物品用着不好使就激动，就开始想象怎么去改造它。算下来，过去已发表出去数百项"小发明"文章，并稀里糊涂地获得了三十多项专利。

　　过去有朋友问我："你搞这些要花多少时间？有什么用？"我知道朋友们的好意，怕我浪费时间。其实，写顺手了，有许多小发明从突发奇想到坐下来写成文字，前后也不过十几分钟的时间。我也曾多次克制自己，去干点正事，不要在胡思乱想上花费太多时间。可是，已形成的爱好犹如一股泉水，你越压它越涌，实在是不吐不快。为了自我安慰，我现竟找出了三条理由，能够说明搞小发明的好处。第一，搞发明有如写诗，都是一种爱好，一种精神上的创造，自得其乐，其乐无穷。而写诗人们已认可，不会说他是浪费时间；搞发明人们早晚也会认可。第二，搞发明能培养人们的创造性思维。当今社会是知识经济的社会，需要人们不断地创新，不断地发现，一项好的发明胜过千百万人的昼夜苦干。第三，搞发明不仅是一种精神上的享受，搞不好，还会转化成取之不尽的物质财富。世界上依靠发明创造成功的例子不胜枚举。有了这些解释，似乎便有些心安理得了。

有人问我，你是学中文的，怎么能想出这么多技术性的发明来。我能理解人们的这种疑惑。因为世界上工程师有成千上万，而发明家却寥寥无几，因此人们往往把发明创造想得神乎其神，一提发明家就是爱迪生、爱因斯坦，仿佛那只是少数科学家的事情。其实，世界上很多的发明都是外行人想出来的。正如人们所说"无知者最无畏"，因为其无知，才敢胡思乱想，才能摆脱传统的窠臼，取得意想不到的突破。生活中点点滴滴皆可成发明，人们只要勤于思考，都可成为发明人。你知道铅笔吗？最早的铅笔是圆形的，放在桌上容易滚动，掉到地上摔坏，因此有人就发明了六棱形铅笔，使其不易滚动，并申请了专利。这是一个多么简单的想法啊，可是发明人却靠这项专利的转让费吃了一辈子。还有不干胶、呼拉圈、创可贴等等，多少人在惊叹："就这么简单的东西，我过去为什么没有想到？"其实，很多发明就如一层窗户纸，一捅就破，可是很多人受习惯思维的影响，一辈子生活在黑屋子里，就是不知道去捅破这层窗户纸。据说，发明柯达彩色胶卷的竟是两个不懂科学的音乐家。很多时候，专业人员往往容易为固有的思维模式和现行的条条框框所限；外行人却敢于随心所欲地去想，以至于打破常规，搞出一些让人们意想不到的奇迹来。

我过去曾认为，世界上聪明人那么多，该想的主意都让人们想遍了，不可能再有新的发明让你去想了。后来我才明白，世界的发展是无止境的，永远会有新生事物涌现，你不可能搞高深的技术，生活中最简单的用品也够你设计一辈子的。我看到了一篇报道，教育进展国际评估组织[1]对世界上二十一个国家的调查显示，中国孩子的计算能力在世界上排名第一，可是创造力却排名倒数第五。在美国很多中国留学生都有这种感受，要论学习成绩，中国学生无以伦比；可是论动手能力和创造力，中国学生就远不如美国学生了。诺

---

[1] HT 砖题库：http://tiku.huatu.com/html/xingce/details/o34675.html

贝尔奖和国际讲坛带有创造性的文论也总是与中国人无缘。是中国人缺乏想象力吗？不是。是我们的教育制度过于偏重基础知识的教学，用大量的考试把学生压得喘不过气来。即使一些孩子具有发明潜质，也被这样沉重的学习压力弄得心源枯竭了。很多时候，孩子初期的发明思想犹如一个小火花，需要鼓励，需要引导，这样他的思想火花就会越燃越大，最后变成燎原大火；你一下子把这火花吹灭了，他就永远不再燃起了，很多孩子的创造性就是这样夭折的。

于是，我产生一种想法，我要把我过去的发明经历和小发明文章编成一本书，专门写给中小学生看，去启发他们的思想，激发他们的灵感，从小培养其创造性的思维。我要让他们感到，有这么一个笨叔叔，中小学在文革时期没有学到知识，没有一些数理化基础，却能搞出这么多小发明来；你们那么聪明，从小就有好的数理化基础，难道不能搞出一大堆的发明创造来吗？也许你的某个发明赚了大钱，也让你的爸爸妈妈舒舒服服地享用一辈子。

说起我搞发明的起因，最早是在上世纪 90 年代初，那时妻子上下班都骑车，晚上天黑我不放心，经常去接。我在想，如果能有一种小发射器携带在身上，一遇紧急情况按动按钮，发射台就会根据接收到的信号测定其方位，派警察前去解救。这样，妇女外出不就放心了吗？于是还真设想了几个月，写出了一整套方案，并找到一些电子公司去请教他们的意见。可是，没有人接纳我的想法。两年后，在一座办公室遇到南方一家电子公司的经理聊天，我问他搞什么业务，他说是在搞一种报警网，我一看，竟然和我当年所想的相似。当时我便自问，难道我也能搞发明吗？于是我又开始琢磨行李和钱包防盗。设想出了几种方案，自以为得意，找到行家询问，却被告知这些方法早有了。于是又开始设计自行车防盗，因为丢车、丢行李和钱包都是发生在我周围一些人身上的事情，我对小偷深恶痛绝，想设计出一些防盗方式，来保护可怜的人们不再遭受损失。一年后，有一次乘公共汽车，我发现车厢内挂着一块广告牌，是一种新式的自行车防盗法，我一看，竟和我一年前设计的相仿。不知是喜是忧？忧的是我当年也有这样的想法，却搞一半放弃了，别人却搞出产品来了；喜的是，英雄所见略同，这肯定了我的思路是正确的，搞发明并不难。这以后，我又有了许多新的设计，其中一些又被告之已是现有产品。印象最深刻的是，我设想出了一种卡通音响，正洋洋得意地向一位朋友述说，那位朋友却拿来一份《北京青年报》说："你看看这个吧。"我一看，香港搞了一次发明大赛，广西一位青年设计的卡通音响中了头奖，并获得十五万港币的赞助费去开发这一产品。我不禁叹息，英雄所见略同，又是人家先下手为强，我又晚了一步。这样的例子还有很多，以前，老的电脑机箱USB 插座都在后面。我在设想在电脑机箱的前面装一个 USB 插座，以方便人们插拔外接硬盘，免得老搬动机箱。在写成文字之前我想先上网查一下，可一搜索，却发现该种机箱已经生产出来了。我还曾设想过充气气球式地球仪、上压式饮水器、手机屏幕兼小镜子、电话号码过滤功能、通电纱窗与电网灭虫灯、防蚊长筒袜、照相机遥控自拍架、枕头电话等等许多设计，但是一上网搜索，却都已是现有产品。不过，还有一些产品是在我发表文章之后市场上才出现的，我想那有可能是企业看了我的文章生产的。如是那样，我为我能为社会做出一些贡献而感到高兴。

说了以上这些喜悦与失落，不为别的，为的是告诉人们，我们每个人都具有发明的潜质。当你某一天突发一奇想时，立刻将它写下来，不要放弃。世界之大，许多事情，你想到了别人也有可能会想到，不过没关系，你要是在别人之后想到了，你应该感到高兴，因为这证明你的思路是正确的，你和他人一样也具备了发明家的能力，你只是时间上晚了一步；如果你在别人之前想到了，那就要祝贺你了，这项发明就属于你的了。我常听一些人叹息，"这种东西我过去早想到了，我怎么就没有像他们那样把它搞成产品？！"这就是人们对自己缺乏自信，浪费了许多灵感，错失了许多机会。

当然，发明不能当饭吃，要把发明变成饭，就要申请专利，获得保护。申请专利可以自己申请，也可以请专利律师事务所代理申请。请律师代理要花一大笔代理费，自己申请则便宜许多。原先中国个人申请实用新型专利，申请费经80%减免后才60元人民币，批准下来的批准费也才200多元。这些年涨了一些，也涨得不多。我一开始时是自己写专利文件报到专利局，可连着两年都被驳回。我找到专利报社的一位朋友请教，他看了我的文件说，你写的是散文，不是专利文件，专利文件是特殊的法律文件，要有特殊的术语和格式，附图也有专门的要求。于是我不得不花2000多元人民币请了一家律师所代为申请。不到一年，我的第一项专利"多功能自行车锁"获得了批准。这之后，我细心研究该项专利文件的写作手法和附图的画法，半年后，终于有所领悟，于是照葫芦画瓢，报出了几项我自己写的专利。差不多每份专利都得到专利局的回函，提出一些要修改的地方，并建议我找专业律师代理。可我矢志不移，仍旧自己修改，修改完再报。不知看了多少书，请教了多少人，尤其是一位建材专利事务所的老前辈曾给予了我多多的指教，终于，我的一系列专利申请接连过关，获得了批准证书。后来的申请就越写越好，专利局返回修改的也越来越少，有许多是一次性获得了批准。不仅如此，还帮朋友们申请了一些专利。2000年来美国后，一位朋友曾带我去洛杉矶的一家台湾人办的专利事务所请教问题，我拿出我在中国申请的一份专利文件给他看，他问我是找的那家律师所写的。当我告诉他是我自己写的时，他竟惊讶地说，这比一些专业律师写得还好。我朋友笑着对我说，看来你可以自己开一家专利事务所了。

专利文件的书写比发明文章的书写要难得多，是一项很费脑力的工作，但也并不像人们想象得那样高不可攀。天下无难事，只怕有心人。只要你细心揣摩，学会了它的基本书写格式和术语，以及画图的规范，你就能自己书写专利文件。自己写要比请律师写节省差不多百分之八、九十的费用。当你认为有项好的主意时，可先上网查一下，看看是否已有人发明。如没有，你就可自己申请专利，自己申请碰巧了就批准了；碰不巧被驳回，也只损失几十元的申请费，只是浪费些时间和功夫罢了。

　　然而，光有专利还不能当饭吃。专利只是些生米，要把生米煮成熟饭，就要把专利转让出去，使之转化成产品。可专利转让是一项与发明创造完全不同的领域，我这方面感慨颇多。我 2000 年去的美国，这之前中国的市场法律还不健全，假冒伪劣产品比比皆是，盗版光盘，技术侵权等防不胜防，全国专利转让率才有大约百分之四。好心的朋友曾劝我，不要搞专利了，连那些大公司都保护不了自己的技术，更何况你个人。我不信，仍然联系厂家推广我的专利。我把我的"两用锅把手"专利材料发给了一些厂家，没有一家厂与我联系。可两年后有人告诉我说，他在朋友家看见有和我的专利一样的锅了。我的"多功能电话"还真有一些大公司来函索要资料，我毫无保留地给了他们，从此便杳无音讯。半年后我陪妻子逛商场，竟在商场的柜台上发现了好几家公司用我的专利生产的产品堂而皇之地摆在那里。妻子有一天看电视，在电视里看到一则防盗门广告，竟和我的专利技术一模一样。我说这些不是想为搞发明的人泄气。这是以前的事情，我现打电话回中国与朋友聊天，朋友们说，中国自进入 WTO 后，市场法律健全多了，企业也遵纪守法多了。在北美，你只要在产品上注明专利二字，就很少有商家敢于盗用了。因为一旦发现，法院会将其罚得倾家荡产，商家不敢冒这个险。我相信，中国早晚也会像北美这样建立起严格的知识产权保护体系，发明家的前途也将会越来越灿烂。

　　说到专利转让是一项与发明创造完全不同的领域，是因为搞发明需要有诗人的幻想，而专利推广则需要有商人的实际，这是两项不同的品质，很难在一个人的身上同时具备。作为发明人，我认为要认请两条道理，一条是坚持不懈，永不气馁；一条是寻找合适的合作伙伴，切莫自己单打独斗。我看过一部讲蚂蚁王国的动画片，说的是一位蚂蚁发明家，经常搞出一些小发明来，别的蚂蚁都不理解它，有的甚至嘲笑它，只有一位小公主支持他。可后来，连小公主也劝他放弃发明，干点实际的事。蚂蚁发明家捡起一块石头对小公主说，你把它想象成是一颗种子，种子不可能一下子变成大树，他要生长，要有一个过程。后来，发明家不仅得到了蚂蚁们的认可，还靠它的发明创造拯救了蚂蚁王国。这个故事很使我感动。我们生活中的很多事情都是这样，一些让人仰慕的参天大树，在它的初期也都是一些被人踩在脚下的种子，经历了多少年的风吹雨打，历经沧桑，由于矢志不移，百折不挠，才能茁壮成长到今天。搞发明也是这样，不可能搞一个转让出去一个，只要你坚持不懈，总有一天你会成功。商业领域有句话，"十网打鱼九网空，一网成功十网功"。意思是说，你做生意有可能百分之九十都失败，只要你不气馁，坚持下去，只要做成一笔，过去的损失就全补回来了。世界上的许多成功都在于坚持最后五分钟的努力之中。然而，坚持不等于蛮干，没有理智和智慧的执著是愚昧和顽固。世界上没有样样精通，事事能为的人，当今社会，越来越讲究分工合作。一项专利从发明，到转让，到生产，到销售，是一个非常复杂的过程。任何人都不可能精通所有的环节。一项新产品的问世，是发明人、设计师、工程师、管理人员、生产工人、销售商人，等等不同专业人员共同配合的结果。发明人擅长于发明，不见得也擅长于经营，因此发明人要克服自己独揽专利的思想，与其他专业人员分享专利。记得一位专利局的朋友对我说过这些话，他说，你知道美国的拳王泰森吗？他有个经纪人叫凯顿。泰森会打拳，但不会经营；凯顿会经营，但不会打拳，他们俩配合起来了，于是两人都成为了富豪。如把发明家比喻为泰森，经纪人就好比是凯顿。你要能找到一个好的经纪人，你会搞发明，他会去推广，你们两人配合起来，前途就无量了。

　　啰嗦了许多，要说明的是，我可没说我是发明家，我的这些小发明都是一些丑小鸭，相比起那些科学家、工程师们的发明来讲，简直是雕虫小技，太丑太丑。可我要学唐老鸭，尽管傻得出奇，但是敢于在众人面前登台献丑。我相信，在我的这些小发明中，有的肯定早已是现有技术了，可我孤陋寡闻，尚不知晓；有的可能完全是一种异想天开，根本不可能实现，或者完全没有市场，没有那个必要。可我以为，世界之大，能人之多，每天新产生出来的新思想、新技术成千上万，很多主意你想出来了，自以为高明，可也许很多人也同时，或早已想出来了，你哪能知道有谁在你之前，有谁在你之后？如果我们就因为这个连胡思乱想的胆量也没有了，这世界恐怕就没有发展了，个人也停步不前了。其实，即使你的小发明实现不了，但你把它作为一种业余爱好，就像诗人写诗一样，触景生情，蹦发佳句，都是一种精神上的享受，并不浪费时间，浪费生命。就像人们下棋一样，那有什么用？可为什么还要桌子上一趴就是一整天？况且，不断地书写小发明文章，是对创造性思维的一种训练，你的创造性思维会变得越来越活跃，越来越敏锐。中国有句老话，物以稀为贵，在社会上特别缺少发明家的时候，你成为了一名备受瞩目的稀有的小发明家，这不是一项明智的选择吗？

第一章：培养孩子的创造性思维

一、为什么要培养孩子的创造性思维

很多华人家长带孩子来到北美就会发现，华人孩子的数理化成绩要比西方孩子好，中国中小学里的数理课程要比北美早上一、两年，所以很多华人孩子来到北美，数理化都能很轻松地拿好成绩。可是，相对于创造性思维来讲，华人孩子就比西方孩子逊色多了。

目前，中国的教育是应试教育，把孩子都变成了考试机器，孩子们只会苦读书，读死书。这种教育，也从体制上把孩子的创造性思维给泯灭了。这些年，华人留学生一批又一批地涌向国外，到了西方社会发现：西方社会对于学生最重视的不是分数，而是创造性思维、批判性分析，和团队合作精神。华人学生的基础知识都比西方学生强；可是，发明创造能力、动手能力都远远落后于西方学生。因此，尽管华人学生考试都是顶呱呱的，但是毕业以后一到工作岗位，就明显干不过西方学生。每遇到工作上的难题，华人学生常常墨守成规，而西方学生却能想出很多好的点子来。并且大的发明，诺贝尔奖金都与华人学生无缘。

所以说，为了孩子的前途，家长应着力培养孩子的创造性思维。而培养创造性思维的最好方法就是培养孩子发明创造的兴趣爱好。如果孩子热衷上了发明创造，他就会自觉地去思考很多事情，创造性的思维细胞就会被激活，思想的火花就会被点燃，照亮其一生。

二、发明家比商人少之又少——物以稀为贵

尽管中国传统社会是一个官本位社会，但是中国人一变成海外

华人，思想观念就会由官本位变成商本位。无论在东南亚、北美，还是世界上任何国家；也无论那里的华人人数有多少，势力有多大，大部分华人都在经商，很少有人过问政治。华人家长都望子成龙，都希望自己的孩子今后能赚大钱。所以，很多华人子弟上大学都选择了经济管理专业，尽管经济管理专业学费很昂贵，竞争很激烈，但很多家长还是鼓励自己的孩子跻身进去。

人们的想法没有错，要想富，就要经商，经商才能赚大钱，谁不想过好日子呢？可是你想过没有，在中国，现在几乎是全民皆商，海外华人更是如此，没有一个脑子里不琢磨怎样赚钱的，可是有几个人真正成为富翁的呢？经济学里有个最简单的道理——物以稀为贵。还记得鲁迅《藤野先生》这篇文章吗？"北京的白菜运往浙江，便用红头绳系住菜根，倒挂在水果店头，尊为'胶菜'。"为什么同样是大白菜，在北京卖那么便宜，在浙江就那么贵呢？因为在北京大白菜太多了，而在浙江太少了。现实社会就是这个样子，很多人都去经商，经商的人太多了，钱就不好挣了，商人的日子就不好过了。

请人们环顾一下四周，能够经商的人数不胜数，可是能够发明新产品，能够获得专利技术的人有几个呢？发明家一旦开发出一项好的实用技术和产品来，便立刻能够给一个企业带来生机，给一个企业带来无尽的利润。发明家实在太少了，然而正是因为其少，才显得珍贵。你要是能成为一名发明家的话，你就会为个人、家庭、社会带来无尽的利益。

著名企业家马云在接受记者采访时说："将来，企业的比赛，第一比的是价值，是其独特的创造意识。" [2]

---

[2] "马云：'要打就打传统模式，要冲击就冲击国企'"，中国企业家网

三、创造性思维更多在于启发，在于模仿

很多人为了培养自己的创造性思维，买了很多理论书去读，向人们请教怎样搞发明。可殊不知人的想象力很多时候在于模仿，在于启发，而不在于说理。理论学得多了，会增强人们的理论思维能力，可想象力是要给思想插上翅膀，让思维无拘无束地任意翱翔。搞发明需要灵感，可灵感这东西不是学来的，不是靠说教教育出来的；灵感是启发出来，模仿出来的。因此，你要想培养自己的想象力，最好的方法就是多看看别人是怎样搞发明的，多看实例，看得多了，看着看着，你的思想火花就被点燃了，你就会跟着去想象一些事物了。就像学唱歌一样，很多唱歌唱得好的人没有学过音乐理论，只是觉得别人唱得好，就去听，边听边模仿，慢慢自己也会唱了。又像写小说散文一样，有的人为了成为文学家，拼命去读文学概论、文艺理论之类的书，可是越读越写不出东西来。实际上，很多文学评论家理论功底都很深厚，可是自己却创作不出东西来，因为这是两种不同的思维。很多作家并不懂得太多的文学理论，可却能写出好作品来，因为创作需要的不是理性的约束，而是要突破理性的窠臼，让思想展翅飞翔。这就是很多发明是外行人搞出来的原因之一，因为他们没有旧有的成见和思想的限制。

发明创造也像写诗一样，靠的是灵感。人们把诗歌和论文比喻为"讲理的论文，不讲理的诗歌"。诗歌是文学中最美的语言，语言的最高境界，但诗歌却是不能通过理论研究、逻辑思维写出来的，而是通过灵感迸发出来的。古人云："熟读唐诗三百首，不会做诗也能吟。"多读别人的诗，思维在潜移默化中得到熏陶，得到启发，灵感的大门就打开了，渐渐地自己也能写了。

这本书，就是要激发你的想象力，就是要给你一个启发，帮助开发你的创造性思维，让你的思想变得活跃起来。

四、珍惜自己的想象力

凡是善于搞发明创造和写诗的人都有一个共同特征，那就是想象力特别丰富。有的家长会发现自己的孩子经常会坐在那里发呆，其实，孩子是在那里"想入非非"呢。有的家长不了解这一点，看到孩子发呆就训令孩子赶快去学习，赶快去做事。有些孩子也误以为自己的这个习惯不好，想方设法去压抑自己不要胡思乱想。可实际上，他们不知道压抑的恰恰是自己最宝贵的创造性思维。

因此，家长看到孩子喜欢想象一些事情不要刻意地去打击，孩子自己也不要去压抑自己。慢慢地把自己的想象力引导到想象一些有价值的东西上面去。要知道，想象力是发明创造的童年，正像丑小鸭是天鹅的童年一样，要注意培养孩子的想象力。

五、怎样搞小发明

有朋友肯定要问，搞小发明有没有什么诀窍呢？当然有很多诀窍。笔者对前人总结出来的很多诀窍进行浏览，发现中国学者许立言、张福奎总结出来的"和田创新十二法"[3]比较易懂易学。该方法是在奥斯本稽核问题表基础上，借用其基本原理，加以创造而提出的一种思维创新技法。其诀窍就在于把原有物品做一改造，使之产生新的功能和用途。现介绍如下：

(1)加一加：即把原有物品加高、加厚、加多，或组合等。

(2)减一减：把原有物品减轻、减少，或省略某个部分。

(3)扩一扩：把原有物品放大、扩大、提高功效等。

---

[3] "和田十二法"在液压式万能试验机中的设计应用-中州大学学报-2010 年　第 3 期

(4)变一变：把原有物品变形状，或变颜色、气味、音响、次序等。

(5)改一改：改缺点、改不便、不足之处。

(6)缩一缩：压缩、缩小、微型化。

(7)联一联：原因和结果有何联系，把某些东西联系起来组成新物品。

(8)学一学：模仿形状、结构、方法，学习先进。

(9)代一代：用别的材料代替，用别的方法代替。

(10)搬一搬：移作他用。

(11)反一反：把物品颠倒一下。

(12)定一定：定个界限、标准，能提高工作效率。

按照这十二个“一”去思考，能使人们从中得到灵感，启发人们的创造性思维。

六、灵感来了要及时抓住

我们生活中都有这种体会，某个时候，头脑里会突然闪现出一个很好的想法，可是稍纵即逝，你不抓住，很快就忘了，回头再去回想，就怎么也想不起来了。发明创新和写诗一样，都来自于灵感。灵感来了，要马上捕捉住，否则一晃而过就遗失了。因此在你的书包、口袋、床头等各个地方都放一只笔和一个小本子。头脑中灵感来了的时候就马上将其记录下来。好记性比不过烂笔头。

本书不去介绍一些枯燥的发明理论，只是把作者自己过去灵感来了抓住了，并且写下来的一些小发明文章汇集起来，让你去读，让你知道，发明一件新东西并不难，生活中处处有创意。这些小文章就好比是火箭，你的思想就好比是卫星，开始时先让火箭帮你把卫星发射出去，等你进入轨道之后就可甩掉这些火箭了，你就可以自行飞翔了。

七、好的发明设想要把它写出来

让你看这些小文章的目的还有，这世界上能说会道的人很多，但是能写的人却不多。一个人产生一个好的想法很容易，但是把想法变成行动却很难。很多人到哪都爱说："这事我早想到了。"可是，你想到了为什么不表达出来呢？你不说出来，那就只能天知、地知、自己知了，也就只能是烂在自己肚子里了，这不是一种创新发明的浪费吗？还有人很能说，一开口就海阔天空，妙语如珠，令听者无不为之动容；可是却不会写，害怕写。有不少人，他们思想性很强，每当与其聊天，都有一种"听君一席话，胜读十年书"的感觉。当你劝他们把自己的思想写出来，给更多的人看时，他们却摇头说："让我说还行，要写就不行了。"

在这世上，话语的力量比写作的力量可是差远了。你再会说，能听到的也只有身边的这些人，并且口说无凭，说完就完了，影响范围有限。但是你要会写，并将你的文章发表出去，就会流传天下，人尽皆知了。那些著名的理论家，哪个不是著作等身的？有几个是光靠一张嘴说出来的？所以说，你有了好的发明设想，那只是发明创造的初级阶段。不要只是说，说完就忘了。那样没有人会承认那是你的发明。只有把它写出来，并发表出去，才能把你的发明设想变为现实，让人们知晓。

当然，写作之前先上网搜索一下，看是不是别人已经有这方面的发明了。如果已经有了，那就只能遗憾地放弃了。

八、把小发明文章发表出去

把你的小发明写出来、发表出去是为了让人们知晓，让人知晓的目的是为了提供证明。当今社会新产品层出不穷，有很多人在遗憾地叹息说："这个产品我几年前就想到过了！"你说你早就想到过了，有证明吗？你说你跟某某人说过，别人相信吗？但是，如果你在媒体上发表出来了，那就是证明材料，就能证明你是最早想到这个产品的。

有人会说，我要是发表出去了，别人就可拿去用了，就不是我的了，所以我要保密。实际上，这是一种狭隘的思想，这种思想曾贻误了很多人，使得很多人一生自我封闭，无大成就。要知道，人活着不光光是为自己，还要为他人，要为社会多做奉献。你为社会奉献得多，社会回报给你的也越多。很多大的发明都是从小发明开始的，一个人的小发明可能微不足道，但可以给另一个人一种启发，使得这个人想出更好的发明；再下一个人又会在这个人的基础上设计出更成熟的大发明来，很多好的产品就是这样来的。实际上，你的一些发明设想也是在别人的想法基础上发展而来的。如果有一天你发现一个好的产品和你当初发表的小发明文章思路很相像，那你就可以骄傲地说，我也是这个发明团队里的一员，有我发表在报刊杂志上的文章为证。你这不是在为社会作贡献吗？人家看到你的文章和报纸出版的日期，就知道你在此之前就发表了这个想法，能不承认你的发明天赋吗？这也是对自己的一个宣传呀！

在北美，人们从小就培养孩子的义务奉献精神。上大学，不仅仅是看中学的学习成绩，还要看学生有没有在中学做过义务劳动，有没有创造精神，有没有文、体、领导等各方面的综合才能，等等。如果你的孩子在报纸上发表了一些这样的小发明文章，他在申请北美大学的时候就能加分。因为北美的大学特别注重孩子的创造力，你发表的那些小文章就能证明你是一个具有创造力的孩子。这同时也证明你是对社会有贡献的。对你今后找工作，也是有益处的。并且，学习写小发明类文章是你学习书写专利文件的第一步，先学会写小发明类文章，将有利于你进一步学习写专利文件，就像先学会走路，再学习跑步一样。

九、写小发明文章并不难

在这里，我把我过去发表过的小发明文章汇集起来，目的就是要抛砖引玉，给人们一种思想上的启发。看了我的这些小发明文章之后，你是不是会感到，如果不是一些复杂的技术性文章，只是针对生活用品的一些小发明文章并不难写。我写第一份小发明文章的时候曾觉得很难，以后写顺手了，随手就可写出。写作技巧的培训就和游泳一样，游得多了也就游得好了。你经常看看别人是怎么写的，看得多了，会对你的思想有启迪，然后不断地把自己的想法也写出来，写作水平也就慢慢地提高了。

其实，写小发明文章无非就是那么几个部分，可以用英文的 5W1H 来表示，就是 Who、What、Why、Where、When、How。What 就是你的文章题目，让人们一目了然地知道你的发明内容是什么。Why 就是你为什么要搞这项发明，自然是因为你看到或想到现有物品存在着缺点，你要对此进行改造。那就是要把目前这一物品存在的缺点做一描述。How 就是你怎样来改造这个产品，也就是把你的革新设想表达出来。说明你是怎么来改进这一物品的。这是小发明文章要重点去写的主要内容，文章一多半的篇幅都在这方面。Who 是要证明这是谁的发明，也就是要在文章下面写上你的名字，你要是忘了写名字那文章就白发表了。Where 就是到什么地方，找什么媒体来发表你的文章。When 就是媒体上要有文章的发表日期，如果没有日期，别人两年后发表了同样的文章，说你是在他之后发表的你也说不清了。

十、找对媒体发表

　　我在我的每一篇小发明文章标题下面都标明发表日期和发表的媒体名称，目的是要告诉你，投稿要有针对性。例如，你的发明是关于建筑材料方面的，你投给建材类的报刊杂志，他们就会更感兴趣；要是关于汽车方面的，投给汽车类的媒体会更好；要是综合性的，投给《发明与革新》杂志、中国发明专利技术信息网、中国发明创新服务网等媒体就找对路子了。如果你写的是英文，那就投给北美、欧洲的有关媒体。如实在找不到媒体发表你的东西，自己建一个博客，自己发表自己的东西。博客上都会显示发表的时间，积累多了也可作为宣传自己的窗口。

第二章：小发明集锦

这一章是汇集作者以往发表在各个媒体上的小发明文章，目的是用我的小发明启迪你心间的灵感。

我的这些小发明，专家一看就知道实在不是什么高明的东西，而且有些还有可能是谬误。我是学文科的，文革结束后上的大学中文系，中小学被文革耽误，数理化几乎没学到什么。因此，我的许多发明设想都是随心所欲想出来的，有的恐怕还很幼稚、缺乏科学根据。但我敢把它们写出来。还有很多想法，想到了，但一上网搜索，却发现是现有技术或现有产品了。这说明，生活中处处有学问，只要你细心观察，就能发现许多被人们忽视的东西，你就能搞出人们意想不到的创新来。连一个不懂技术的人都能有这么多发明设想，更何况你们学习了这么多的科学知识呢？因此要培养自己大胆质疑，大胆假设，大胆想象，和大胆创新的精神。

在这一章的后半部分，附上了作者过去发表的若干篇有关管理方面的建设性文章，这是要表明，你有了创造性思维之后，不仅能对生活用品进行改造，也能对于企业管理、经济管理、社会管理等方面提出一些建设性意见，有利于你今后的工作和事业。

以下文章第一行为文章标题，第二行为发表媒体名称和发表时间，然后是文章内容。

一、小发明类文章

门的安全、美观与实用

发表于《中国建材报-装饰世界》1997 年 3 月

现代家庭装修越来越考虑门的重要性，尤其是街面的门不同于户内的门，是门中之最，一户之主。因此厂家在设计街面门时应根据人们的心理需求重点考虑门的安全、美观与实用，设计出一扇人们理想的门来。

1、　目前许多家庭都在门的外面设一道防盗门，这样虽然增加了防盗功能，却影响了门的美观，最好对防盗门加以装饰，只设一道门，免得里一层外一层，既不美观，又开起来麻烦。可设计一种门，中间是防盗的钢体构架，用以防盗；外面是一层铁皮，内面是一层薄板，中间夹一层岩棉，用以放火、保温。门上可设一可开启的、带有纱窗的窗口，夏天可以通风，一门多用。

2、　门锁系统最好有两道锁组成，一个是钥匙的，一个是密码的。钥匙的锁眼上有一挡板，只有先按密码锁，该挡板才自动打开。而密码锁设置在一个安全保护圈内，要手伸进去触摸数字按钮。一旦按错数码，便会出现如下反应：警报声响，手被铐在门上：或在门上形成电压，使人无法触摸；或者照相机自动将人摄下。该数字可由家人随时进行调整改变。这样使门锁形成双保险，增加了防盗功能。还可将汽车门的防盗锁应用于家庭门锁，这样门上没有锁眼，不容易被撬，而且电子锁既安全，又使用方便，只需用手按一下电子板即可，极适合老人、孩子使用。

3、　完善门的照明、门铃系统。一般人家都在门前放一脚垫，供人们进门时擦掉鞋底的泥。可在垫子下面设一脚踏开关，或在门前设一光控或声控等自动开关，只要门前一有人站立，门铃便响，人们不须用手去按，也防门外有人不轨。门上应有照明灯，以便天黑时能从门内打开照明灯，从门镜中看清门外人。

4、　在门上设置一些有效的报警、防虫等装置，增加门的安全性。如在门上装防火、防跑水报警开关和自动报警电话等，家中一旦出现漏水、跑气等事故，人们便可从 BB 机或手机上得知信息赶回家中处理。门的功能不仅要防盗、防尘，还要防蚊蝇进入。但人好防，防虫则难，只要门一开蚊蝇很容易随人混入门内。可在门的外面设置风扇，人只要往门前一站，风扇便启动，将蚊蝇吹走。当然，风扇不是对着人吹，而是吹在人体两侧。

5、　很多人有进门换鞋的习惯，于是许多家庭一进门见到的就是鞋柜或满地的鞋，不如就在门上设一鞋柜，在外侧设一些通风口，这样既便于进门就换鞋，又利于鞋的通风。

6、　许多家庭都在门外设有信报箱，与其这样，不如就将信报箱设在门内，门上留一信报孔，供人们插进信报及留言条，这样也有利于人们每天查验。

7、　一些家庭有些特殊习惯和要求，想提醒客人，但又不好意思启口。可在门上设一自动放音系统，将主人的要求录音，如"请不要吸烟"，"请你换鞋"，"家中有病人，请不要大声说话等"等等，门前一有人，该放音系统便自动工作代为主人提示客人。也可在门上设一显示牌或留言板。

8、　在门的材料应用上，应考虑门的防盗、防火、保温、隔音等性能，并有效地使用相关材料，提高门的综合利用价值。

几项生活用品小设计

发表于《装饰装修天地》杂志 1997 年第 5 期

自动浇花器

现代家庭装饰,鲜花是必不可少的点缀,但对于工作繁忙的人来说,浇花却是一种头痛的事,有心养花,却无时间浇花,尤其长时间出差,就得将花委托给别人,操心费力。

因此,可设计一种自来水定时阀,将一可调整时间的定时器与自来水开关结合在一起,一头连接自来水,一头连接花盆,在家庭装修时便将管道铺设好,调整好一个时间,每到该时,开关便自动打开,开始浇花,浇一定时间后又自动关闭。或者设置一种湿度控制阀,将湿度仪与自来水开关结合在一起,花盆土壤到一定干度,自来水便自动启动。这对于没时间浇花的人来说,无疑增加了一个好的帮手。

免叠睡袋

现代人早起非常匆忙,除了洗漱、做早点、弄孩子外,还要叠被子,于是一些人便常常来不及叠被子就赶去上班,弄得家里看上去很乱。传统的被子不仅叠起来麻烦,而且在身上盖不严实,常常被孩子蹬开。目前已有的睡袋人们不原意使用,因为它也涉及一个每天要叠的问题。

因此可制作一种免叠睡袋,该睡袋与床同宽、与床同长,睡袋的两个角用绑带固定在床的一边,早起后拉一下睡袋未固定的两个角,整个睡袋便在床上铺展平了。为求美观,可在睡袋上用拉链接一可拆卸的床罩。这样早起便不用再叠被,节约了时间,而且睡袋也睡得舒服,严实,也用不着怕小孩蹬被,掉地。

洗脚、洗衣两用机

　　根据洗脚、洗袜两用桶的思路，设计一种带有电子加热器（或与煤气热水器相连）、烘干器的小型单缸洗衣机，平时可洗一些内衣、童装、尿布等小件物品，洗脚时将一隔离网罩放入桶底，盖在涡轮之上，将两脚放入桶内踩在网罩上，打开开关，桶内旋转的水流既可洗脚洗袜，又起按摩作用。

座便器防溅纸

　　使用座便器的人常常有一种难言之苦，就是水常常溅上来。有一种小窍门，就是在座便器中的水面上放一张纸，水就溅不上来了。但一般的卫生纸太软，遇水就化，不起作用，太硬太厚的纸又造成堵塞，一般的报纸是最适合的。因此可把废报纸裁减成适合座便器使用的防溅纸，供宾馆和家庭的卫生间使用，解决溅水问题。

卫生电话

　　公用电话是传播疾病的一个重要途径。手拿电话手柄，嘴虽不必贴着话筒，耳朵却必须紧贴听筒，这样可以听得清楚、拿着省力、又防止声音扩散。一部电话在千百个人脸上蹭来蹭去，有几个传染病人用过，其他人就要受害。电话机上的免提系统虽可以不与脸部接触，但对方的声音大家都能听到，缺乏保密性，大多数人不愿使用。因此可设计一种卫生电话，方法是：将电话机座上增加一插孔，与免提扬声器相连接，人们各自配备一付耳机，打电话时将耳机的插头插入机座，对着免提送话器说话，对方声音则通过耳机传入耳内。这样不但卫生，而且还解放了双手，双手可通时从事其它工作。

文明提示器

　　许多人不愿别人在身边吸烟，但碍于面子，又不好意思加以制止。因此可设计一种文明提示器，将烟感器与电子发音器结合在一起，烟感器一感受到烟便发出"请勿吸烟"之类的提示语，自动提示人们将烟灭掉。

　　公共场合不易大声喧哗，经常吵架有害健康，可设计一种文明提示器，将声控器与电子发音器结合在一起，每当人们说话声音超过一定分贝，该提示器便发出"请勿大声喧哗"、"夫妻和好"之类的提示语，提醒人们平心静气一些。

　　以上文明提示器还可与台灯、文具盒、烟灰缸等任何用具、装饰物设计为一体，一物多用。

电子音响钥匙包

　　钥匙人人都有，要是包也为日常必备，现有的钥匙包有以下缺点：一是携带不方便；二是要捏着钥匙包一齐转动，不好用；三是记性不好的人常常将钥匙包忘在抽屉或门上，没有拔下，以至造成东西丢失；有的还将钥匙包忘在室内，自己被关在门外进不了屋。

　　根据以上情况，可设计一种电子音响钥匙包，其功能为：第一，钥匙包上带有皮带扣，钥匙包既可放于口袋内，又可挂于腰上；第二，钥匙包内的若干钥匙环均可单独取下使用。第三是钥匙包内设有音响装置，当钥匙环取下若干时间内没有放回钥匙包，钥匙包便发出音响，以此提醒人们将钥匙用完后及时放回身上。

废品破碎、压缩机

　　随着人们生活的改善，人们使用塑料袋、泡沫盒、玻璃瓶等包装品也越来越多。这些包装品用完后单个拿去卖不值几个钱，存多了拿去卖又太占地方，因此许多人便随手将其丢弃了。这些废品有极不容易化解，埋在地下污染土壤、造成公害。为了保护环境，要努力将这些废弃物回收，加以利用，而回收的基本工作要从家庭做起。可设计一种塑料袋破碎压缩机和玻璃破碎机，用完的塑料袋、泡沫盒和玻璃瓶等随手扔进压缩机，就像碎纸机一样，将用完的包装物随时破碎、压缩，存入储存箱，装满后够一定分量，到废品收购站也能卖到一定价钱，这样既有利于这部分废品的回收，更有利于减少污染，保护人类生存环境。

让小卫生间具备多功能

发表于《中国建材》杂志 1997 年第 12 期

　　一般中国家庭的卫生间都比较狭小，不像欧美发达国家那样家庭卫生间中洗澡盆等各种设施一应俱全。但是，如果设计巧妙，将卫生间中的用具都设计成多功能的，一物多用，也可利用狭小的空间获得更多的享受。

1、　洗澡、洗脸、洗脚、冲洗下身等是人的最经常的洗浴，但一般卫生间中只有洗脸盆和淋浴器。洗脚是人们天天要进行的、最经常的洗浴之一，但现在卫生间中却无专门的洗脚洁具。人们一般都是另准备洗脚盆，每晚端水到别的房间坐在凳子上洗脚。家中人口多的光盆子就一大摞，洗脚成了人们的一种负担，而不是一种享受。同时，人们应保持每天洗脚时也洗袜子的习惯，但袜子不宜用洗衣机洗，因为袜子一方面不宜同内衣混洗，另一方面尼龙、丝织品同质地较硬的外衣混洗易被搅坏。而天天用手洗对于懒得洗衣的人来说无疑又是一种负担。因此可在坐便器前设置一个洗脚、洗袜两用盆，该盆可为坐便器的连体部分，也可是独立式的，有自己的上下水系统。盆底为搓衣板状，供同时洗脚和做足底按摩用。人们洗脚时可装着袜子进入盆内，先放少许水将脚喷湿，滴上浴液，之后两脚在盆底搓衣板上对搓。然后放满水浸泡与冲洗，洗完后将水放掉，将袜子脱下晾上，将脚烘干。这样坐在原地不动，在方便、看报的同时，手只需拨动几下开关，便完成了洗脚、洗袜、足底按摩、热水浸泡下肢等事情，实为睡前的一种放松。该盆的上水系统可设计成电子恒温加热系统，也在卫生间中安装一个加热速度快的电热水器，通出一个活动软管，软管头上设置一个带有开关的喷头，在洗脚盆的边上设置一个卡槽，将喷头卡在里面，可为洗脚盆供水。该盆还可用于脚踩式小件衣物洗涤器。

热水器的喷头可一物多用，可在恭桶圈的边上设置一个卡槽，将喷头卡在里面，用来冲洗下身，用坐便器来代替坐浴器。在卫生间的壁上和洗脸盆的上端各安装一个固定架，将喷头卡在上面可用来洗澡或洗头。

在卫生间中安装一个可移动式防水电热吹风机，可拿着吹头和烘干身体。在卫生间壁上安装一个固定架，将吹风机挂在上面可代替烘干机来吹手。在坐便器恭桶圈上设置一个卡槽，将一伸进恭桶的管子卡在上面，将烘干机对准管子口可用来烘干下身。在洗脚盆的边上设置一个卡槽，将烘干机卡在上面可用来烘脚。该烘干机还可在天凉时用来吹热恭桶圈。这样，小小卫生间里淋浴器、洗脸盆、洗脚盆、坐便器、烘干机等设施就一应俱全了。

2、　许多家庭，包括宾馆、商场等场所的卫生间都使用坐便器。坐便器虽舒服，但许多人不愿使用，一来怕大家都坐不卫生，二来怕恭桶圈太凉感觉不舒服。因此可设计一种坐、蹲两用式坐便器，例如在坐便器恭桶的两个边上设计两个脚踏槽。将恭桶盖掀开，可成为蹲式马桶；将恭桶盖放下，就可变为坐式马桶。

在恭桶前端设置一个脚踩台阶，供人们上下用。这样使坐便器坐、蹲两用，能满足不同人所需。

3、　节约用水，对于自己交水费的普通家庭来说，已成为一种自觉行动。一些人认为卫生间用水不像厨房用水那样油腻，特别是洗衣机最后用来漂洗衣物的水并不脏，于是用桶和盆将其储存起来作二次利用。由于卫生间没有节水设施，给人们带来很多麻烦。因此可设计一种卫生间节水系统，例如设计一种带有两个下水孔的池盆，一个下水孔通往下水道，一个下水孔接一个带有过滤网的储水箱。洗脏物时将储水箱的下水孔堵住，使脏水直接流往下水道；洗不太脏的物品时将下水道的口堵住，使水流进储水箱，该水可用来冲厕所和洗墩布等，尽可能地节约一部分用水。

4、　卫生间的牙刷、牙缸、毛巾、脸盆等物品都需要保持清洁，避免细菌传播。但一般卫生间都很难达到这一点，于是卫生组织号召人们要牙刷、毛巾常换。为此，可对现有的餐具消毒柜进行改造，增加防水功能，设计成一种卫生间消毒柜，专门摆放牙刷、牙缸、毛巾等，每天对其进行消毒，减少疾病传播。

随着人们生活水平的不断提高，人们对卫生间的要求也越来越高，如果卫生间面积不能扩大，不妨在用具的多功能上下功夫，使小卫生间派上大用场。

垃圾道经常会堵塞应改造

发表于《中国房地产报》1998 年 3 月 18 日

现有的楼房垃圾道是为方便居民投倒垃圾。但由于一些人不自觉地将一些大块垃圾塞入垃圾道，经常造成垃圾道堵塞，因此许多楼房垃圾道被封死，人们要每天用塑料袋装垃圾带到楼下。这样做的弊端是：给居民投倒垃圾带来麻烦；垃圾堆在楼前空场风吹雨淋影响卫生；促使人们大量使用塑料袋，造成白色污染。因此建议楼房使用旋斗式垃圾道排放口，即：将垃圾道排放口设计为上口大，下口小，中间为一十字型，带有中轴的旋斗。当人们倒垃圾时，将簸箕插入旋斗，垃圾便随旋斗翻下垃圾道。这种垃圾排放口的优点是：不用手提拉门，弄不脏双手；十字门横在垃圾口中间，使过大和过长的垃圾无法进入垃圾道，避免了垃圾道堵塞；十字门使垃圾口始终处于封闭状态，防止蚊，蝇，鼠类出入；垃圾进入旋斗箱后即被翻下，旋斗箱的四壁避免了垃圾与旋斗中轴的接触，即避免了中轴被垃圾缠绕；方便了居民生活，人们不必再用塑料袋盛垃圾，减少了白色污染，也使楼前变得更加清洁。鉴于旋斗式垃圾排放口有上述优点，建议楼房垃圾道改用这种新型的设备，方便居民，有益于社会。

指南针式电子开关

发表于《中国建材报-装饰世界》1998 年 3 月 22 日

目前已有的电子开关中还缺少一种能通过改变方向来控制电路的开关。因此可设计一种指南针式电子开关。既：在一种指南针的表盘上设置电子开关的正，负两极，指南针为正，负两极的连接导线。根据指南针无论表盘如何转动而指针始终指向南北两极的原理，通过改变表盘方向来控制电子开关。例如，将该开关放在门上，当有人将门打开时，由于门的方向转变，电路便接通，报警器便报警。

防跑水电子报警开关（水感器）

发表于《中国建材报-装饰世界》1998 年 4 月 13 日

现有家庭用的防盗、防漏电、防火、防煤气等报警装置种类繁多。而防跑水也是家庭中普遍重视的问题，但却缺少价格低廉的防跑水报警装置。

因此，可设计一种防跑水电子报警开关，或者叫做水感器。在一个通过导线连接报警装置的绝缘体上设置正、负两个电源触头。将该触头放在地面下，利用水能导电的原理，地面上一旦有水浸到正、负两个触头便接通电源，报警器开始报警。该报警器可以是发出报警声，也可以是通过电话自动拨号寻呼主人 BP 机，以及其它方式。

倾斜式电子开关

发表于《中国建材报-装饰世界》1998 年 4 月 13 日

现有的电子开关中还缺少一种可随物体的倾斜而自动开关的电子开关。因此可设计一种倾斜式电子开关。在一个圆球内设置一个能导电的金属棒，金属棒的一头为一重力球。用一横线将金属棒安置在小球的中央，根据地球引力的作用，使重力球始终垂直向下方。小球的上半部与下半部各有一圈金属导体，分别为电源的正、负极。小球直立时，金属棒与正、负极脱离；小球倾斜时金属棒将正、负极接通。或者，在一个圆锥形小盒内，顶端垂吊一个带有重力球的金属棒，金属棒的顶端为电源的正极，在小盒的下部设置一圈金属导体，接电源的负极。当小盒直立时，电源的正、负极断开，当小盒倾斜时，电源的正、负极接通。

根据以上原理制成的倾斜式电子开关，可应用于防盗、医疗等各领域，例如为心脏病人制作一种带有这种开关的报警器，病人晕倒，报警器便报警，或发出："请将病人上衣口袋中的药丸取出放入病人口中"之类的提示语，提醒路人帮助救治病人。

开会、上课时也能使用的手机

发表于《通信产业报》1999 年 3 月 17 日

现有的手持机有时使用起来会不方便，如在开会、听报告或上课时，对方来了电话，想接又怕干扰会场，于是只好关机或马上走出会场。因此可设计一种手机自动应答系统。

方法是：在手持机内设置一个微型存储器（A—D 转换器），外接按纽，存储器中存储一段简单语音，如"机主现正在开会，不便讲话，但他在听着，请您说话。当您说完后听到一声'嘟'，表示机主同意；二声'嘟'表示机主不同意；三声'嘟'，机主请您挂机，他将另抽时间给您回电话"。这样如在开会或上课时电话响了，机主可先按下通话键，再按自动应答键，便可持机听对方说话。待听完后，在拨号盘内任选一个键按一下表示同意，按二下表示不同意，按三下表示让对方挂机，找时间再给其回电话。如此，不用开口说话，便完成了接电话，又避免了干扰会场。该存储器可根据需要录制别的内容。

可提示信报箱

发表于《中国建材报-装饰世界》1999 年 4 月 5 日

目前，人们使用的信报箱大都比较简单，里面有没有信从外面看不到，必须每天开锁查看才能知道里面有没有信，很不方便。因此，可设计一种信箱，当人们路过时，从外面看一眼便可知道有没有信。方法是：在信报箱的门的窗口里面设一档板，该档板的下端用转轴与信报箱的门连接。平时，该档板盖在窗口上，可防沙土进去，如果往里放信便将档板碰落下去，人们一看便知里面放进信去了，用不着每天去开锁查看。待取完信后，再将挡板扶上去。这种方法结构最为简单，操作方便，容易制作。

电梯光控开关

发表于《中国建材报-装饰世界》1999 年 4 月 5 日

现有的电梯开关，如在医院按的人多了，按钮便成了一个疾病的传染源。于是一些家属到传染病医院看病人，便常用其他东西去按按钮，用完后丢掉。因此，可设计一种电梯光控开关，将电梯控制板上的全部按钮开关（包括楼层钮）均可改成光控开关，用手指头去晃一下便可，避免与手指接触。

千斤顶的妙用：把汽车横向平移

发表于《汽车与社会》杂志 1999 年第 5 期

现有的汽车只能靠车轮前后移动，如果停车时自己的车被别人的车前后紧紧夹住，要想横着挪出来，就非得用吊车不可。因此 可设计一种移动器，它能让司机轻易地就能将车横着移动或原地调头。

方法是：将随车携带的千斤顶配备一个斜撑杆，用千斤顶将车顶起，将斜撑杆斜撑在车的下面，在缩回千斤顶的同时，斜撑杆便因汽车的重力将车挪向一边。其设计方法可有很多种，还可在汽车的底盘上直接设置几个固定式千斤顶，千斤顶的动力可使用汽车自身的动力。在千斤顶一侧设置斜撑杆，该斜撑杆与千斤顶可改变方向。通过在驾驶室操纵按纽，可用几个千斤顶将车同时顶起，并放下斜撑杆，使车作前后左右横向移动；也可使前后的斜撑杆方向相反，使车原地调头。

拆卸式汽车防盗

发表于《中国汽车报-汽车商报》1999 年 7 月 6 日

目前汽车防盗主要采取增加设施的防盗方式，即在汽车上安装报警器，防盗锁等，这些设施如被小偷破坏之后，其防盗功能也就丧失了。为此采用一种减少设施的防盗方式 ，即将车上某个重要部件制成可拆卸式的。这些部件与其基座应是一对一的装配。且每车上的结构都不一样，使人很难配到。

因为这些部件体积较小，能很方便地随身携带，这样人们锁车时，将这些部件取下带走，小偷即使能进到车内，也很难将车开走。

公共照明与家庭照明应予区别

发表于《中国建材报-装饰世界》1999 年 7 月 19 日

公共照明所使用的灯泡经常被一些贪小便宜的人摘去家中使用，有的甚至连灯座也卸走，致使许多楼道没有照明，居民有意见，也是物业部门非常头痛的一件事。因此，可采用以下解决办法，即设计一种公共区域所专用的灯座和灯泡，例如灯座与普通灯座规格不等，灯泡为特殊形状，或印上特殊颜色和"公用"二字；有关主管部门发布一项文件，规定凡公共区域的照明都需统一使用这种灯座和灯泡，使得公共区域的灯泡拿到家中使用不了，公用灯座在家中让人一看便知是偷来的。这样，便可大大减少公共照明设施的丢失。

手机报警系统与自卫功能

发表于《通信产业报》1999 年 7 月 28 日

目前的手机主要用来通信。根据其具有的发射功能，还可建立手机报警系统，即：建立由若干电波接收塔组成的警安网，当人们按下手机上的报警键，不同接收塔便可根据手机发出的讯号交叉测定手机持有人的位置，立即派人前往求援。还可以在手机安装一种电击功能，使手机、电警棍两用，成为人们随身携带的自卫器。为安全起见，可将手机设计为：1、手机的电击功能使用前须输入一组密码，同时接通警安网。警安网同时对机主进行监听，发现机主非法使用，可关闭电击功能。2、手机的电击开关为指纹开关或加保险锁，只有机主自己才能打开，打开电击的同时警报声也大作，这样上网、电击、警报同时进行，不可分解，可防止坏人将其用作犯罪工具。3、机主须与警安网签定使用协议，每申请开机一次，不用则罢，若使用了则要限期向警安网报告使用原因并缴纳使用费，若非法使用，警安网便可将其电击功能废除并追究其法律责任。这样一方面可增加机主的责任心，一方面也可使警安网对机主有效管理，为人们提供一种安全有效的自卫器。

呼救电话

发表于《通信产业报》1999 年 7 月 28 日

家中有老人或病人，如没有看护，出现危险很难通知他人，因此可在老人或病床边或手能触摸到的　其他地方用有绳或无绳方式安置一个报警按纽，该按纽连接在电话的一个记忆键上，在该记忆键中存入一个亲友的电话或呼机（须自动寻呼台）号码，也可存入急救中心或其他有关电话号码。老人或病人只要按动一下手边按纽，电话便自动拨号，接通后自动发出一种呼救声音或连续拨号的声音，这样，他人便可从电话或呼机中得知报警，赶往抢救。

电话号码显示功能

发表于《通信产业报》1999 年 7 月 28 日

目前市场上有一种小型笔记本电脑，主要用来储存电话号码等。可将其改造后安装在电话上，使电话增加以下新的功能〉1、将电话的数字键变成键盘，可用来输入自己常用的电话，共打电话时随时查阅；2、对方来电话时电话先通过电脑，只要是电脑中储存的电话号码，在电话显示屏上就会同时显示电话号码与机主姓名；3、接完电话后想将对方电话号码存入电脑，按一下储存键，再输入对方姓名即可。

电话听筒头套式抓手

发表于《通信产业报》1999 年 7 月 28 日

现有的电话听筒均为手抓式的，打电话时一手抓着电话，想写点东西或干点别的事情很不方便。因此可设计一种头套式抓手，将头套戴在头上，其抓手用来夹住电话听筒，这样就可解放双手了，犹如带着耳机打电话，便打电话边干其他事情。或者，直接就将电话听筒设计成耳机型的。

静音电话

发表于《通信产业报》1999 年 7 月 28 日

人们开会、睡觉或看护病人时不想让电话响，但又没办法控制它，有的干脆就把电话线拔掉，很不方便。因此可在电话上设置一个静音键，人们不想让电话铃响，按下此键，若有人来电话时，只是灯在闪烁，而铃却不响。

计算器电话

发表于《通信产业报》1999 年 7 月 28 日

电话上的按键正好有十个数字，与计算器的按键相同，因此可在电话机里安装一个计算器，使电话增建计算器功能，按一下功能转换健，电话机就可做计算器使用。

钟表电话

发表于《通信产业报》1999 年 7 月 28 日

有的电话上有时间显示屏。据此，可将钟表上的全部功能设置在电话上。如：再增加万年历和闹钟功能，人们定好时间，可用来叫早，叫早可采用响铃，也可采用报告天气预报，或报时等。

设计体贴的凹式头枕

发表于《中国汽车报-汽车商报》1999 年 8 月 10 日

人们坐车久了容易打瞌睡，但一般汽车座椅上的靠枕多为平式的，头靠在上面一旦睡着之后身体就会歪斜，很不舒服。因此可设计一种头部靠枕，平时为平式的，当要休息时将其调成凹式的，将头放在里面，便不会产生晃动，可平稳地睡觉。

自动台灯与床头灯

表于《中国建材报-装饰世界》1999 年 8 月 16 日

学生晚上看书，常常容易超时，影响视力；有的人看书睡着了，灯忘记关，整夜亮着灯睡觉，浪费电。因此可设计一种台灯和床头灯，灯上除了原有开关之外，还有一定时开关，时间可设有 45 分钟、1 小时等几个档位，到时灯便自动熄灭。这样一可提醒人们不要看书时间太长，经常休息眼睛，防止近视；二来人们晚上睡着了，到时灯便自动熄灭，不用家长再担心孩子整夜没关灯。

肥皂粉碎机

发表于《中国建材报-装饰世界》1999 年 8 月 16 日

大的饭店，宾馆的客房每天都给客人提供小块香皂，也每天都能从客房中打扫出大量没用完的小块香皂将其作为垃圾扔掉。

如此全国、全世界加起来，每天扔掉的未用完的香皂将构成一笔巨大的浪费。因此可设计一种肥皂粉碎机。服务员每天将客房中收集上来的未用完的肥皂交到洗衣房，洗衣房用粉碎机将肥皂粉碎并搅拌成肥皂水，用来洗床单等，这样，可节省大量洗衣粉，洗出来的床单还带有香味。日积月累，将会为饭店节省大笔资金。

锅体附设锅盖抓手

发表于《装饰装修天地》杂志 1999 年第 8 期

人们做饭时将锅盖立着放在台面或地面上，流下来的汤容易弄脏台面或地面；平着放在灶台上又占地方，因此许多人为无处摆放锅盖而发愁。

为此，可设计一种锅体附设锅盖抓手。在锅体上镶嵌两个抓手，其距离，薄厚正好供锅盖平滑地卡在上面而不晃动，下面为一接水槽。这样人们将锅盖插在锅壁的抓上便可，用不着到处去找地方放锅盖，而且将锅盖插在锅壁上也较卫生。为了简便，还可将锅把手直接设计成锅盖抓手，使锅把手一物两用。

自动化空气加湿，清新负离子发生及冷热风空调一体机

发表于《中国建材报-装饰世界》1999 年 11 月 8 日

目前调节室内空气的家用电器种类越来越多，如空气加湿器，空气清新器，负离子发生器，冷热风空调等。

对于住房面积不大的居民来说，这些电器都买，的确很占地方，而且空气是否污染，是否太干，人体自身很难分辩，何时开机人们把握不准。因此最好将这些电器合为一体制成一个一体机，并设置一些自动开关，空气一有污染，湿度不够，阳离子太多或温度过热，该机就自动开机，调节完后又自动关机。

建筑物应实行"商标制"

发表于《中国建设报-装饰天地》2000 年 3 月 14 日

一般产品上都有商标，人们一看便知是哪个厂生产的，这就迫使生产厂家想方设法保证质量，争创名牌。建筑物是由施工，设计等单位生产出来的产品，但建筑物上却没有商标，哪栋楼是由哪个单位建造、设计和装修的，一般百姓很难知道，因此，一些建筑单位偷工减料，粗制滥造，反正完工后一走了之，只要房子不倒，一般人也很难知道是谁建的。因此应对建筑物的设计、土建、防水、装修、管理等也实行商标制，即在建筑物上立一牌匾，将设计、土建、防水、装修乃至主要材料生产厂家等的名称均铭刻其上，或由

建设单位将其公司标志设在牌匾内，由政府部门规定没有商标的建筑物不予验收。这块牌匾就等于是这座建筑物的商标，让人们一看便知建设者是谁。这样，就能有效地督促建设单位保质保量，争创名牌产品。也有利于人们了解建设单位的情况。

让安全带更舒适

发表于《中国汽车报-汽车商报》2000 年 1 月 11 日

系安全带可保护司机生命安全，但很多司机却不愿意戴，原因是安全带勒在胸前压迫呼吸，戴久了便感到气喘胸闷。

因此可设计一种卡扣，套在安全带上，将安全带拉到胸前感觉宽松适度之后，将卡扣卡紧，顶在安全带的伸缩口上，使安全带无法回缩。这样安全带即能保护安全，又不紧勒前胸，司机便不应对其拒绝了。

保健式前后背两用皮书包

发表于《北京皮革-中外皮革信息》杂志 2000 年第 3 期

目前，学生使用双肩背书包由于重力作用，身体要尽力前倾，以保持身体平衡。孩子长期背着这样的书包走路，容易造成身体前倾的习惯，形成驼背。因此可设计一种保健式前后背两用书包，即：将书包设计成一前一后两个独立的袋子，前后两个袋子重量平均。还可将书包做成坎肩似的，后背一个大袋，前面两个小袋，书包贴身穿着，身体受力平均。为了方便，该书包在需要时还可将前后两个袋子拆开，仅使用一个袋子，作双肩背书包使用。

家庭卫生装置

发表于《中国建材报-装饰世界》2000 年 3 月 13 日

房屋内的污染源平时主要来自两个方面：一是从门、窗等口内进来的灰尘，二是人们鞋底带进来的尘土，三是外面进来的噪音，因此可就控制以上污染源设置以下装置：

1、　鞋底烘干、吸尘器。将该器放在门口，人们进门前先踩在上面。打开烘干机，烘干机便会发出热风将人们鞋上的水烘干。打开吸尘器，吸尘器便会将鞋底的尘土吸净。

2、　自动抽风机、空气净化器。室内一有有害气体出现，抽风机和空气净化器便会自动启动。

3、　噪音吸音窗帘。将其设在门、窗之上，需要时将其拉上，以减少室内噪音。

绿色多功能音响

发表于《中国建材报-装饰世界》2000 年 3 月 20 日

未来电器设计应充分考虑人们以下需求：1．现代家庭中电器种类越来越多，占用房屋空间也越来越大，因此未来家电应向多功能、体积小发展，尽量多留给人们一些活动空间；2．现代人越来越注重保健，电器也应尽量对人体有利。据此可设计一种绿色多功能音响，即：将空气净化器、加湿器等与音响合为一体，将音响的音箱设计为卡通头型，嘴为喇叭，眼为照明灯，鼻子为空气净化器的出气孔。打开音响后，不仅能听到优美的音乐，还能呼吸到新鲜的空气，听、视、嗅觉一体化享受。

皮带表

发表于《北京皮革-中外皮革信息》杂志 2000 年 3 月第 6 期

现在越来越多的人不愿戴手表，因为手腕上套上一圈东西不舒服，磨袖子，且容易甩出，影响活动。而怀表放在口袋里压口袋，也不太方便。于是，一些人便将表挂在腰上，但不美观，有的干脆用 BP 机代替。因此可设计一种皮带表，在皮带扣上的扣环上设一卡槽，将表卡在上面，平常系在腰上是一种装饰，用时取下可以看时间。还可以将皮带扣设计成 BP 机的卡槽，用来卡小型 BP 机。

自行车手把套连体式汽笛

发表于《自行车快讯》杂志 2000 年 4 月 15 日

已有的自行车铃存在以下缺点:铃盖容易被盗,人门常见一些自行车没有铃盖,多是被人拧走,即使加了防盗圈也再所难免。金属经长期雨淋,容易生锈,因此许多车铃时间一长就按不动了。而且车把为圆形,车铃套在上面易上下滑动,难以固定,影响使用。目前已有的塑料汽笛比金属铃造价低不值得偷,而且不生锈,但同时也存在上下滑动,难以固定等不足.

因此可设计一种自行车手把套联体式汽笛,即在手把套前端连接一向上竖起的环套,将汽笛设在里面,外面拧上盖子,形成一个与自行车把套联体式的汽笛。这样,汽笛便不会滑动了,而且骑车时不用抬手,只竖起拇指便可按动汽笛,方便了使用。另外,将汽笛设计成动物或其他形状,还可起到一种装饰作用。

自行车竖梁兼打气筒

发表于《自行车快讯》杂志 2000 年 4 月 15 日

车轮跑气是常有的事,骑车人常常要为找不到气筒而发愁。因此可将自行车车座下面的竖梁改造成打气筒,使用时将车座掀开便可。在气筒软管上面的气嘴上面设置一个锁,将这种带锁的气嘴锁在自行车车胎的气门上,可将气筒软管代替链条锁使用。小偷要偷车,必须要将车胎上的气门连锁一起拔下,如此偷来的车还要拿去修理换胎,或许小偷也懒得找此麻烦了。

自行车脚蹬子兼支撑架

发表于《自行车快讯》杂志 2000 年 4 月 15 日

自行车的车撑子为的是在自行车停放时起支撑作用,防止自行车倾倒,但一些高级自行车为使自行车更美观,便将这一额外的附加物取消了。其实,在自行车脚蹬下垫上点东西,脚蹬子本身就可对自行车起支撑作用。因此,可在脚蹬子上设计一种小型支撑架,平常与脚蹬子为一体,停车时将其踩下便可。另外,还可设计一种用来锁脚蹬子的杆式车锁,一头可将脚蹬子锁住,使其无法转动;另一头顶在地面,配合脚蹬子作支撑架用。

起坐式自行车

发表于《自行车快讯》杂志 2000 年 4 月 15 日

现有的自行车和三轮车用脚蹬起来比较费劲,不适于幼儿玩,而电动车又价格太贵,一般家庭不愿买。因此可设计一种起坐式自行车,即:将车的前后轮的车轴均设计成单向滑轮,只能向前转,不能向后转。前轮为单轮,后轮为双轮;也可前轮为双轮,后轮为单轮。车轮的前叉和后叉交汇在一个转轴上;前叉和后叉的中部各有一转轴，并连出两个拉杆，两个拉杆用转轴连接两个脚蹬子，两个脚蹬子中间向上连出一个伸缩杆，该伸缩杆穿过车轮前叉和后叉交汇的转轴，连在车座下。车的单轮的车叉为内外套管，内管上下直通，并可在外管中转动，在内管的上部设一方向把手，在外管上设一手刹。这样，人们坐在车座上，这时前叉和后叉张开，由于后轮不能向后转，只有前轮向前转，车向前行。人踩着脚蹬子站起来，前叉和后叉缩起，这时由于前轮不能向后转，只有后轮向前转，人一起一坐，车便一步步向前转动。伸缩杆起着稳定车座的作用，方向把手可用来转动方向，手刹可用来刹车。这种车由于骑行方便，不用学，非常适于儿童骑用。

密码键盘箱罩

发表于《中国建材报-装饰世界》2000 年 5 月 22 日

目前，在银行储蓄柜台前和自动取款机等上面都有一个密码键盘，供客户输入密码用。输入密码本是为了给客户保密，但由于按键盘时周围的人都能看到，因此在银行常出现客户想用手捂键盘又不好意思，不捂又怕旁边人看到的为难情形。因此可设计一种密码键盘箱罩，即：在键盘外面设一小箱，小箱上面留一孔，只能供一个人看到里面的键盘，小箱的一侧开出一洞，供手伸进小箱去按键盘，小箱内为避免太黑，设一小灯供照明用。由于有这种小箱，旁边的人便无法看到使用者所按的密码号。

鞋护理装置

发表于《中国建材报-装饰世界》2000 年 5 月 1 日

人每天在外行走，鞋与地面接触最多，最容易粘染细菌。目前人们大多穿皮鞋，皮鞋不能象布鞋那样去洗，一双鞋一穿就是几年，鞋内容易孳生大量细菌。专家建议人们买两三双皮鞋换着穿，以保持鞋内有时间能凉干，但这并不能从根本上解决问题。因此，保持鞋的卫生对人的健康非常重要，可设计以下鞋护理装置：

1、　红外线或气雾消毒鞋柜。在鞋柜内设置红外线或气雾消毒装置，将鞋放入鞋柜内，便可得到消毒。

2、　卫生鞋架。将鞋架上的插鞋舌设计为烘干消毒装置，将鞋插在鞋舌上，烘干器便自动开启，在鞋里吹出带有除味剂的热风，将鞋内吹干。该烘干器内有定时器，若干分钟后自动关闭。

3、　干燥剂鞋撑子。将鞋撑子里面放上干燥剂，根据需要也可以装进除味剂，在鞋撑子面上留有密布的网眼，这样每天回家后换上拖鞋，将干燥剂鞋撑子塞进皮鞋内，既能保持鞋的外形不变，又能保持鞋内干燥和除味，第二天穿着舒适。

网络电视与音响

发表于《中国建材报-装饰世界》2000 年 6 月 26 日

目前许多家庭都有电视、收录机、CD、VCD 等多种电器，摆放占用许多空间，遥控板、录音带、录像带、光盘、唱片等一大堆，旧的无处处理，新的又没完没了要买，既不方便，又总是满足不了人们新的需求。但归纳起来，许多电器的功能无非是要满足人们"视"、"听"两种需要。随着电脑、网络技术的发展，对上述电器的变革已成可能，可设计一种视听一体机，将以上各电器合为一体，减少占用空间。将视听机与电脑联网，人们不用再重新拉线设有线电视，通过网络就可调看世界各地的电视节目；人们不用再买专门的录像带、录音带、光盘和唱片，在网上就可从世界各地的音像网站上调出自己要看的节目和要听的音乐。使人们能想看什么就能看到什么，想听什么就能听到什么。

家庭多功能模特

发表于《发明与革新》杂志 2000 年第 7 期

目前家庭中使用的电热器、空气加湿器、衣架等器具越来越多，其虽方便了使用，但却占用地方，因此可设计一种家庭多功能模特，其功能如下：

衣架。将模特头和两只手设为衣架，将这种艺术人体放在客厅既是摆设，又可供客人挂衣服；放在床头，晚上睡觉时又可将脱下的衣服挂于其上。

电暖器兼干衣器。模特既为造型优美的电暖气，又可用来烤衣服，当人们洗完衣裤鞋袜想马上穿时，将湿衣服穿在模特身上，打开电暖器，湿衣便很快被烘干，其还可用来当熨衣架用来熨衣服。

空气净化器，加湿器，冷风机等。在模特体内装上空气净化器、加湿器、冷风机等，打开开关，所需气流便从模特嘴内徐徐而出。

按摩座椅。将模特腿弯曲，后背的支撑架顶上，坐在模特怀中，打开开关，便可享受舒适的按摩。

日历、钟表及提示器。人们常常将一些要作的事情忘记，例如饭后吃药，睡前喝奶等。因此可在模特身上设一日历、钟表和带有录音机的提示器，将须提醒的话录进去，设好时间，到时模特嘴中便会向你发出提示。

将模特两眼设为照明灯，鼻子设为烟感报警器，耳朵设为收音机，手指设为圆珠笔，等等，使模特一身多用。

可开启式装饰防盗窗

发表于《发明与革新》杂志 2000 年第 7 期

目前人们所安装的防盗窗均为外加铁框，固定式的。其不足之处在于：外面的人进不来，里面的人也出不去，防了盗，也限制住了自己，当人们有急事想利用窗户作通道时也就不可能了。而且这种象铁笼似的防盗窗看上去也不美观。因此可设计一种能够开启的，样式美观的可开启式装饰防盗窗，以弥补现有防盗窗的不足。方法是：将防盗窗的窗框直接镶嵌在窗口上，防盗窗靠转轴与窗框连接，可向外开启，并有防盗锁用以锁在窗框上。防盗窗是一扇还是多扇，是上下开启还是左右开启视窗户的大小而定，窗户大用多扇。该防盗窗为三层，外层为金属棂格，可采用古代窗户的样式，看上去就象是一个仿古窗户，而不象是防盗窗，非常美观；中间层为用活动扣安装的可拆卸的纱窗，活动扣安装方法可有很多种。里层为玻璃窗，在防盗窗框的上下两边设两道并排的滑轨，可放进两扇加框的玻璃，可横向推拉。还可以在保留原有横向推拉窗的基础上，在其窗外再镶嵌一个固定式窗框，窗框上用转轴安装向外开启的带锁的防盗窗。还可以将金属防盗窗设计成上下或左右折伸的折叠式防盗窗，方便人们开启。

工具式自行车锁

发表于《发明与革新》杂志 2000 年第 7 期

人们骑车在外,自行车故障随时难免,有时车闸、车蹬子等处的一个小螺丝帽松了也会使整个车没法骑,要是晚间或是在郊外,根本找不到工具和修车铺,其焦急程度便可想而知。农村人常骑车远行,车坏在野外便无可奈何。城里人住高层楼,车放在楼下,谁也不愿为拧一个螺丝跑两次楼梯去取送工具。有些人设想在车上装一工具盒,但容易被盗,随身带着工具也不方便,因此解决外出修车难的问题是许多人梦寐以求的愿望。

以下几项设计，可使人们路途修车不再愁：

设计一：将自行车锁的锁杆改造成一头是螺丝刀，一头是活扳手的多用工具，插进去可以锁车，拔出来可以修车，一锁多用，而工具钢比普通钢更坚固，增加了工具式车锁的防盗性能。

设计二：设计一种一头是活扳手，一头是螺丝刀，两边是内六边形扳手头的多用工具，该工具中间有两个眼，可套在山地车锁的Ｕ形杆上，平常套在锁上，随车携带，不易被盗；使用时，从锁杆上取下便可。

设计三：在自行车铃的边上，按自行车上各种螺母的不同规格，开出大小不同的一圈螺母齿，使自行车铃变成一个花扳手，既可当车铃盖，又可拿下来用于拧螺母。

拆卸式自行车防盗

发表于《中国发明创新服务网》2000 年 9 月 2 日

小偷偷车,为的是要拿去骑,拿去卖。如果偷来的车骑不了,卖不了,便不会再有人偷了。因此可将车上的某一重要零件制成可拆卸式的,例如将车把手制成可拆卸的,骑车时装在车把上；锁车后将把手拿下装进包里带走,体积很小,也不占地方。由于把手与车把为一对一的装配，别人不容易配到。还可考虑车座或其他部件。这样,小偷一看这辆车没把手，偷去也骑不了，就不会对车感兴趣了。

多功能电子遥控板

发表于《中国发明创新服务网》2000 年 10 月 1 日

现在很多电器都使用电子遥控板，电子遥控板除了遥控电器外，还可增加以下功能：

1、　无绳电话。遥控板与无绳电话合二为一，打开电话的同时，电视音量便自动降低。

2、　计算器。平常可用遥控板上的键盘和显示屏作计算器用。

3、　手电。在遥控板上设一灯泡，停电时可用来找东西，作应急用。

4、　闹钟。将其放在床头，可以叫早。

5、　遥控门铃。在门外装一遥控按纽，遥控板为门铃，哪个屋子有人便将遥控板放在哪屋，比固定式门铃更加好使。

6、　微型半导体。平时不想看电视时，可以用遥控板来收听新闻。

7、　电子音响提示。家中常有将遥控板塞在哪个角落找不到的现象，因此可在遥控板上装一电子发音器，在电视上装一遥控按纽，如同遥控门铃一样，按一下电视上的遥控按纽，遥控板便发出响声。也可在遥控板上装一声控器，拍两下手，遥控板便出来了。

8、　多种控制。家中电器多了，遥控板便一大堆，容易搞混，因此可在遥控板上装一频率转换器，用一付遥控板，可控制许多不同频率的电器。

多功能手机

发表于《中国发明创新服务网》2000 年 10 月 2 日

手机是人们经常要随身携带的物品，因此增加手机的功能，可给人们的出行带来很大的方便：例如：

1、　收音机。既在手机内设一微型 FM 收音机，微型 FM 收音机与手机共用手机上的耳机、扬声器、显示屏和按键。或可将耳机适陪器设为微型 FM 收音机，平时可用来收听节目。

2、　照明灯。即在手机内设一照明灯和开关，并与手机电源相连接，照明灯为微型灯泡或发光二极管，设于天线或手机的其他部位，平时可用于短暂的应急照明。

3、　时差显示装置。人们时常要全球联络，却不知他国此时是白天还是黑夜；因此可在手机显示屏内设置世界主要国家的时差信息，并连接一个转换按纽。按下按纽打开时差显示开关，再接连按动按纽，显示屏上便交替出现各地时差。这样，你就不会在深夜打扰你的他国朋友了。

4、　报警装置。即在手机上设一能够自动拨号的记忆键，同时用无线电遥控方式连接一外接报警按纽作为记忆键的外接开关，人们在记意键中存储一个最常用的电话号码，将外接报警按纽套在手上，外出遇到紧急情况来不及拨电话，按下按纽，人们便可通过其身上打开的手机听到其喊叫声，赶往营救；也可将外接报警按纽套在病人的手指上，作为重病人的求救按纽。

5、　遥控开关。将手机作为汽车电子门锁和家庭防盗电子门锁的遥控开关。须输入一组密码后才能打开门锁，比普通电子门锁更防盗。

多功能军用睡袋

发表于《中国发明创新服务网》2001 年 2 月 1 日

目前军队使用的被具与民用被具一样，叠起来较慢，夜间紧急集合、早起整理内务都较费时间，而军队最要求速度，因此可设计一种免叠睡袋，该睡袋与床同宽、与床同长，并与枕套联体；睡袋上用拉链接一可拆卸的床单，集被、褥、枕、床单为一体。平时将睡袋的两个角用绑带固定在床的一边，这样早起不用再叠被，拉一下睡袋另一边未固定的两个角，整个睡袋便在床上铺展平了，人们看到的只是一床平展的床单。这种睡袋比传统的被褥有如下优点：

1、 节省了叠被子时间。经试验，叠被子一般人需要 15 秒钟，而拉平免叠睡袋则需 5 秒钟，整理内务时间加快了几倍。

2、 免叠睡袋使床上用具均隐于床单下，床上看上去更加平展整洁。

3、 被、褥不适于野外露营，而免叠睡袋既适于平常使用，也适于野外露营，有利于部队行军打仗。

4、 战士睡觉时，很多人将衣服盖在被子上，睡觉翻身时常将衣服滚落在地，紧急集合时找不到衣服。而使用免叠睡袋可将衣服塞在睡袋与床单之间的夹层中，一可增加保温，二可防止衣服掉地，三有利于紧急集合时很快找到衣服。

5、 免叠睡袋为两层，里层为棉被，外层为床单，冷天时睡里层棉被，暖天时睡在床单与睡袋的夹层中，以床单代替被单，棉被与单被两用。

6、 在免叠睡袋上设置一些扣、带，将睡袋横过来披在身上，可使睡袋成为一个简易大衣，一物多用。

7、 免叠睡袋因连着一个枕套，可在枕套内放置一些衣物，使睡袋增加了旅行袋的功能。

8、 免叠睡袋附设一个塑料袋，该塑料袋可用来装背包和保护背包，在塑料袋上设几个固定的背包带和套扣，将睡袋叠起来装进去背起来便走，比单独的被、褥、床单更容易打背包和携带；该塑料袋还可于睡觉时套在免叠睡袋外，变成一个单人紧身帐篷，雨天也可用来露营；还可变成一个单人长雨衣，雨天用来站岗放哨；也可行军时披在人和背包之上，变成一个短雨衣。

多功能儿童车

发表于《中国发明创新服务网》2001 年 2 月 1 日

孩子从小到大，要换好几种车：学步车、小推车、小三轮车、小自行车，等等。一种车还没用旧就要换新的，旧的车还是半新或全新的，丢了可惜，留着又没有下一个孩子接替使用，造成浪费。另外还有小孩桌椅等等，使用不了几年，却占用室内空间。因此可设计一种有两个小轮子和两个大轮子的多功能儿童车，将两个小轮子设在前面，两个大轮子设在后面，可以拆卸、组装成学步车、小推车、小汽车；将一个大轮子设为前轮，将两个小轮子设为后轮，可变为小三轮车；将两个大轮子设为前、后轮，或将两个小轮子设为后轮的支撑轮，可变为小自行车，使一部车能使用多年。该车还可以在家中将其轮子和车把固定起来，在车把上安装一个活动桌面，使儿童车变成一个连体式儿童桌椅，一物多用，提高儿童车的利用率。这样，不用再买儿童桌，节省了费用，也节省了房屋空间。

多功能掌上电脑

发表于《中国发明创新服务网》2001 年 9 月 21 日

掌上电脑的发展趋势是体积越来越小，功能越来越全，越来越方便人们随身携带和使用。对于掌上电脑，尚有以下功能可以开发：

1、　电子名片。名片是人们工作和生活交往中非常有用的工具，但名片也有以下缺点：一是名片收得多了不方便存放，也不好查找，要将其一个个抄到本子上或输到电脑里也非常麻烦；二是自己外出名片带多带少难以确定,对外联系多的经常要印名片，这是一笔不小的开支；三是印名片要耗费纸张，国家每年因此要消耗大量树木，不利于绿化。因此可对现有的掌上电脑进行改造，增加一项电子名片的功能。在自己的掌上电脑上设计好自己的名片，与他人的掌上电脑一对接，自己的名片便传输到他人的电脑中，处于待编辑状态，他人回去后再将其编辑到通讯录中相关的名录下收存。这样，可节约大量纸张，不用愁名片多了麻烦，也不用重新输入电脑，且方便了查找，只用一部掌上电脑就可以发出和收到无数张名片，方便了人们使用。更重要的是，这一项目的普及将为社会节省大量木材，是一增加绿化的环保型项目。

2、　无线通讯与收听。现在能够随身携带的电器种类越来越多，如手机、随身听、商务通等等，因功能各不相同，都带齐了要一大堆，反而不方便。因此可将上述电器合为一体，平时可做商务通使用，拉出耳机可打电话或听新闻，减少人们随身携带的物品而不减少使用价值。

3、　有线通讯与传输。在掌上电脑上设一电话线插座，插上电话线，可用来接电话和上网；将电话线与电脑连接，可使电脑与掌上电脑之间进行文件传输。

4、　中、外文互译。掌上电脑有电子辞典与手写输入功能，可将其设计得更加方便，人们在手写板上写上中文，屏幕上便出现翻译过来的外文；写上外文，屏幕上便出现翻译过来的中文，甚至有发音。这样出国时，只要带上一个掌上电脑，便可走遍天下都不怕了。

5、　电子钥匙。可设计一种用掌上电脑开启的电子门锁和保险柜门锁，在掌上电脑输入一组其他人不易破译的密码，开门时将掌上电脑与电子门锁对接，一摁按纽，密码输入，门锁便可打开。

6、　电子书本。目前学生要用的书本越来越多，尤其是中小学生，每天背着沉重的书包上下学，不利于身体发育；而且国家每年为印制书本要消耗大量木材，不利于绿化。因此可将掌上电脑设计为电子书本，每学期为其输入新的课文，上课时老师在台上控制主机，每个学生的掌上电脑便为分机，布置作业、写作业、批改作业均通过电脑执行。这样，用一部掌上电脑代替大量书本，方便了学生携带，也节省了大量纸张和木材，是一利国利民的环保型项目。

自卫伞

发表于《中国发明创新服务网》2001 年 9 月 21 日

目前，还没有一种经政府批准的，被广泛采用的自卫武器，原因很简单，因为象刀、枪、电警棍等武器虽好，但好人能用，坏人也能用；可用来自卫，也可用来进攻，因此不宜推广。要想推广使用一种自卫的武器，必须符合以下两个条件：1.好人能用，坏人不能用；2.只能用作防卫，难以用作进攻。根据这一思路，我们想到：1.盾牌是所有武器中只能用作防卫，不能用作进攻的，而雨伞的形状与之相仿，张开后，便使人无法靠近；2.报警器是好人才用，坏人不会用的，若在武器上都装上报警器，一拿起来便响声大作，坏人就不敢用了，而好人则可用其来报警。因此可设计一种特殊的折叠伞，平常只是一般的雨伞，可用作挡雨、遮阳，不用时放在包里。所不同的是：伞架用金属材料制成，伞杆则用非导电材料制成，手握部分为一套筒，里面放置一个由报警器、电击器，强力电池和灯泡等组成的电棍，该电棍平常只能作手电筒用，只有将其放入伞杆的套筒内，其报警器、电击器的触头才能与套筒内的开关相对接。套筒内的开关靠一拉线连接雨伞的顶端，雨伞打开后，报警器与电击器的开关同时打开，报警器报警，伞面的金属架产生高压电。由于伞一打开便响声大作，一般只能是好人用来自卫，坏人不会用其去作案。同时，规定该报警器与电击器每工作一段时间便间断一次，这样，就可防止坏人用其来逃避警察抓捕，因为在此期间内，进攻者若是坏人，早被警报声吓走；进攻者若是警察，完全可以等候电击的间隔停顿冲上前将其抓获。由于雨伞与电棍为两部分，电棍价值较高，可长期使用；雨伞面价值较低，容易损坏，可随时更换。电棍没有配套雨伞便无法使用，保存起来也比较安全。

招唤牌

发表于《中国发明专利技术信息网》2001 年 10 月 16 日

餐厅客人招唤服务员一般都是招手或呼喊，这样服务员要满餐厅注意客人的举动，感到很累；客人要手举半天，等服务员发现后才能将手放下，也感到不方便。因此可设计一种招唤牌，将其放在餐桌的固定位置，客人需要服务时只需将招唤牌竖起便可，服务完后再将其放倒，这样客人方便，服务员也方便。

护身餐巾

发表于《中国发明专利技术信息网》2001 年 10 月 16 日

饭店用的餐巾一般都是别在胸前或放在腿上，以防吃饭时菜汤掉在衣服上。别在胸前不美观，放在腿上容易掉地，影响活动。因此可设计一种固定式餐巾，即：在餐桌的桌面下设置若干个可折叠或伸缩的弹簧圈，平时其藏在桌下，使用时将其拉在胸前适当位子，盖上餐巾，人们的身体便置于其保护之下了，由于其能伸缩，也不妨碍人们活动。

存放衣物装置

发表于《中国发明专利技术信息网》2001 年 10 月 16 日

人们在饭店吃饭时，往往将随身携带的包或脱下的衣物等挂在椅背上或放在别的凳子上，这样一来怕丢失，吃饭时心里不踏实；二来占用别的椅子，影响饭店座位的使用率。因此可进行以下设计：1、将椅背上的椅套设为椅套与衣袋两用，平时将拉链拉上，可作椅套；打开拉链，可用来装大衣、外套等。2、在椅子或餐桌的下面设一抽屉，供人们放包用。3、在椅子一侧设一折叠筐，平时合在椅子上，打开来可以放包。

干洗剂毛刷

发表于《中华发明》2002 年 2 月

目前市场上卖的干洗剂用来干洗衣物上的油渍很方便，将干洗剂喷在衣物上，之后再用毛刷一刷，油渍便去掉。单由于干洗剂自身不带毛刷，人们往往在找不到毛刷的时候便用手去搓，弄得满手干粉，也搓不干净。因此可将干洗剂的桶盖制成毛刷式的，一头是盖子，一头是毛刷，方便人们使用。还可将衣领净的瓶盖制成毛刷式的，就象类似的鞋油刷一样，可边往领子上涂领洁净，边进行刷洗。

汽车存放与公路安全系统

发表于《七叶树》杂志 2002 年夏季刊

为了增加公路系统的安全，也为了方便人们存车，可设计以下公路安全系统：

1、　将汽车驾驶执照增加信用卡功能，可用来刷卡存车。在每一个存车点设置刷卡机，存车时不用交现金，将驾驶执照在刷卡机上过一下便可。大的停车场可在入口处设刷卡机，在出口处设销卡机，司机进车场时，将驾驶执照在刷卡机上过一下便开始计费；走时将驾驶执照在销卡机上过一下便停止计费。在路边的计费器可将驾驶执照在刷卡机上过一下，然后自己设定时间。

　　将所有的刷卡机编号，然后电脑联网，不仅可以准确计费，每月给存车人记帐单，而且可以记录所有持照人的号码和存车点的位置。这样不仅方便存车，还有利于公路安全。可设置好程序，存车处出现电脑没有备案的假驾驶执照号码，以及两个相同的号码在不同的地方同时出现，电脑总控制台便报警。如人们要查找某个驾车人，将其驾驶执照号码输入电脑，其一旦在某处存车刷卡，电脑便立即显示其存车点的位置。

2、　将汽车牌照设计为可供扫描的通行证。在大的停车场设置扫描仪，汽车一进入停车场，入口处的扫描仪便将车牌号扫描进电脑，开始计费；汽车一离开停车场，出口处的扫描仪便扫描车牌号，停止计费。在路边的计费器是设置一定的扫描距离，只要汽车进入该距离，其便对该车扫描计费；汽车一离开，其便自动停止计费。将所有的扫描仪编号，然后电脑联网，不仅可以准确计费，每月给存车人记帐单，而且可以记录所有存车点的位置。可设置好程序，存车处出现电脑没有备案的假车牌号，以及两个相同的车牌号在不同的地方同时出现，电脑总控制台便报警。如人们要查找某个丢失的车牌号，将其号码输入电脑，其一旦在某存车处出现，电脑便立即显示其存车点的位置。

这样不仅方便人们找人，也方便警察调查犯罪分子的行踪。还可在一些主要的路口设置扫描仪，记录过往车辆。所不同的是，这些扫描仪不与银行联网，不对车辆计费，主要是方便人们找车，也方便警察追查丢失车辆，调查犯罪分子的行踪。这样，将一些被盗车辆输入电脑，该车一旦在某个路口出现，电脑便立刻显示。

易识别饮料包装

发表于《中华发明网》2002 年 4 月 15 日

在一些文娱、体育活动及一些会议中，人们往往要买一些象矿泉水、瓶装可乐之类的饮料。由于饮料瓶外形都一样，从标签纸上很难区分，人们打开之后喝几口后去参加活动，再回来找自己喝过的饮料就分不清了，于是又重新打开一瓶新的。这样就出现了每次活动都剩下许多半瓶或大半瓶的饮料的情形，造成很大浪费。因此可在饮料包装纸上，以及易拉罐上印上一小块裸露的特种油墨或蜡，写明"此处供人们用指甲划痕做记号用"。这样，人们用指甲在特种油墨或蜡上划出自己容易记住的记号，就可以与他人喝过的饮料加以区别了。或者还可以在标签纸上设置几个撕扯条，人们根据需要撕扯下来，用以区别。如果哪家饮料厂在这种饮料的包装箱上注明"会议及大型活动专用饮料"并加以说明，相信一定会成为会议举办单位的首选饮料。

一种能使您在娱乐中增加英语词汇量的扑克牌

发表于《俄亥俄新闻》2003 年 5 月 16 日

增加英语词汇量，是多少人梦寐以求的愿望！可是，又有多少人抱怨自己记性不好，总也记不住英语单词。是记性不好吗？人们看到，一些总也记不住英语单词的人，在牌桌上却能记住每个人都出过什么牌，手中还会有什么牌，那种非凡的记忆令英语学习高手也望尘莫及。那是什么原因呢？是兴趣，兴趣是最好的老师。既然兴趣能帮助人们迅速提高记忆力，我们为什么不能把打牌与学英语结合起来，让人们在牌桌上练习英语组词，在娱乐中增加英语词汇量呢？

可设计一种扑克牌，在每张牌的右上角和左下角印上英文字母。扑克共有 54 张牌，英文共有 26 个字母，将声母与韵母按一定比例合理搭配，常出现的字母多印，不常出现的少印。其玩法可有很多种，以下仅举二例：

1、　麻将牌玩法。这种扑克牌可代替麻将牌。方法是：每人先摸十几张牌，看右上角的字母，将能组成词的牌打出来，相当于麻将的"对子"，然后再摸牌，组新词，看谁最先将手中的牌全部组成词，谁就算赢，得 1 分。如能用 5 张以上的牌组成长词，就相当于麻将中的"开杠"，加 2 分。如能用手中全部牌连成一个完整的句子，相当于麻将中的"一条龙"，加 5 分。

2、　拉大车玩法。很多孩子喜欢用扑克牌玩一种拉大车的游戏（有的地方叫接竹竿游戏），即双方轮流出牌，一张压一张，如果现在所出的牌的数字和前面的某张牌数字相同，可将这两张牌连同中间的一摞牌拿走，看谁拿得多。用现在这种扑克牌，人们就可用右上角的英文字母来玩拉大车游戏，例如：甲出牌为 C，乙出牌为 H，甲出牌为 I，乙出牌为 L，甲出牌为 D，组成 CHILD 一词，甲认出这个字母后，将 5 张牌拿走，最后看谁拿得多。

另外，人们还可设计出许多玩法。美国学生 Patrick McAloon 提出将右上角与左下角的字母区分开来，以增加字母的选择数量，就是一个很好的主意。进一步想，还可以将右上角与左下角的字母印成不同颜色，让人们选择是用 54 个字母还是 108 个字母。这样，用扑克牌玩游戏，就不仅仅是消遣了，它可以调动你的记忆力，使你努力回忆各种英语单词，并认识新词，寓教于乐，一举两得。当然，这种扑克牌仍可以按普通扑克牌来玩，其原有功能一点没受影响。家里有一付这样的扑克牌，大人仍可以用它来打牌，孩子却可以用它来练习英语组词。这种扑克牌，还可印成法、德、俄、日语片假名等各种字母，供人们练习其他语言的组词用。也可在麻将牌上印上字母，使麻将牌一物两用。

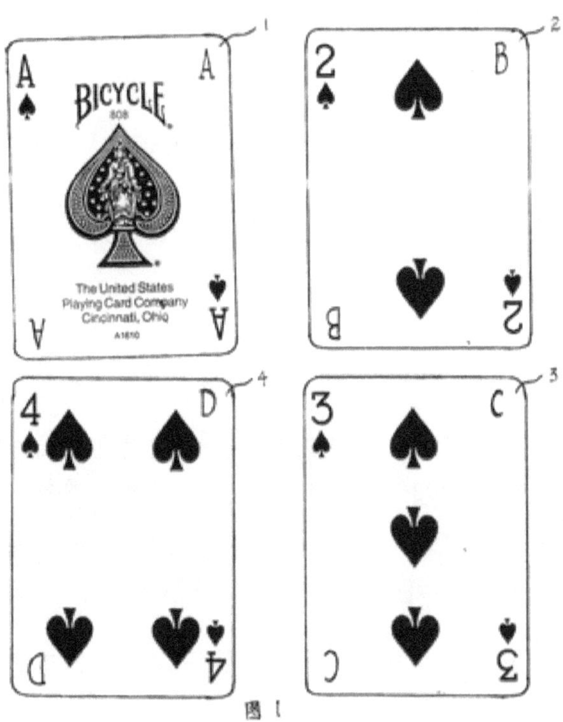

图 1

一些对生活用品的革新设想

发表于《聊园》2004 年 2 月第 172 期

多时区钟表

美国分了四个时区，从这个州往那个州打电话，总难搞清对方是什么时间；对于经常来往各个州的人来说，就要不断地调表，否则经常会因时间搞错而出现问题；要是从外国往美国打电话，就更搞不清时间了。因此可设计以下几种多时区钟表：

1、　在钟表上设置一组四个各个相差一小时的连体小时针，并设置一可在四个小针之间移动的大时针，四个小针分别指示美国加的四个时区，大时针则可调整位置，用以突出指示自己长期居住的时区的时间。

2、　在钟表盘上设置四圈时间刻度，四圈刻度各个相差一个小时，分别显示美国的四个时区，并依次标有 PACIFIC、MOUNTAIN、CENTRAL、EASTERN 四个时区标志，该钟表盘可转动 90 度，可随意将自己所在的时区的 12 时转到最上方，并将该圈时间刻度调到凸出状态，以区分其他非主要时区时间。在钟表盘面上设置一幅美国时区显示图，从表盘面上就可以看到美、加的四个时区。

3、　在钟表盘上除了主要指针之外，在钟表盘面上另设置一幅美国时区显示图，在四个时区图内各设置一个小表盘，用以指示美国的四个不同时区，小表盘可用指针式的，也可用数字显示式的。也可不设显示图，只在大指针周围设四个小表盘。

4、　在钟表盘上除了主要指针之外，另设置一个独立的数字式电子表，在表壳上有四个按钮，按下第一个按钮，窗口上显示的是基本时间；按第二个按钮，时间从基本时间向前跳动一个小时；按第三个按钮，时间从基本时间向前跳动两个小时；按第四个按钮，时间从基本时间向前跳动三个小时；依次分别表示美国四个时区的时间。也可在钟表内安装四个独立的表芯，通过四个按钮暨转换开关共享表盘上的一个显示屏。

　　这样，来往美国各地，就不用总是来回调表了。该钟表还可根据不同国家的时区需要进行不同设计。

乡情表

　　从中国来美国，遇到的一个很大的难题就是时间换算与单位换算。中国的一个时区和美国的四个时区很难相对应；在中国开车用公里，而美国是英里；汽车加油中国是升，而美国是加仑；买东西中国是斤，美国是磅；看温度中国是摄氏，美国是华氏；等等。以下设计将会成为海外华人充满怀乡之情的一种随身佳品。设计方法是：

　　在钟表盘上设置两圈 1—12 的时间刻度，里层刻度为固定的，外层刻度为可转动的，如知道洛杉矶的中午 1 点是北京的夜里 4 点，将外层圈的 4 转到与里层圈的 1 相对，便就知道了北京与洛杉矶的所有相对应时间。在钟表盘的面上设置一幅世界时区显示图，从钟表的面上就可以看到世界各地的时差。在钟表内安装一个小的计算器机芯，在钟表盘面上开出一个小显示屏，小显示屏内依次显示数量、单位、等号、数量、单位五个分区，显示屏的下面是五个分区相对应的调节按钮。按动按钮，分区出现的是长度、重量、温度、能量、面积、容量、时间、汇率、时差等的单位选择，选择好某个单位后，再按动按钮，分区内便出现该单位的细节选择，例如长度中的公里、英里等选择；再输入数字，选择要换算的单位，便就自动出现了所要换算的结果。这样，在美国就可随意进行单位之间的换算了。

远程电子诊病仪

　　目前用于给人体诊病的医疗仪器种类越来越多，如心电图仪、脑电图仪、B 超等等，由于种类太多，一些仪器体积较大，不利于搬运和野外救护；且由于价格较贵，一般家庭和小的诊所也买不起，不利于普及。但这些仪器都有一个共同特点，即都有触头接触人体，仅是这些触头价格就不会很贵，体积也很小，因此可利用当今电脑技术，设计一种远程电子诊病仪，方法如下：

第一，制作各种电子诊病仪的单独的触头，例如心电图的触头、听诊器的触头等等。这些触头的另一端都用信号线连接一个插头，即一头是触头、一头是插头、中间是信号线。可将这些触头装于一个盒内；第二，在电脑上设计一种插座，插座连接讯号转换器，电脑上的插座用来插触头上的插头，电脑可以是台式或手提式；第三，建立一个医疗仪器中心，该中心中设有各种医疗仪器，各个仪器都连接电脑并装有讯号转换器。电子诊病仪的触头可以通过电脑从远处将检测讯号传送到医疗仪器中心。

操作方法是：人们在野外先通过有线或无线电话上网或发 E-MAIL，向仪器中心预约仪器使用时间。到了预约时间，打开电脑上网，连到仪器中心的网站上，将触头放到病人的身上，将插头插到电脑上。触头的讯号通过电脑传输到远处的仪器中心的仪器上，仪器中心检查出结果，再通过电脑将检查结果传送到对方电脑的屏幕上。这样，人们只要有一盒触头和一台电脑，就可以在任何地方使用任何仪器对病人进行诊断了。

多功能计算机键盘

电脑有计算、记事簿、网上电话等许多功能，但这些功能都要先打开电脑，通过上网和软件支持才能使用，每次开机、关机都很麻烦；一些人愿意在电脑旁放一部电话，虽使用方便，但电话机和键盘常常打架，相互挤占桌面空间。而多功能计算机键盘巧妙地解决了上述问题，方法是：

1、　在键盘上开一个小的显示屏，在键盘内装一小的计算器机芯，计算器与键盘通过转换开关共享键盘上的数字按键，加、减、乘、除等其他键则与键盘上的其它按键一键多用。这样键盘就变成了一个小计算器，每次不用打开电脑，在键盘上就能算帐。

2、　在键盘内装一小的钟表芯，用开出的小显示屏显示时间，使键盘具备了座钟的功能。

3、　在键盘内装一小的电话机芯，在键盘上开一电话耳机插座，电话与键盘通过转换开关共享键盘上的数字按键，其他键则与键盘上的其它按键一键多用，这样，键盘又变成了一部普通电话，不用再另外摆放电话，节省了空间。

4、　在键盘内装一小的商务通机芯，商务通与键盘通过转换开关共享键盘上的各个按键，这样，键盘又成了一个小的家庭秘书，不用打开电脑，在键盘上就可以进行翻译、记事、查询等工作，不用担心电脑病毒会侵犯到键盘上。

起坐式行走马

现在的孩子古装电影看得多了，都喜欢学古人骑马奔驰，但却没有安全的，可走动的玩具马可骑。因此可设计一种起坐式行走马，即：将马身与马腿均由轴承连接，马的四蹄上都装上单向滑轮，只能向前转，不能向后转。马的前后腿用拉杆连接，该拉杆靠轴承连接在马腿的膝部，拉杆中间靠轴承连接两个脚蹬子。将马头设计为方向把手，马头与马前腿的连接方式可仿造自行车前轮与车把的连接方式，转动马头即可转弯。还可仿造自行车的方式设一手刹。这样，人们坐在马身上，这时前腿和后腿由于重力作用向外张开，由于后轮不能向后转，只有前轮向前转，马向前行。人踩着脚蹬子站起来，重力改在脚蹬子上，拉杆又拉动前后腿向内收缩，这时由于前轮不能向后转，只有后轮向前转，马又向前行。这样人们象骑马一样一起一坐，马便一步步向前移动。马头可用来转动方向，手刹可用来刹车。这种马由于骑行方便，不用学，而且安全，非常适于儿童骑用。如果手中再拿一个充气的塑料大棒，就完全可以玩骑马打仗了。

电动咀嚼器

牙齿不好的老人，吃东西受到限制，直接影响身体健康。为此，可设计一种电子咀嚼器。该咀嚼器由进料口、搅拌机、出料口、盛料碗等组成。人们吃饭时，将咬不动的肉和菜放入进料口，机器便将其搅碎，由出料口流入盛料碗。人们便可以从碗中吃搅碎的肉和菜了。这种机器一定会深受没牙老人的喜爱。

新型电话手柄

一般电话都是在手柄下有一压簧，将压簧压下电话才能断开。但人们经常将手柄放不到位，致使电话长时间占线。因此可将电话压簧改为手柄抓簧，在手柄上设有抓簧，人们打电话时必然要握住手柄，同时也就压下抓簧；打完电话，放下手柄，同时也就松开抓簧，电话断开。这样，也就不用再担心手柄放不到位，电话长时间占线了。

瓜果蔬菜消毒柜

目前，能生吃的瓜果蔬菜越来越多，蔬菜瓜果很难保正洗得干净，洗得太厉害又容易营养流失。因此可设计一种瓜果蔬菜消毒柜，将瓜果蔬菜洗过后放入柜中，靠光线来消毒，既保证卫生，又不使营养丧失。

卡通型电脑

　　为了让小孩更加喜欢电脑，可将电脑外形设计成各种卡通形状。例如机器人的外形，将电脑屏幕设为人的头部，主机为人的身子，两只大手在胸前张开为键盘，腿为支撑架。甚至可给电脑穿上衣服，衣服上的大口袋用来装软盘等。这样更加人性化的电脑一定会深受孩子们喜爱。

汽车全自动语音提示系统

　　新手开车，往往会出现许多失误，例如：油用完了不知道加，想不起系安全带，带着手刹开车，等等。为此，可设计一种汽车全自动语音提示系统。如：

1、　油、电、水路语音提示器。当油快用完，电瓶缺电，水箱缺水，下车忘记关电，以及油、电、水路出现问题时，不仅警示灯亮，而且有语音提示。

2、　倒车安全提示器：当人们一挂倒车档，车后的红外线开关便打开，或触须伸出，或形成磁场，一触到物体，便提示人们停车。还可利用潜望镜的原理，将广角镜设在车的后部，将视窗设在驾驶室，使司机能全方位地看到车后，克服死角，增加倒车的安全性。

3、　手刹安全提示器。设计一种如火柴盒大小的带有震动开关和报警电路的震动报警器，其两线路不分正、负极，接在驻车指示灯的两端线路上，并与手刹相连，当手刹放下时，驻车灯与震动报警器同时关闭；当手刹拉起时，在驻车灯亮的同时报警电路处于戒备状态，这时车辆一启动，只要手刹没回原位，震动报警器便开始提示其放回手刹。对于没有驻车指示灯的车辆，震动报警器的线路一条接电源正极，一条通过与手刹联动的制动开关接车体。

4、　车门防撞提示器。为防止人们停车时开门不小心撞倒行人，可在车两边的后视镜上各设两个不同发射距离的红外线开关，其中短距离开关受长距离开关控制，。当人们停车时，红外线开关便处于警戒状态，当车后有物体向前移动时，长距离开关先接触到物体，打开短距离开关；此时物体再往前移动，接触到短距离开关，短距离开关便打开报警器，提醒人们别开门，以免车门撞人。这样，由于车旁有静止物不报警，有由远而近的移动物才报警，避免了报警器乱报警。

双层车胎

车辆在结冰的路面上行驶容易打滑，无论是汽车还是自行车，现有的车胎均无法解决这一问题，只有外加防护链才行。因此可设计一种双层车胎，即：将真空胎设为内、外两层，各自有充气气门，平常将气充满，雪天将外层气放掉一部分，增加轮胎与地面的摩擦，防止打滑，而充气的内层胎仍可起到轮胎原有的作用。也可将真空胎内再设一内胎，该内胎充足气后紧贴内层，与外层仍有一空间，内、外胎各自充气，内胎始终充足气，外胎于雪天将气放掉一部分。以此克服车胎在雪天容易打滑的缺点。这种车胎与汽车可采取以下连接方式：

在四个轮子的外胎上均设置电子气阀，自动控制轮胎的气压；在汽车尾气管上设电子充气泵，用汽车尾气为轮胎充气；在脚刹车上设气动开关，该开关缓慢踩刹车时不开，只有紧急刹车猛踩刹车时才开。充气泵与四个轮子的电子气阀用输气管相连接，当紧急刹车时电子气阀便自动放气；当轮胎亏气时，充气泵又为电子气阀自动充气。在车厢内再设一手动开关，用手来控制轮胎的充气量，以便雪天时将气放掉一些，增加车的防滑能力，待走上无冰路时再将气充满。还可在尾气管上通过三通另接一管子置于车的较高处，雨天走雨地时关闭汽车下面的排气管，启用高处的排气管，以防排气管进水。

透明汽车

现代人越来越喜爱返朴归真，连音响、电脑等电器也有设计成透明的，一眼就能看到里面的机器。据此，也可设计一种透明汽车，汽车的顶棚和门均用透明的玻璃钢制成，增强人与大自然的接触，既能清楚地看到里面的人，起到敞篷车的效果，又能遮风挡雨。

加衬领口

人们穿衬衣不打领带时，往往将衬衣的第一个扣子解开。穿着讲究的人往往喜欢领口挺直，但当第一个扣子解开后，第一和第二个扣子之间的领口往往就开始打折，使领子耷拉下来，影响美观。因此可在领口第一和第二个扣子之间加一树脂或其他不怕水洗的硬质材料作内衬，领口便挺直了。相信这种衬衣一定将更受顾客喜爱。

自动化灶具

人的一生要将大量时间耗费在做饭上，为了节省时间，可设计一种自动化灶具，该灶具可由电子储料冰柜、电子调料罐、电子搅拌锅、电子点火炉、电子控制台等组成。在电子调料罐中存好油盐酱醋等调料，将洗净的肉、菜等放入不同的电子储料冰柜中，将要烹炒的菜名输入电子控制台，打开开关，电脑便可根据设置好的程序依次进料，控制火候，自动将菜烹调出来。还可.将该灶具进行联网，从网上可调出世界各地的菜谱，输入程序，人们便可享受到世界各地的美味佳肴。这样，人们还可在外面用电话对该灶具进行控制，上班前先将洗净的肉、菜放入电子冰柜，下班前用电话打开程序，一回到家便可享受到现成的美味。

折叠式装饰蚊帐

城市居民一般不愿挂蚊帐，因为蚊帐影响美观。但蚊子咬人又让人难受，老点蚊香对人体有害。因此可设计一种折叠式装饰蚊帐，将帐杆制成可收缩和推拉式的，晚上拉出，白天一推便合在墙上，整个蚊帐就变成一幅贴墙站着的装饰幕布，一点也不占用空间，而且起到美化居室的作用。

一些对生活用品的革新设想(续一)

发表于《聊园》2004 年 4 月第 173 期

电子相册

喜爱照相的人，光影集就一大屋子，很占地方。现在电脑可储存照片，但电脑上看照片没有影集那样的效果，因此可按影集外观设计一种专门的电子相册。该电子相册与手提电脑相似，但主要功能是储存与欣赏照片，配有图片存储、编辑整理、扫描照片、打印相纸、电脑联网等多种功能。人们可以将自己所有影集的照片扫描进去，编辑整理成系统、配上音乐，便与观看，也便于网上发送给他人，也可随时打印出来送给他人。

多功能婴儿汽车座椅

在中国，有车的人越来越多，婴儿汽车座椅也越来越受到人们的重视。但是由于房子小，一些人不想买婴儿汽车座椅，怕没处放。根据这种情况，可设计一种两用婴儿汽车座椅，即在婴儿汽车座椅下设置三到四个轮子，乘车时将轮子收起来；下车后，将轮子打开，可做婴儿车推着走，婴儿汽车座椅与婴儿小推车两用。

还可设计一种与婴儿汽车座椅配套的折叠式行李车。该行李车平时可用来拉行李；不用时折叠起来放在后备箱内。也将行李车打开，将婴儿汽车座椅放在上面，做婴儿小推车用。这样，婴儿汽车座椅、婴儿小推车、行李车三用，节省摆放空间。

多功能煤气灶

在中国，很多家庭使用热水器来供应洗浴热水。热水器与煤气灶共同走一个煤气管道，但却要分别安装，使用两付设备、两付管道和两付通风设备，并占用两处空间。为此，可设计一种多功能煤气灶，即：将煤气灶与热水器合为一体，即可烧饭做菜，又可供应热水，做饭时的热量也可同时烧水，节省能源。并且，家中不用再另装热水器，以节省空间。

电冰箱自动调温器

冰箱内的温度最好随着室外温度的变化而调节，因此一般冰箱内都有手动调节钮。但人们很少注意这一点，所以冰箱买回家后，便一直是一年四季同一温度，不利于节能。因此可在冰箱外设一温度计，并连接一个自动调温器，人们选择自动调温后，冰箱内的温度就自动地随着外面温度的变化而变化，达到节能效果。而且，冰箱外增设一温度计，还可利于人们随时了解室内温度。

多功能学生床

中国的大学生宿舍一般是几个人住一房间，人多拥挤，不便于摆放太多的桌椅和行李架。为了解决这一矛盾，可设计一种多功能学生床。即：将床的两头床板分别设计成可掀起式的，起床后将铺盖卷起，将一头的床板掀起，架高（带有活动支架），便成了一个活动式桌面，坐在床上便可伏案学习。将床的另一头设计成储物箱，将床板掀开，下面就是一个宽敞的箱子。这样，一付床便有了床、桌、凳、箱等多种功能，节省了室内空间。

汽车行李架

人多拥挤是中国的国情，因此中国的家庭轿车以小型化为好，这样便于停放，节省空间，价格也便宜。但车身小了，装东西也少了，人们有时要携带一些如自行车、大箱包之类的东西就不可能了。因此，除了安装车顶行李架外，还可对车后加以利用。如：

1、 在车底盘上，或后备箱内设计一种固定式的推拉式行李架，平时缩在车底盘内，或折叠在后备箱内，使用时将其拉出，便在车身后形成了一个临时行李架。

2、 将后备箱盖设计成向后翻转式的，将后备箱盖翻下来与车平行，后备箱就成了一个扩大了一倍的敞开式行李仓，能拉个冰箱、洗衣机之类的东西。

驾驶室空间巧利用

驾驶室内需要的仪器很多，但由于空间很小，能摆放仪器的位置已满，所以一般汽车都只设置少量几种仪器。其实，有些东西可以一物两用，例如，在方向盘、档把、一些按钮上设置一个小小的指南针、温度计之类的东西。不占地方，却增加了使用效果。

箱、包防盗装置

人们出行往往要带钱包、箱子、旅行袋等物品，为了防止小偷偷盗，可设计许多种防盗装置，如：

1、　钱包防盗。在钱包内安装一种弹簧片开关报警装置，在衣兜内侧缝制一个磁性软片。将钱包放入口袋，衣兜内侧的磁片将钱包内报警开关里的弹簧片吸起，电源断开；小偷将钱包掏出，弹簧片弹回，接通电源，钱包里的蜂鸣器便鸣响。若自己要取用钱包，该报警装置还有一挤压式开关，用手将钱包向体内挤压一下，电源便断开，钱包不报警。

2、　旅行箱防盗。在旅行箱下面设置一弹簧报警装置，乘坐火车时，将旅行箱放在行李架上，旅行箱的重力将弹簧开关断开。其他人若将旅行箱提起，弹簧弹起，电源接通，蜂鸣器报警。自己提行李时，先通过特殊方法将报警装置关闭。

3、　旅行袋防盗。可在旅行袋内设置一种挤压式触头，该触头顶在旅行袋的两端。小偷将旅行袋提起，因旅行袋较软，重量下垂后，袋内两边物品和触头便受到挤压，于是电源接通，蜂鸣器报警。若自己要提行李，先通过特殊方法将报警装置关闭。

飞机防劫持

要防止飞机被劫持，就要把持好各个关口，使劫机犯无可乘之机。首先、要严把登机口。严格检查旅客的随身行李，使其无法将炸弹、枪支和刀具带上机，这样，即使劫机犯登上飞机，赤手空拳也难发挥作用，为机上人员制服劫机犯带来方便。第二、应关闭驾驶舱门。将驾驶舱与乘客舱隔离，在飞行期间乘客舱的人不经过特殊许可无法进入驾驶舱，如有人要非法进入驾驶舱，舱门便产生高压电，使人无法触摸，这样使 劫机犯根本无法靠近驾驶员。另外，还可以有以下设想：

1、　设置两套驾驶系统。一套系统为驾驶员驾驶系统，由驾驶员控制；另一套系统为遥控系统，控制台可从地面遥控或其他飞机从空中遥控该飞机。一旦驾驶员被伤害或飞机遭劫持，驾驶员驾驶系统便停止工作，飞机自动发出定位信号，向卫星报告自己的方位，同时启动遥控系统，改由控制台从地面遥控飞机，或由其他飞机起飞前去遥控该飞机。同时，启动秘密通信系统，控制台可监听到或从屏幕上看到飞机上所发生的事情。

2、　设置机舱监视和保卫系统。在乘客舱设置监视器，在驾驶舱设置电脑监视屏幕，可从屏幕上观察到机舱内的各个角落。大飞机可设专门的安全员监视屏幕，小飞机可由驾驶员亲自监视。乘客座位上的呼叫按钮，一来可呼叫服务员来为其服务，二来可提醒安全员观察机舱。设计一种靠电脑监视屏幕和鼠标控制的麻醉枪，将枪头设在机舱内，平时隐藏起来看不见，只有安全员按动紧急开关时才从墙壁内伸出，枪头随着电脑监视屏幕上鼠标的转动而转动。在电脑监视屏幕上移动鼠标，将鼠标箭头停在劫机犯身上，之后点击鼠标，枪头便向劫机犯射去麻醉弹，由于是麻醉弹，即使射错人，也不会造成人身伤害。也可向机舱内释放麻醉气体，将人醉倒。因劫机犯一般都在走廊上活动，也可在走廊顶上暗藏多个网罩，按动鼠标，网罩落下，将劫机犯罩住。也可在走廊上设置几个陷阱，按动鼠标，将劫机犯双脚陷进并夹住。等等。

防重照胶卷

人们将新胶卷与照过的胶卷放在了一起，就很难辨别哪个是新的，哪个是照过的。因此，工厂在包装新胶卷时，可在其上面粘一小胶条，当人们用胶卷时，必先将胶条拉断。这样，胶条断了的就是照过的，没断的就是新的，人们就不会拿照过的胶卷再照一次了。

复印机提示装置

人们复印东西时，经常会将纸张忘在复印机内就走了。为此，可在复印机内安装一种提示装置，当复印机内还存有纸张时，人只要一离开机子两米远，蜂鸣器便鸣响，以提醒人们取走纸张。

手摇升降机与滑梯

美国人家庭大部分住二、三层的小楼，装电梯不实用，可设计一种手摇升降机与滑梯。如：中间是一手摇升降机，外面是一圈滑梯。人们可站在手摇升降机内，将自己摇到楼上，也可用其来往楼上运家具。下楼时也可坐滑梯滑下来。这样，升降机方便于老人与残疾人上下楼；滑梯可供孩子们在家玩耍。

多功能球台

很多美国人家庭在地下室设置乒乓球桌与台球桌，这样占用空间很大。为了节省空间，可设计一种专门的乒乓球台面，将其放在台球桌上，就可打乒乓球；将其拿下，就可打台球；乒乓球台面还可代替会议桌，供人们聚会用，一桌多用。

鞋壁柜

在美国经常有一些家庭聚会，华人家庭讲究进屋脱鞋，因此每次聚会，客厅门口就堆了一大堆鞋。为此，可设计一种专门的鞋壁柜，将鞋放入壁柜，家里就整洁多了。

一些对生活用品的革新设想(续二)

发表于《聊园》2004 年 5 月第 174 期

书本翻译器

现在已有翻译软件，可将书本扫描进电脑，之后转换成文本文件，进行翻译。根据这一原理，能否设计一小型翻译器。翻译器的一边是微型扫描仪，另一边是显示器。看书时遇到生字，将翻译器对准那个字，微型扫描仪便立即对该字进行扫描，文本转换，之后背面的显示屏就出现了翻译过来的文字。这样，就不用一个一个地查字典了。

电脑画笔

人们用毛笔、排笔练习画画，写字，需要用大量的油墨、纸张等。能否设计一种电脑画笔，这种笔握起来就和毛笔或排笔一样。用这种笔在一个特殊的板上画，电脑屏幕上就会显示出仿真的图画或大字。这样可节省大量纸张。

电子诊病仪

中医诊病较多地运用号脉、望舌、观手纹等方式，西医则较多用听诊器等。因此，可设计一种电子号脉仪、电子听诊器、电子舌苔观测仪、电子手纹观测仪等电子仪器，将各种仪器至于人体的各个有关部位，同时将人体的各种反应和感受情况输入电脑，进行程序分析，得出一份精确的病情分析报告，以弥补人们经验判断上的失误。

上掀式电脑机箱

目前的电脑机箱都把线路插座设在机箱的后面。因线路较乱，藏在机箱后面不影响电脑外观整洁。可是，当你要插拔电线时，就要把机箱抬出来，非常麻烦。因此可设计一种上掀式电脑机箱，在机箱的上面留出一带有盖子的空槽，将电脑的各种插座均卧在里面，各种线路仍从机箱后面伸出。这样，人们要插拔插头，就不需移动机箱，掀开盖子就行了。由于各种电线仍从机箱后面引出，盖子盖上后，仍和普通机箱一样，一点不影响美观，

自动充气救生衣与救生圈

人们穿着救生衣游泳安全，但却无法潜水，不方便。因此可设计一种自动充气式救生衣，平时穿在身上就像游泳衣一样，不影响游泳；遇到危险，立即按动按钮，救生衣便自动充气，将人浮起来。还可设计一种自动充气救生圈，救生员可带着这种救生圈潜入水底，套在溺水人的身上，然后将其充气，救生圈便自动将溺水人浮出水面。

坐行车

记得小时候常玩一种平板车的轱辘，将平板车的平板拿掉，只剩下横轴连着两个轮子。于是坐在横轴上，两手握住横轴，两脚不停地点地，轮子便飞快地跑起来，很有意思。根据这一思路，可设计一种安全可靠的坐行车，供孩子们玩耍。

商场坐行式小推车

在商场里常可看到一些女士兴高采烈地采购，男士则无可奈何地跟在后面。女士爱逛商场，男士不愿意逛，这是一个普遍的规律。为此，可为男士们设计一种坐行式小推车，将商场小推车与坐行车结合起来，小推车一侧的轮子大一些，轮轴上设一座位，人坐在座位上两脚点地，小推车便走起来。或者，在商场现有小推车上设一折叠式坐板，走累了，将坐板放下来，可坐下休息。这样先生们走着不累，有个玩的东西，或可边走边看书，就不会抱怨了。

压力式螺丝刀

使用普通的螺丝刀要用两种力，一种是压力，一种是拧力。由于这两种力是相互抵消的，拧起螺丝来很费劲。因此可根据力学设计一种压力式螺丝刀，人们将螺丝刀头压向螺母，螺丝刀内的齿轮便自动转动螺丝刀头。给的压力越大，转力便越大。这样人们拧起螺丝来就不费劲了。

易拉罐加广告盖

现在的易拉罐有个不卫生的地方，就是罐子外面没有保护，人们嘴对着罐子喝饮料，要是上面落有灰尘，也一起喝进肚子里，因此应在易拉罐上再加一盖子。这种盖子可做成小广告牌，饮料公司不用自己做，让其他公司做，还可收取其广告费。这样，饮料公司不仅可因饮料更加卫生扩大销量，还可赚取一笔广告费。其他公司可利用如可口可乐公司等饮料公司的销售量扩大其宣传，也可节省其他方面的广告开支。可谓一举两得。

手掌按摩器

将书卷成一卷，在手心中转动，手掌就会感到很舒服，因此可利用此原理设计一种手掌按摩器，专门按摩手掌。

人体座椅

可按人体形状设计一种保健椅，人的上身为椅背，大腿上放一座垫为椅座，小腿为椅子的两前腿，身后有两支撑棍为椅子的两后退，两手平端为椅子的扶手。给人体穿上裙衫鞋袜，看上去就像一个美人端坐在那里，既是椅子，又是摆设，衣服便是椅套。还可将该人体座椅的两蜂乳设计为按摩器，为人按摩肩背；将眼睛设计为两盏灯，可照明；将两耳朵设计为收音机的两喇叭，可听音乐。还可将嘴设计为吹风机，习惯晚上洗澡的人们最大的烦恼就是头发湿了睡觉不舒服，每次吹干要费半天劲，有了这种吹风机，每次洗完澡只要靠在椅子上，头发便会被自动吹干，不用举手之劳。还可将人体座椅设置在专门的四条腿凳子上，人体座椅的椅背可以后仰，两前腿设置为可起落式的，摇起来后，可供人放腿用，使其变成躺椅。

捕车用直升飞机

逃犯为了开车拒捕，常常不顾一切地加足马力横冲直撞。为了减少追车的危险，可设计一种捕车用直升飞机，直升飞机可飞到汽车前面，向汽车投去一个大网，将汽车罩在里面。也可在车的前面先撒下铁钉，将车胎扎破，使其减速；再撒下铁丝网圈，将车底盘顶起，车轮架空，迫其停住。

洗碗海绵搁置台

多家庭都用海绵洗碗，海绵容易存水，繁殖细菌，因此可设计一种洗碗海绵搁置台，该搁置台的台面有渗水孔，一侧用转轴连接一挤压板。将海绵用完后放在台面上，用挤压板将水压出，晾在下面有通风孔的搁置台上，这样就可方便海绵快速晾干。

专业旅行社

目前旅行社越来越多，竞争也越来越大，因此一些旅行社可往专业化方向发展。例如，为喜爱历史的人们设立历史旅行团，按南北战争的线路设置旅游点，边旅游边考察、回顾当年历史。为喜爱生物的人设立生物考察团，专门去深山老林旅行和考察。为追星族门设立追星旅行团，每到一地，联系当地的明星与其会一次面。为喜爱经商的人们设立商人旅行团，每到一地，不仅游当地的风景点，还可到当地的著名企业作番考察学习。等等。

双语课外学校

美国的中小学比中国的中小学课程松，家庭作业少，很多家长想让孩子接受中国式的教育方法，以学到更多的知识，并中英文双强。现在的中文学校基本上是每星期一次课，对于孩子学习中文作用不大。因此，可成立一所双语学校，普通学校放学后课室便空出，可租用其一些课室，每天放学后继续开班，接收孩子来学校，给予校外辅导，双语教育。

鞋底吸尘器

美国人习惯穿鞋进家，有的甚至穿鞋踩凳子、上床，这样，会使鞋底的灰尘弄脏家里。因此可设计一种鞋底吸尘器，将其卧在门口，人们一进门踩在上面，其便自动开机，将人们鞋底的灰尘吸掉，这样，加中的地毯就会干净许多。

一些对生活用品的革新设想(续三)

发表于《聊园》2005 年 1 月第 180 期

手套铲

人们有时要挖较细、较深、且带拐弯的洞，这时工具用不上，就要下手去挖。在做花园工作时，也经常嫌工具不灵活，要下手去扒拉土、撮沙石，或抠东西。现有的工具如铲子、锄头等都是用手握着去工作的，缺乏灵活性，一伸进较细、较深的坑内就转不开了。因此可设计一种方便灵活的手套铲，将其戴在手上，手就变成了一个灵活的小铲子。可有以下几种设计方法：

1、　在普通工作用手套的五个指头上套上五个小硬铲，该小硬铲可以用铁皮挝成，也可用金属、塑料或橡胶等材料做成带有铲子头的手指套。在手套的五个手指尖部位镶嵌上五个小硬铲，这样，手套就变成了一幅小铲子。该手套可根据情况套设 1 至 5 个小硬铲。

2、　用金属或硬塑料做成两片圆弧夹，两片圆弧夹一端用转轴连接，外面套设一手套。戴上这种手套，用手掌的力量将两片圆弧夹压入土里，五指并拢，就可将土夹出。

3、　在手套的五指指肚部位直接镶上厚橡胶块，该手套不仅能抓拿硬物，还有防烫功能，能抓拿烫物。

4、　设一四指宽的空心铲，将空心铲镶嵌在手套四指上。四指就变成了一个小铲子。

5、　在手套背后套设一个小耙子、小铲子、或小叉子，这样张开手可以抓东西，握上拳就可以用手背上耙子来耙东西。

　　人们戴上这种手套，手就变成了灵活的小铲子，就可以将胳膊伸进细长的坑内去掏土，或用手去扒拉土、撮沙石、抠东西了。

自动浇花设备

　　家庭养花既可以美化环境，又可以净化空气。但是，给花浇水却是 一种负担，浇多了会淹死，浇少了会干死，现代人都很繁忙，很少有时间去照顾花，致使买回来的花不久便枯萎。因此，很多人想赏花，却怕养花，人们渴望有一种自动浇花器。

　　要想使浇花成为自动，主要要解决两个问题。第一，要有管道或储水器把水引到花盆 ，第二要能使水在规定的时间内流出。还要考虑花盆摆放的位置是否能铺设管道。如果花盆摆放集中，且离水龙头较近，就可拉一水管，设一定时开关便可，目前许多地方室外的喷水装置就是这样设置，比较简单。然而，室内摆放就比较复杂，几十盆花在客厅卧室等处分散摆放，到处拉管子就比较难看，为此，可作以下设计：

1， 对水管进行改造。

设计一空心塑料爬藤，在其空心内套设一胶皮水管，用它来代替水管，外表看去，就象一爬藤植物从墙上或地上爬过，既有输水功能，又成为一装饰。在水龙头上 装一定时开关，定时为花盆供水。也可将医院用的打点滴的胶皮管应用于浇花，设定水流量，让水一点一滴地流入花盆，长时间保持泥土湿润。

2， 对储水器的改造。

将鱼缸、喷泉等本身就有输水功能的装饰物设为供水装置，一物多用。也可设计一空心塑料仙人球、西瓜、南瓜、大白菜等植物，其内心装一玻璃瓶胆，该植物连带花盆为一储水器，既能储水，又是一装饰。将上述供水装置摆在其它花盆中间，只从水龙头上连一根管子到储水器，并设定时开关，水龙头定时为储水期供水。然后从储水器上连出多个如上述所说带有输水管的塑料爬藤到别的花盆上，为别的花盆供水。这样，人们长时间出差，将供水装置内装满水，将水设为点滴流出，一瓶水可用很长时间。并且，用养完鱼的水浇花既是肥料，废水利用，还省水。

3， 对花盆进行改造。

在花盆底部或盆壁设一隔层，该隔层为一储水器，有细眼向盆内渗水。也可设一有向上的小眼的水袋或水盒，将其埋在花盆内，留一进水口在外面供注水用，将袋内注满水后盖上盖子，水便在土内从小眼中慢慢往外蒸发。这样，人们出差时，将花盆浇透水，并将储水器内装满水，就可保持较长时间泥土湿润。

录音式提示器

人们需要提示的事情很多，例如明天 6 点钟要起床，后天 8 点钟开会，11 点钟有约会，大后天有谈判，每月的第一天交房租，等等。事情多了，如一时忙乱，就很容易将约定的某件事忘掉，甚至耽误一件很重要的事情。于是很多人喜欢记笔记，把今后要做的事情记在本子上，可本子是哑巴的，无法提醒你随时去看，人们经常有连本子也忘了的时候。于是人们又设计了各种提示器，例如在电脑，手机等设备里输入文字，并设定时间，到时候铃声便响。这些设备的不足之处是输入复杂，使用不方便，一些人不会文字输入，人们用几次就不用了。为此可设计一种更方便的录音式提示器。该录音式提示器包括录音与发音装置，时间设定装置，音响装置等。人们使用时，可先按数字键设定要提示的时间，然后再对着录音装置说出要提示的一段话，接着再按完成键，你的这段提示语就存储在机子里了。到时候该机子就发出响声，你按下播放键，你录好的声音就会开始播放，你听完后这段话便自动删除了。你也可选择下次同时间再播放，换时间播放等。如果你一时没听见，该机子就会每隔一段时间响一次，直到你收听为止。这样，你把你今后要做的事情全录进机子，就不愁再忘事了。该装置也可安装在手机、电话、钟表、电脑等物品里，增加以上物品的使用功能。

电脑自动提示软件

电脑记事本有记事功能，还应该增加提示功能。可设计一种电脑软件？人们把要提示的内容写进电脑，设好提示时间，然后电脑到时候就会在屏幕上跳出这段提示信息。例如，你在电脑里输入 "8 月 8 日 8 点有谈判"一行字，设定提示时间是 8 月 6 日 8 点。于是从 8 月 6 日 8 点开始，只要你一开机，屏幕上就会跳出"8 月 8 日 8 点有谈判"一行字，你不删除，它就会在 8 月 8 日 8 点以前一开机就会跳出，或每隔一段时间跳出一次。

伸缩折叠式多层鞋架

在美国经常有一些家庭聚会，华人家庭讲究进屋脱鞋，因此每次聚会，客厅门口就堆了一大堆鞋。为此，可设计一种伸缩折叠式多层鞋架，使用时将其打开，使用多少打开多少，平时就折叠起来，放在角落里，也不占地方。

衣架配套护领罩布

衣服挂久了就会落灰，于是一些人习惯在衣服外面罩上一个塑料袋。可是只要你注意观察就会发现，一件衣服挂在那里很长时间，身体部位并不脏，脏的只是领子和肩头部位，因为灰是从上面往下面落的，领子、肩头等向上的部位容易落上灰，身体部位落不上灰。可是，现有的用来罩衣服的塑料外罩很多都是领口部位开得较大，且容易撕破，因此该保护的地方没有保护，不该保护的地方却严密保护。

根据以上情况，可设计一种衣架配套护领罩布，人们可以把废旧的床单等裁成一块块的小方布，将小方布插入衣架钩，直接搭在衣架上。挂衣服时，掀开该布，将衣服挂在衣架上，该布就自然搭在衣领和肩头上了。这样可以破布利用，还可更有效地保护衣服。该衣架配套护领罩布还可由工厂安装四根支撑棍，设计得更利于使用。

孕妇胎儿心跳监测仪

　　孕妇在医院里每天要由护士检测胎儿心跳。不知是否有胎儿心跳监测仪，贴于孕妇腹上，一有胎儿心跳不正常就立即报警。这样孕妇就可自动监测，及时又省事。

人体助力骨架

　　人们经常要搬运东西，现有的起重机、小拖车等很多机械都可以节省人们体力，但其共同特点是不灵活，不如人手那样使用方便。因此可否设计一种人体助力骨架，该骨架有支撑腿，有双手，人们将双脚套在其双脚上，将双手套在其双手上，该骨架便可以随着人体的行动而行动。操作时，例如人们要弯腰搬箱子，将其两手移至箱子两边，给其一信号，其便将箱子紧紧抱住，人们抬起身来，其也跟着抬起身来，用其机械原理将箱子轻轻举起，然后跟着人一起迈步，将箱子搬到其他地方。

趣味儿童汽车座椅

　　儿童坐车要有专门的汽车座椅，将一个活泼乱动的孩子长时间固定在这样一个座椅上，很多孩子不愿意，因此一些家长每次开车前都要给孩子做说服工作，使其进入儿童座椅。为此可设计一种趣味儿童汽车座椅，该座椅加高可使孩子看到窗外，设有小方向盘，油门和脚刹，可使孩子在旁边模仿大人开车。也可在前面设一小屏幕，供孩子玩电子游戏。这样的儿童座椅孩子一定爱坐，就不会再闹了。

助眠床

　　人的一生有 1/3 的时间是在床上睡眠中度过。床的好坏，睡眠质量的高低关系到人的生命健康。可否设计一种帮助人们提高睡眠质量的床，例如，身底下可产生犹如在水面上漂浮的感觉，并伴随有轻柔的按摩；枕头里发出温柔的催眠曲和令人昏昏欲睡的清香。床还可调到人们最适应的温度等。

保鲜冰箱与记事板冰箱门

冰箱里东西放得很杂，一些粗心的人常常只拿冰箱最外层的东西，冰箱里层的东西放过期了也不知道处理。因此可设计一种带转格或左、右两开门的冰箱，一头为进口，一头为出口。人们将新买的肉、菜放入进口，从出口取东西。出口的东西少了，转格就会往出口处传送。这样，冰箱里层的东西就不会越放越久。

现代人买菜往往是每隔一段时间集中采购一次，这段时间缺少什么，该补充什么会容易忘记。因此可将冰箱门直接设计成一块可随擦随写的记事版，人们用完什么东西了，可立即写在上面，也可以在上面记录冰箱里的货物，使冰箱门这块空间充分利用。

双桶洗衣机

人们在用洗衣机洗衣时有件头疼的事，即浅色内衣与深色外衣一起洗怕浅色内衣被染，分开洗又不够两桶，浪费水。因此可设计一种双桶洗衣机，将大桶变成两个小桶，将浅色内衣与深色外衣分开放入两个桶内，设定一种程序，洗完浅色内衣的洗衣液流入另一桶中，继续洗深色外衣，这样可保证深色外衣不污染浅色内衣，又可节省洗衣液和节约用水。

脚踩洗衣袋

　　过去的人们洗衣常常是到河边用一种棒槌来敲打衣服，可根据此原理设计一种脚踩洗衣袋，不够用洗衣机洗的少量衣服，就可用洗衣袋来洗。将要洗的衣服放入袋中，倒入洗衣液，灌上水，拉上洗衣袋的拉链。人们在冲淋浴的时候，将洗衣袋放在脚下，便冲淋浴边踩踩。待冲完淋浴后，将衣服取出，澡盆内放满清水一涮便可，节省时间，也不费力。

枪械密码开关与专用子弹

　　美国是一个民间可以拥有枪支的国家，枪支多了，会产生两种弊端，一是坏人持枪作案，二是不懂事的孩子误伤他人，可否采取两种管制办法？一是设计一种带锁或密码的专用枪套，或者设计一种带密码开关的枪，只有先拨密码，扳机才能打开，这样不知密码的他人或孩子就无法使用该枪。二是将民用子弹与军用子弹相区别，老百姓买子弹时要在每个子弹头上印上名字或代号，这样，如有人持枪作案，一看弹头就可查出用的谁的子弹。

增加汽车油表单位显示

　　美国的计量单位与其他国家不一样，其他国家用公制，美国用英制。在中国开车已习惯了计算每百公里用多少升油，在美国就很难搞清英里和加仑的关系。既然里程表上能有英里和公里两种单位显示，为什么油表上不能有加仑与公升两种单位显示？这是很容易做到的事情，简单地做一改进，也许会增加许多买主。

龙卷风感受器

　　现代人越来越喜欢冒险，因此出现了翻滚飞车、蹦极等许多惊险刺激的游戏。美国是一个多龙卷风国家，很多人多龙卷风有所闻，却无所感受。可否设计一种龙卷感受器，用两个巨大的风车对吹，形成一种人工龙卷风，将人吹上天，再用安全绳吊住？如有这种新游戏，一定会吸引很多人一试。

高楼逃生降落伞与降落绳

　　若高楼失火走廊已封死，人们逃生的唯一生路就只有窗户了。可否设计专用的降落伞与降落绳，用航模飞机送到高层楼房？例如，在航模飞机前面装一摄像机，将航模飞机遥控到与高层楼房窗户对应的位置，就可通过摄像机看到窗内情况，调整好航模飞机角度，用航模飞机将降落伞或降落绳射入窗内，窗内人就可用其逃生了。

马桶消毒喷雾

　　有消息报道，人们冲马桶时，马桶溅起的有害气雾会升至 6 米高，且长时间不易散去，形成室内空气污染，因此建议人们冲马桶时盖上马桶盖，可是一些人往往忘记该马桶盖。可否设计一种消毒喷雾，当冲马桶时，该喷雾便立刻在马桶上形成，直接将有害气体消灭在马桶里。

电动螺枪的螺丝抓手

　　电动螺枪上螺丝很省力，但螺丝在螺枪转动时容易掉下。因此可在螺枪前设一螺丝抓手，以固定螺丝使其不易摇动，但该抓手又可随着螺丝渐渐地往里推进而渐渐地往外退出，不妨碍螺丝的推进。

睡美人沙发

可设计一种特制的沙发，其靠背为一斜躺的人体，你可为其穿上漂亮的衣服。头部是可以定做的。例如你可以将你喜欢的人的照片拿去工厂，工厂就可按照片作出其头型，装到该人体上，既是沙发，又是一种装饰。

按摩靴

在中国很时兴足底按摩，足底按摩可以舒筋活血，有益健康。因此可设计一种按摩靴，根据人的足底的穴位，在按摩靴上设置各种穴位的按摩器并编好程序，这样人们将脚伸进按摩靴，双脚就可得到舒适的按摩。

手机遥控开机

手机关机后，别人就再也打不进来了，这样可防止别人打扰。但是有些人并不希望拒绝所有人，而是希望阻挡一些无用的电话，保持一些重要人物能随时与自己联系。为此可设置一种手机遥控开关。你设定一些电话号码，这些电话号码就成了你手机的遥控开关。当你关机时，别的电话打不进来，而这些电话却可以使你的手机重新开机。还可增加一功能，如果你的手机丢失时，你可使你的手机遥控开机并发出信号。

洋葱的防腐与隔离功效

自己做饭的人就会知道，洋葱不易腐烂，储放的时间比别的菜要长。有时洋葱外面一层已腐烂变汤，与其紧密相连的一层却完好无损，可见洋葱的防腐隔离功能是何等的强大。能否对洋葱的分子进行研究，以研究出更好的防腐隔离材料来？

十二生肖与十二星座钟表

人们很难记住十二星座的排序和时间，而钟表的表盘正好是十二小时，因此可将钟表的十二小时设为十二星座的图案和起止日期，即装饰表盘，又方便人们了解十二星座。

新型球类运动

体育运动的种类很多，可人们却独钟球类，世界各国对足球的狂热，美国人对橄榄球的狂热，都令人惊叹；有时篮球场上看到只有一个人，也会玩得津津有味。现代球类运动的种类越来越多，为何人们对球类运动如此喜爱，值得研究。我们发现，球类种类繁多，但都有一些共同特性，首先，球是圆的、有弹性的，这说明人类喜爱接触圆的有弹性的物体，地球是圆的，脑袋是圆的，宇宙中许多物体都是圆的，人类爱圆。再有，凡是能够火爆的球类运动，都是竞争激烈的运动，这说明人类具有喜爱探险和挑战的本能，能带来激烈竞争的运动正好满足了人类的这一需求。因此，根据这一特性，还可设计出许多有意义的球类运动。例如：中国人爱武术，可设计出一些与武术有关的球类运动，如一队人射球，一队人边躲球边冲锋，看那队人能占领对方阵地，被命中的球又少，使人感受到在战场上冲锋躲子弹的感觉。再有，现在有用手、用脚玩的球，还没有用头、用身体玩的球，可否设计一种大球，两队人不能用手和脚，只能用头和身体推动，看哪队人能齐心合力将大球推到对方的大门里。等等。

一些对生活用品的革新设想（续四）

发表于《聊园》2006 年 3 月第 189 期

跟车灯

一个车队出行，最难的是跟车，白天还可以看到前面的车，晚上就看不到了，所以经常出现跟车跟丢的现象。因此可设计一种跟车灯，该灯可以根据需要调成自己人容易识别的形状、闪烁、色彩或者不同的字母，然后用吸盘吸在后车窗上，或用吸铁吸在车顶上，或者设在侧视镜上。这样一个车队都配一个这样的灯，大家调整好统一的灯光，夜晚跟车就容易识别前面的车了，并且其他车发现这是一个车队，也不会往车队里挤了，跟车就不会跟丢了。

静电吸尘器

用普通吸尘器吸地毯，地毯上的头发经常会将吸尘器底盘里的转动毛刷缠绕住。可否设计一种静电吸尘器，该吸尘器可通过静电原理瞬间产生强大的静电，将地毯上的头发和灰尘吸在吸盘上，然后吸盘转入灰尘袋，取消静电，灰尘掉入灰尘袋（或被擦下）；吸盘再转出，再产生静电，再吸尘。这样循环往复，噪音小，空气污染小，也不会出现毛刷被缠绕的现象。

洗鞋机

有了洗衣机后，洗衣变得很方便，可是却没有专门的洗鞋机。有时在洗衣房会看到一些人将旅游鞋和衣服一起放入洗衣机里洗，这样既有损于鞋子，又容易污染衣服，因此应发明一种专门的洗鞋机，专门用来洗旅游鞋或布鞋。例如可将鞋插在鞋舌上，鞋舌上有许多小眼，可往外喷水，喷洗鞋的里面，同时鞋舌在桶内转动，冲洗鞋的外部，使鞋的里外都得到冲洗。

微型飞行探测器

很多家庭都安装报警装置，报警器一旦鸣响，警察就会立即赶到。可是，如果屋内发生情况，主人不便于开门，警察不知道屋内是否有人，又不能随便破门而入，这样报警器就形同虚设。因此可否设计一种微型飞行探测器，在该探测器上设置一个微型摄像机，探测器有一对飞行翅膀，叠起来后就是一个小薄片，能通过遥控将翅膀打开和飞行。这样警察可打破玻璃，将该探测器放入屋内，然后遥控其在室内飞行，这样就可通过屋外的屏幕看到屋内的各个角落，以知道屋内是否发生情况。

检验刀枪器

在机场和一些重要部门都有这种安全装置，有人携带铁器进入门内，报警器就响。可根据此原理设计一种微型检验刀枪器，便衣警察可将其装在口袋内混在人群中，一旦周围有人随身带有铁器，其便在口袋内发出振动，距离越近震动越大，这样就可锁定嫌疑人，实行安全措施。也可将这种装置设在银行等其他地方，一定距离内有人携带铁器靠进，门便自动关闭，或自动启动其他安全防范措施。

电动狗笼门

有些人家中养狗既是宠物，又是为了看家护院。有的人怕狗伤人，便将狗关在笼子里，可一旦发生情况，狗出不来，便无法来救主人了。因此可将狗笼的门设成电动的，主人夜里听见狗叫声，发现有贼进入院内，不用跑到狗笼跟前，按动室内的开关便可将狗笼门打开，放狗出来救人。也可把声控开关设在狗笼旁，狗一叫，院子里的灯便开启。

宠物健身喂食器

美国人喜欢动物，也想方设法给宠物减肥，可宠物没有人那样有自觉性。然而，动物贪吃是其本性，因此可设计一种宠物健身喂食器，让宠物必须经过一定量的运动之后才能吃到食物。例如：1、把食物吊在一个绳子上，让宠物经过几次跳跃才能吃到，跳得次数越多吃到的也越多。2、把食物放在跑步机的尽头，诱使宠物在跑步机上不停地跑，跑了几分钟后跑步机才停下，让宠物吃到食物。3、在喂食器上设置一个定时器，定时定量地往盘子内输出食物。

警用摄像机

警察单独执行任务有很多危险，可用一些警用摄像机来保护警察的安全。例如：1、在警车内安装一个车载摄像机，警察下车盘查可疑人时，可将摄像机对准自己去的方向，摄下的图像就会通过卫星传送到总部，总部人员可从电视屏幕上观察，发现该警察有危险及时通知其他警察前去救援。2、在警察背上装一个微型摄像机，当警察一个人进入房屋实行搜索任务时，背上的摄像机会将警察身后的情况摄下，外面的人可通过屏幕帮助其观察身后的情况，并可向其发出信号。这样，警察一旦感觉到信号，就能立刻知道外面的人通知其身后有情况。

乐谱自动翻页

　　乐队中许多乐手前面都要放一乐谱架，乐手一边演奏，一边还要翻乐谱，翻不好乐谱还会掉在地上。可否设计一种乐谱电脑，将乐谱输入电脑，电脑便会根据音乐声自动在屏幕中展示该乐章的下一部分。还可设计一种脚踩式翻乐谱器，脚踩一下，乐谱便翻一页。

圣诞袜空心塑料腿

　　很多西方家庭圣诞节喜欢挂圣诞袜，这种圣诞袜有两种缺陷，一是里面装入礼物，袜子就变形了，挂在那里不美观；二是只是一装饰物，不能穿用，一年就只能用那么几天，用完就没用了。因此可制作一些可打开的塑料空心假腿，外面套上真正的漂亮袜子，在空心假腿中装入礼品，袜子一点不变形；圣诞节挂在那里是一装饰，过了节袜子取下来还可穿用。女孩子圣诞节既可得到圣诞袜里的礼品，又可得到一双漂亮的袜子，一定会很喜欢。

邮件分类显示

　　一些业务繁忙的人每天都收到大量邮件，有的是重要邮件，有的是次要邮件，可是从屏幕上很难区分开来。为此应设计一种软件，人们选中一些重要的邮件作一下记号，今后这些地址发来的邮件就会在屏幕上粗体字显示，或者进入重要邮件箱。人们认为是不重要，但又不想阻止的邮件，作一下记号，今后就变成细体字显示，或进入次要邮件箱。

电脑文件自动备份

　　电脑的作用越大，人们的担心也越大，很多人把自己的信息都存在电脑里，可现在电脑病毒越来越多，人们很担心自己辛辛苦苦建立起来的信息库一下子就被病毒侵犯。因此可设计一种文件自动备份软件。人们每保存一份重要文件，电脑便帮你在另一文件夹或外接硬盘做一备份，以防止你的文件损失。

网上意见箱

人人都想建立良好的人际关系，都想与他人友好相处，可是，很多人会一生都不知道他人对自己有哪些意见，因此总是不明白自己与他人的一些矛盾是怎么产生的。要是有人经常提醒你，及时给你提意见，你就会及时了解周围人对自己的评价，避免很多错误。

目前，发达的网络给人提供了这种便利，鉴于人们不愿得罪他人，却又想善意地指出他人的缺点或匿名向他人申诉自己意见的心理，可以建立一个专门的征求意见的专业网站。人们可以在该网站上注册建立自己的意见箱，并发表征求意见公告，专门寻求他人对自己的意见。该意见箱设两项保密措施，第一，人们可以直接在某人的意见箱里写信，然后张贴进去，不用自己的信箱，使收件人无法知道信是从哪来的，是谁发的。第二，该信箱只有主人自己输入密码才能打开查看，别人无法打开。

这样，人们对谁有意见，就可以到该网站去搜索他的名字，然后直接在他的意见箱里发表意见。一个单位也可在自己的网站上设一专门的意见箱，该信箱可供人们用来写信，专门给本单位的有关人员提意见。例如，你可点击打开该信箱，在发信栏里选择该单位有关人员的名字，将其设为收件人，之后给他写信。这样该人士就会收到你发给他的意见书，而发信人为公共信箱。这种意见箱比匿名信要好，因为写信人不必担心自己的笔迹会暴露，以遭报复，因此可以畅所欲言，表达自己的真实态度。比大字报要好，因为是一对一地提意见，可以保护当事人的名誉，不至于到处传扬，促使其在矛盾激化前了解民情，解决矛盾。这种意见箱不仅有利于个人收集意见，对于一个政府、组织、企业等更为必要。

十二门徒钟表

很多人都知道耶稣有十二门徒，可却很少有人能记住十二门徒的名字。因此可设计一种十二门徒钟表，将耶稣的像放在钟表的中间，用十二门徒的名字代替 12 个数码（犹大用黑色，其他门徒用红色），形成十二门徒围绕耶稣的图形，这样既方便人们知道十二门徒的名字，纪念耶稣；又是一装饰美观的钟表。

自由时区钟表

对于一些在其他国家有亲属或有业务联系的人来说，很希望墙上的钟表能同时显示几个时区。现有世界时钟表，但人们并不需要那么多时区，只选择几个自己需要的时区便可。这样可以同时看到几个时区，免得来回计算时间。为此可设计一种自由时区钟表，该钟表只有固定的分针与秒针，没有时针。时针则是带有 12 个卡座的小套环固定在指针轴上。另作 11 个带有小桃心的时针和 1 个带有大桃心的时针散放在钟壳内。再做几十个上面印有世界上主要时区名的小桃心样的胶贴纸。

如果人们生活在北京，同时有亲友在巴黎，那么揭下印有北京字样的桃心粘在大时针的桃心上，并将大时针插在指针轴上的小套环的卡座上；再将印有巴黎的桃心揭下粘在两个小时针的桃心上，并将小时针插在指针轴上的小套环的卡座上，并与大时针相差相对应的时间间隔。这样两个时针在钟面同时走动，大时针显示北京时间，小时针分别显示巴黎和纽约时间。人们就可以同时看到你最需要的两个时区的时间。

电子扑克牌机

很多人喜欢打牌，而且一次要用好几付牌，这样手抓一大摞牌很费劲，时间长了手都抓得酸痛。因此可设计一种电子扑克牌桌，人们每人手中只握一个小电子屏幕，小屏幕上显示着你自己的牌；桌子中间是个大屏幕，显示着人们出的牌。洗牌、发牌等都通过电子方式。人们要出牌，点一下自己手中小屏幕里的那张牌便可。

一些对生活用品的革新设想（续五）

发表于《聊园》2006 年 9 月第 191 期

可擦拭涂改液

人们办公时会遇到这样的情况：想把一份文件中的一些内容覆盖住再传真给他人，传真完后再把覆盖物取消，恢复文件原状。可现有的涂改液一旦涂到文件上就很难取消了，因此可研制一种可擦拭涂改液或涂改粉，将其涂到纸上，几分钟后用东西一擦就能擦掉；或设计一种不干胶纸，可随意取下自己需要的大小尺寸，贴在文件上，复印完后轻轻一撕就能撕掉，以满足人们新的办公需求。

感冒熏蒸器

有种民间偏房，感冒时煮开一锅水，把脸对在锅上，用热蒸气熏脸，以不烫伤为原则，越近越好，直到水凉下来；还可以家里熏醋；还可以放一桶齐膝的热水，把腿放在里面，身上捂着棉被，出一身大汗。这些方法都非常有效。感冒病菌不仅怕热蒸气，也怕醋分子。因此可为诊所设计一种专门的感冒熏蒸器，让人躺在一个热蒸箱里，双脚泡在一桶热水里，脑袋罩在一个罩子里，用加醋的热蒸气熏脸，吹身上的几个穴位。一天三次，这样不用吃药，还能很快治好感冒。

带小型起重器和抓手的行李车

机场和饭店有行李车，可帮助人们拉行李，可老弱病残孕的人没有劲，还是很难把行李搬到行李车上，因此可设计一种带有小型起重器和抓手的行李车，可以通过操纵杆操作将地上的行李搬到行李车上，专门供老弱病残孕使用。

棺材旅店

现代人有很强的猎奇心理，因此出现了厕所饭店，监狱饭店，吃苦俱乐部等等五花八门的娱乐形式。还可设计一种棺材旅店，例如在一片草地上设一片帐篷，将帐篷设计成坟包状，里面放一棺材作睡箱，晚上传出一些鬼哭狼嚎声，以给一些人增加新的刺激。

自动翻书器

人们学习时一会儿要翻书，一会儿要写字，写字时要想办法把翻到的书页用东西压着，以免书会自动合拢，很不方便。因此可设计一种自动翻书器，该翻书器可自动帮助人们翻书和固定书页，以方便人们学习。

地理知识电脑

为了方便地理知识教学，可设计一种地理知识教学软件，人们

要学习地理知识，电脑屏目上就会出现一个转动的地球，人们要想
了解哪个国家，用鼠标点一下那个国家，电脑屏幕上就会出现关于
那个国家的历史、文化、经济、政治等一长串目录，再选择目录下
面要了解的内容，就出现有关介绍。这样直观，便捷，将会增长学
生的学习兴趣。

车顶固定式睡袋

　　美国人很喜欢开车旅游和露营，可设计一种车顶睡袋，在车顶
上设一行李架，行李架上有一折叠起来的气垫。使用时用车的尾气
为其充气，使其展开成一车顶气垫床，气垫床固定一睡袋，这样车
顶就成了一个安全的床。

手提电脑活动式硬盘

　　手提电脑最大的好处是方便携带，但也有一个最大的问题，就
是容易丢失。人们把很多重要资料存进电脑，一旦丢失，就将损失
惨重。因此可设计一种装有活动硬盘的手提电脑，将硬盘设计为手
掌大小，使用时将其插入电脑，输入一组密码硬盘才能使用。出行
时，将硬盘取出放进衣袋随身携带。这样即使电脑丢了，硬盘里的
资料还在；即使硬盘丢了，别人没密码在别的电脑上也打不开。也
可设计双硬盘，手提电脑带一固定式的小硬盘，存一些普通资料，
重要资料存在活动硬盘上。这样设计的好处还在于在故意在电脑上
留一块空缺，让小偷一看电脑上没硬盘，也就不想偷了，这将会极
大地增加手提电脑的安全性。

电脑自动单个发送贺卡

　　朋友多的人每年都要发送大量贺卡，单个地发没那么多时间，群发又不太礼貌。因此可设计一种贺卡单个自动发送软件，选中一张贺卡，在其下面的名单与地址列表中输入不同姓名和与其对应的 e-mail 地址，电脑就会自动地一个一个地将贺卡发送给不同地址的不同人，对方看上去就像是专门发给自己的，而不是群发。这样既省事，又不失礼貌。

防松鼠喂鸟器

　　现有的很多喂鸟器都存在这样的问题：喂鸟器是用来喂鸟的，可松鼠却常常光顾，于是喂鸟器变成了喂松鼠器。为了解决这个问题，人们设计了一些防松鼠喂鸟器，可防松鼠偷吃食，可我们看到的实际情况是：松鼠即使吃不到食，却很不甘心，经常在喂鸟器上爬上爬下，有的喂鸟器几乎天天有松鼠吊在上面，松鼠吃不到食，鸟也不敢来吃了。因此可设计以下几项新式防松鼠喂鸟器。

设计一：

　　将房子形状的喂鸟器屋檐做成活动式的。见图 1，整个房子 1 是一储食器，图中前后两端是封闭式的；左右两段为凹进式，有出食口和供鸟站立的横棍。屋顶 2 和屋檐 3 靠一带有弹簧的转轴 4 连接。平时屋檐 3 为打开式的，有松鼠踩到屋檐 3 上，松鼠的重量就会将屋檐 3 压下，盖住出食口，变成图 2 的样子。松鼠一离开，转轴 4 上的弹簧又会将屋檐 3 弹起，变成图 1 的样子。

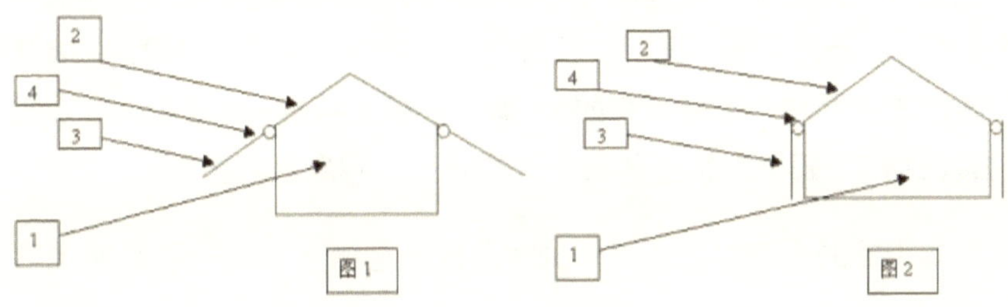

设计二：

　　见图 1，该喂鸟器是一前后两边封闭，左右两边开放的房子形状的喂鸟器 1，两片屋顶 2 为活动式的，靠一带有弹簧的转轴 3 连接。储食器 4 位于房子中间（因是在房子里面，故用虚线标出）。

　　平时，转轴 3 上的弹簧会将两片房顶 2 弹起，呈打开状，见图 1 的形状。若有松鼠顺着绳子爬到房顶 2 上，松鼠的重量就会将房顶 2 压下去，变成图 2 形状，使松鼠无法吃食。松树一离开，房顶又会自动打开，回到图 1 的形状。

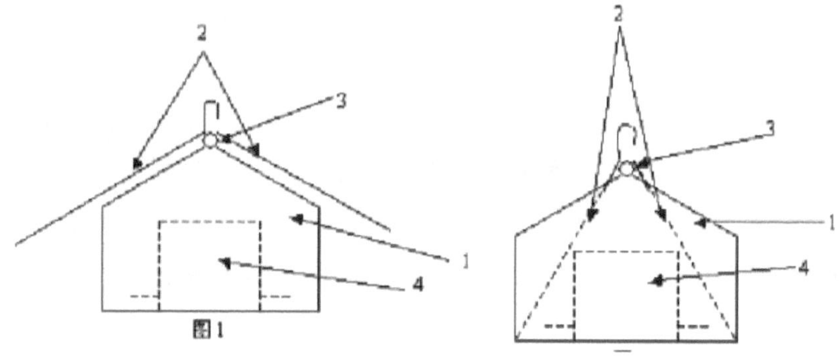

设计三：

　　见图 1，本设计由喂鸟器 1、圆盖 2、铁杆（或铁线）3、圆环（或挂钩）4、弹簧 9、底盘 8、拉绳 5、护板（或护条）6、吊物 7 组成。

　　喂鸟器 1 与圆盖 2 中间有一圆洞，铁杆 3 从圆洞中贯穿。铁杆 3 上端有一圆环或挂钩 4 可用来吊绳索，下端绕有一圈弹簧 9，并连接一底盘 8。底盘 8 为多边形（也可设计为圆形），每个边上各连接一个护板 6（若是圆形，可将护板改为多个护条，为了容易看清，本图只画出左右两块，省略其它的）。每个护板上各吊一个具有一定份量的装饰物 7；每个护板上各有一个拉绳 5 与喂鸟器相连接。

　　本设计的思路时，将这样的喂鸟器挂在树上，由于弹簧 9 和吊物 7 的作用，护板 6 呈开放式，鸟儿可来吃食，底盘 8 可接住掉下来的食物。有松鼠顺着绳子爬下来，一踩在圆盖 2 上，松鼠的重量就会压迫喂鸟器 1 往下沉，同时带动拉绳 5 将护板 6 拉起合上，变成图 2 的形状，将松鼠吓跑。松鼠一走，护板又会打开垂下，变成图 1 的样式。

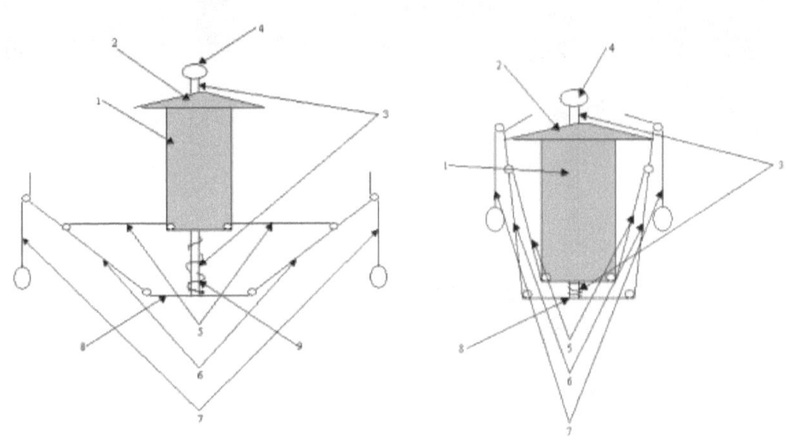

设计四：

　　小孩玩的悠悠球是一个轴连接两片圆球，轴上栓一绳子，一抖绳子，两片圆球就可转起来。可据此原理将两片圆球设计成储食器，在轴心与绳子的连接部位设一机关，平时鸟落上去，体积轻，储食器不转；松鼠爬上去体积重，将机关压下，储食器转动，使松鼠无法在上面停留，以起到防松鼠的作用。

设计五：

　　用一根插地杆，连接一个蘑菇型铁盖，在铁盖上绘上蘑菇图纹，远看就像一个插在地上的蘑菇，是一装饰。在蘑菇盖的上面设置一喂鸟器。因为铁杆和铁皮光滑，而且蘑菇盖向里凹进，松鼠很难爬到蘑菇盖上面去，可防止松鼠偷吃喂鸟器里的食。也可将铁皮盖设计成雨伞型，远处一看就像似一个小雨伞插在那里。

防蚂蚁蜂鸟喂鸟器

蜂鸟喂鸟器里放的是糖水，很容易吸引蚂蚁，为此可设计如下防蚂蚁蜂鸟喂鸟器

设计一：

设计一吊兰花盆，在盆内的底部设计三根吊绳，装上水，因绳子在水中间，使蚂蚁无法顺着绳子爬到盆壁上，盆子里的水还可供鸟儿洗澡用。在盆的四边挂上若干带有叶片和花朵装饰的蜂鸟喂鸟器，远处一看，就像是一吊兰挂在树上，是一装饰。

艺术造型壁炉屏风

很多家庭都有壁炉，有壁炉就有壁炉屏风，可以把一些壁炉屏风设计成艺术造型似的，例如城堡、船帆、扑克、孔雀开屏、吊桥等各种形状。

艺术造型花园插件

美国很多家庭都在自己的花园里插着铁线插件，上面挂着几个喂鸟器。为了美观起见，可以将这些铁线插件设计成艺术造型似的，例如人们的舞姿、运动姿态等。如下图，将头设为圆形的喂鸟器，双手上提着两个喂鸟器，抬起的一只脚上托着一个鸟澡盆。

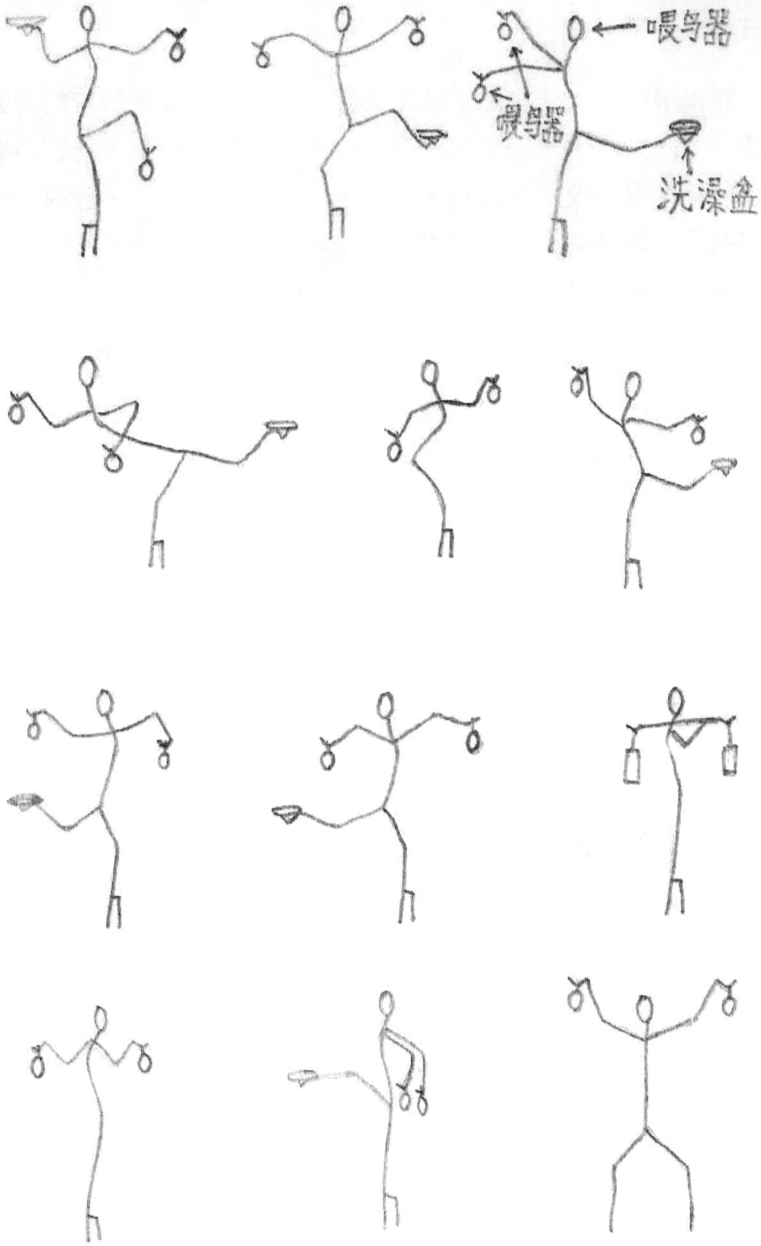

喂鸟器
喂鸟器
洗澡盆

上注水蜂鸟喂鸟器

蜂鸟喂鸟器上注水比下注水要好，但上注水较难解决的问题是在灌水时水会从出水口涌出。市场上有一种饮料瓶嘴，将饮料瓶的嘴拔起来就可以喝水，将嘴按下去，水就流不出来了。还有一种洗涤液瓶子，将瓶嘴拔起来就可将洗涤液挤出，瓶嘴压下，洗涤液就出不来·可参考这一原理设计一种上注水喂鸟器。

见图 1，该喂鸟器由盖子、储水器、底座三部分组成。储水器与底座之间有一下水口。盖子底下通过螺旋连接处连接一根连接杆。连接杆的下端连接一水塞，水塞用来控制下水口的出水，可参考饮料瓶嘴的设计。

见图 2，要注水时，将盖子拔起，带动连接杆将水塞拉起，堵住下水口。因盖子与连接杆有一螺旋连接处，将盖子旋转一下即可取下。

见图 1，注满水后，将盖子重新拧在连接杆上，扣在储水器上，卡口卡紧，盖子不能在储水器上移动。盖子通过连接杆将水塞顶下，水从储水器流入底座。

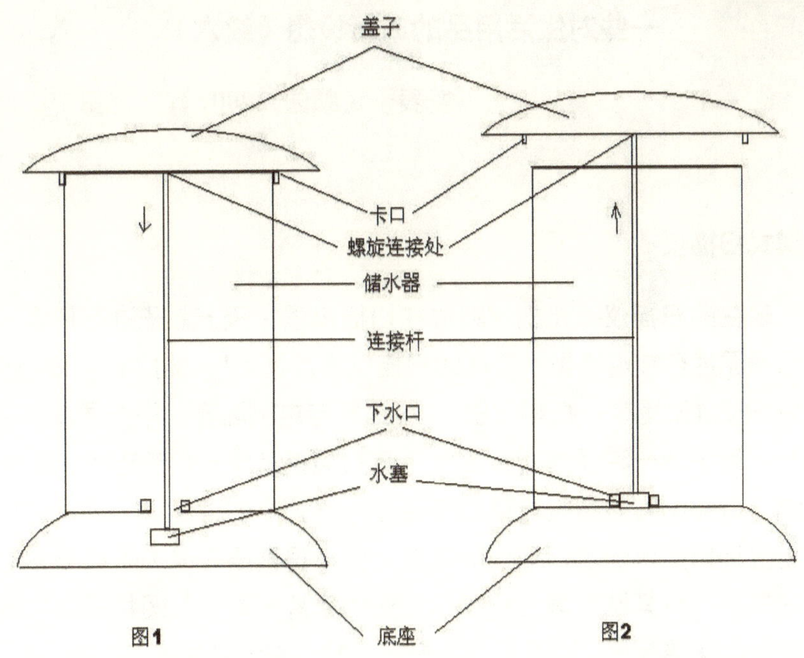

吊兰式蜂鸟喂鸟器

组成：本设计由塑料盆、三叉塑料绳、若干塑料吊兰枝、若干喂鸟器组成。

设计方法：在塑料盆内的底部设计三个凸出的环，盆子的边沿设有一圈插孔。三叉塑料绳一端的三个头上有接头；另一端三个头合在一起，并有一圆环供挂绳子用。

将三叉塑料绳三个头上的接头扣在盆内底部的三个环上，在另一端的圆环内栓一绳子或钩子，可将塑料盆挂在树上。在塑料盆的盆沿一圈插上若干吊兰枝并挂上若干蜂鸟喂鸟器。

使用方法：将塑料盆内放满水，挂在树上，远处一看，就像是一吊兰，是一装饰。喂鸟器位于吊兰枝丛中，更吸引蜂鸟。蜂鸟喂鸟器里放的是糖水，比较容易招蚂蚁，在塑料盆内放上水后，蚂蚁就无法接触喂鸟器。平时，该塑料盆还可供其他鸟喝水和洗澡用。

一些对生活用品的革新设想（续六）

发表于《聊园》2007 年 3 月第 192 期

便携式扫描仪

现在的扫描仪都是把材料放在扫描仪里，压上盖子进行扫描，之后将图片存在电脑里。这样的扫描仪缺点是：1、要扫描厚书，很难将书反过来固定在扫描仪里；2、必须与电脑配套，不方便携带。因此，可设计一种便携式扫描仪，该扫描仪就像一份杂志大小的长方物，自身配有如照相机里的存储盘一样大小的存储盘，人们可以端着这种扫描仪随意扫描任何东西，如，将其压在厚书上扫描你需要的书页，将其贴在墙上扫描你需要的图片，等等。图片就存在自身配备的存储盘里，回家后取出盘来，转存在电脑里。

新型圣诞树系列挂件

美国人圣诞节很喜欢在圣诞树上挂很多玻璃挂件，为此，可设计一些新的系列挂件。例如：1、发财树系列挂件。将玻璃挂件设计为美元等钱币、金元宝、银元宝、金条、金银珠宝、钻石戒指、金项链等。2、吉祥树系列。将玻璃挂件设计为各种吉祥物，以满足人们图吉祥，求好运的心愿。3、平安树系列。目前恐怖主义搞得人们人心惶惶，因此将玻璃挂件设计为各种代表平安的图形、物品等，以满足人们求平安的心理。4、和平树系列。求和平是人们的普遍心理，因此可将玻璃挂件设计为各种代表和平的标志。5、圣诞袜、礼品盒系列。圣诞节人们习惯将礼品放在长筒袜里，目前商场里卖的各种圣诞袜设计新颖，琳琅满目，可按纺织品圣诞袜外形设计出各种玻璃圣诞袜，并设计一些漂亮的礼品盒，就像挂满一树礼品。6、妇女用品系列。妇女是购买圣诞礼品的主力军，将挂件设计得让妇女喜爱，是使挂件畅销的关键。可将玻璃挂件设计成一系列妇女喜爱的用品，例如时装、鞋帽、提包、化妆品、首饰盒等。7、儿童玩具系列。人们购买圣诞礼品时，也很考虑孩子的喜好，因此可将圣诞礼品设计成一系列儿童玩具，将会受到还孩子的喜爱。8、十二门徒挂件。将十二门徒的头像设计为挂件，使其成一套装。9、十二星座挂件。将十二星座图形设计为玻璃挂件，使其成一套装。

圣诞串灯外面套设玻璃挂件与主题圣诞树

圣诞节很多人家要在圣诞树里绕上串灯，在房檐上挂上串灯，夜晚一打开非常漂亮。可设计一种专门的玻璃挂件卡扣，能将玻璃挂件卡在串灯的灯头上，将玻璃挂件变成灯泡，这样就会使串灯更漂亮。可设计不同主题的系列挂件，如：1、水果主体，设计一百种水果形状，挂在树上，就像一棵百果树。2、蔬菜主题，设计一百种蔬菜形状，挂在树上，就像一棵百疏树；还可将麦穗、水稻、高粱等设计成花枝，插在树里，象征五谷丰登。3、水类主题，设计一百种鱼、虾等水里的水生物，挂在树上，就像一个海洋世界。4、花朵主题，设计一百种花朵形状，挂在树上，圣诞树变成了一个百花山。5、动物主题，可设计一百种动物形状，挂在树上，就像一棵百兽树。6、飞鸟系列，可设计一百种鸟儿形状，百鸟树。另外还可设计成百虫树、百宠（宠物）树、百禽（家禽、牲畜等）树，等等。还可在百鸟树里设一个专门的录音机，录制一些鸟叫声，一打开开关，不仅百鸟闪烁，而且百鸟齐鸣，很有诗意。还可在百兽树、百虫树、百宠树、百禽树里藏一个专门的录音机，录制一些动物叫声，使其更接近大自然。

壁炉焚纸箱

很多单位和家庭每年都会有很多纸张要销毁，例如：带有个人信息的文件、信件、广告、发票等等，不能随便扔垃圾，要销毁。碎纸机用久了容易损坏，且纸不能达到粉碎状况，有些信息还能看到。因此可设计一种壁炉焚纸箱。美国人很多家庭都有壁炉，可设计一种专门的铁箱子，平时用来放废纸用，放满后将其推进壁炉，点火烧掉，纸灰落在底层，用抽屉抽出倒入垃圾袋，这样在壁炉里焚烧，又安全，又省电。

袖筒连体手套

人们天冷外出不会忘记穿外套，可却容易忘记戴手套。只是在需要用手拎东西时，才后悔没有戴手套。因此可在外套的袖子上设计一手套，该手套可藏在袖子里，需要时将其拉出；也可设计在袖子外面，平时是一装饰，需要时将其翻下就变成一手套。

电子表格闪动式提示

在网上填写电子表格，有些必须填写的格子旁边标有提示符，是要求人们必须填写的。可是，有时人们往往忘记填写就点下一页，于是电脑又提示你返回原来的页面去填写，浪费时间。因此，可将必须填写的格子旁边设一闪动式提示符，使人们更容易发现。人们没有填写，就无法转到下一页。

电话光控开关

人们在夜里睡得正香时不愿意听到电话铃响，于是有的人就在睡觉前把电线拔了，可是白天又忘了插上，以至于人们无法与其联系。因此，可在电话上设置一个光控开关，夜里一关灯，电话铃就不响了，只是留言机在工作，人们只能留言。或者，留言机自动告诉对方主人正睡觉，若没有紧急事情请留言；若有紧急事情再按一下井字键，电话铃才会响。白天天亮了，电话机接收到光线，也就和普通电话一样了。

手机、手表定位呼救功能

现汽车上可安装卫星定位器，汽车无论开到哪里，都可以通过卫星告诉其具体位置；汽车丢失后，警察也可以根据卫星定位器找到该车。也可将这一定位功能设计在手机或手表上，人们出行迷路后，可根据定位器确定自己的位置；一旦遇到危险或走失等情况，便可按动手机或手表上的报警开关，保安公司接收到信号，便马上派人找到他，实行救援。

带把手的指甲刀

现有的指甲刀都很小，要用两个手指捏着用，老人手不灵活会捏不住。因此可设计一种带有像剪刀一样的把手的指甲刀，以方便老人使用。

双耳朵垃圾桶

人们去商场买东西，会带回家很多塑料袋，大部分超市的塑料袋规格尺寸都差不多，人们用完这种塑料袋，一般都是在家装垃圾，代替垃圾袋，二次利用。可是，人们遇到两个问题：第一，这种塑料袋须套在一个垃圾桶上，可现有的垃圾桶不是太大就是太小，没有专门适合这种塑料袋的，而且塑料袋不太好往桶上套，容易从桶上滑下去；第二，没有专门放塑料袋的地方，塑料袋放在别处拿起来不方便。因此可设计一种双耳朵垃圾桶，在垃圾桶的两边各设一个铁线把手，在垃圾桶的两边各设置两个轴眼，两个铁线把手各套设在轴眼里；在垃圾桶的两边各设两个卡槽。在桶的下部设置一个抽屉，专门用来装塑料袋用。

　　垃圾桶的两个把手平时卡在桶边的卡槽内，呈直立状。使用时将塑料袋的两个提手套在垃圾桶的两个把手上，然后将两个把手放下来，这时，两个把手就会将整个塑料袋套在桶边，并压住塑料袋的两个提手，使其不会滑落到桶底。要扔垃圾时，再将两个拉手提起并卡在桶边，就可将垃圾袋取出。如下图：

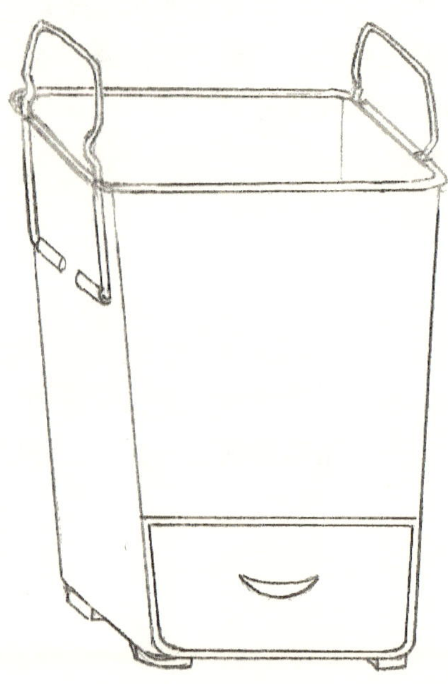

"米、口"字形跟车灯

　　人们经常会几辆车同时出行，要几辆车紧紧跟随，以免走丢。

在白天，人们可以看清前面的车，容易跟上；可在晚上，路上车流量太大，就很难看清前面的车，非常容易跟车跟丢。因此可设计一种跟车灯，将其吸在汽车的后玻璃上，用来帮助跟车的人识别其所要跟的车。

设计方法可用 16 根灯管组成外面是一"口"字，里面是一"米"字形状的灯组，该 16 根灯管设置在一个面板上，面板的背面设有电池卡槽和控制开关；两边的塑料吸盘可用来把灯吸附在玻璃上。通过开关来控制 16 根灯管中的某些灯管开启，某些关闭，可以显示出英文的 26 个字母，和 0 至 9、10、11、21、31、41、51、61、71、81、91、111 等不同数字。如下图：

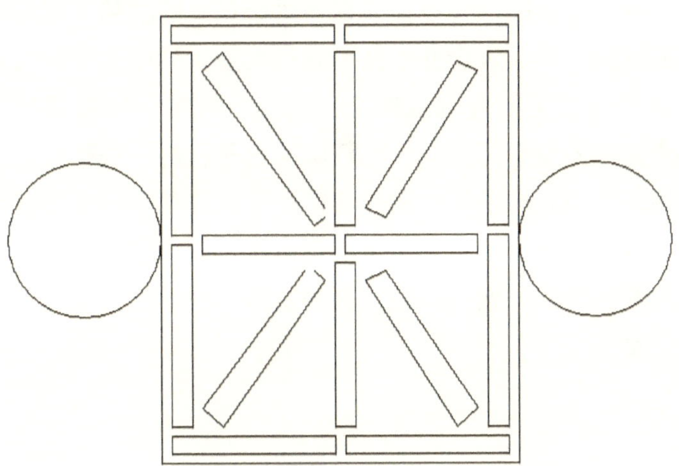

二、合理化建议类文章

集体办公司　下岗职工可尝试的一条谋生之道

发表于《中国第三产业》杂志 1998 年第 5 期

目前，有越来越多的下岗职工在寻求自谋生路。对于已拥有一定的资金和业务渠道，想独自创办公司而感力不从心，或是从单干的失败经验中体验到了联合的力量的人，不妨探讨一条联合创办公司的新的道路。

随着商品经济的发展，市场竞争愈演愈烈。企业集团、股份公司作为联合、协作的产物已愈来愈显示出竞争的优势，成为现代企业的发展趋势。不仅大企业如此，现代企业管理学也将联合经营战略作为小企业的主要经营战略之一而加以肯定。许多前车之鉴表明，靠个人的力量单打独斗一挑江山的日子已经一去不复返了，未来社会的发展愈来愈表明：要想取得商业的成功，必须要树立"有福同享，有苦同尝"的观念，走相互协作，联合进取的道路，将各自的优势集合起来，取长补短，共同发展。整体的力量大于各个分散力量之和。

一.个人创办公司的困难

对于已拥有一定的资金积累或是已建立了一定的业务联系和经营渠道的人来说，谁不曾想创办一家自己的公司，成为一个大企业的主人，但对于事业初创的人来说，会遇到以下问题：

1. 创办公司不同于单干，除了开展各项经营活动，与业务部门打交道外，还要与工商、税务、公安、交通、统计、市容、街道、银行、房东等各个社会部门交往。当你在市场前线日夜拼博的时候，你会发现还要抽出很大精力去巩固后方，去解除许许多多的后顾之忧，后方稍有不慎，就会使前方的努力前功尽弃，甚至连公司的生存问题都难以保证。为了维护许多必要的社会关系、经营客户和供货渠道，逢年过节的礼尚往来是必不可少的，这方面花销每年就不计其数。

2.　要办公司就要有营业场所，无论营不营利房租都要照常交纳，还有水、电、气、电话等费用，这在每年都是一笔不小的开支。

3.　要办公司就要招聘人员，人员再节省，自己兼业务员与出纳，会计也是必不可少的，每月做报表，跑国税、地税、银行、工商、统计等是必需的工作，因此不管营不营利，每月工资要发，各种费用要照交。

4.　中国经济形势随国家政治环境而变化，时而潮涨，时而潮落。潮涨时，大家都恭喜发财，日子好过；潮落时，企业吃紧，危机四伏，生意难做，尤其是个人的小企业，最是难以支撑。几个月不营业，税务部门就要暂扣营业执照。年检时资金不到位，工商部门就要吊销营业执照，办公司的道路上并非一帆风顺。

加上其它种种繁杂的，不可预见的问题和所需的花费，你会发现，创办公司并不那么简单，你所赚的钱不知不觉就流向它方，你会感到你是在为房东挣房租，在为关系单位挣饭钱。从办照的头一天起就是在花钱。办照费、验资费、税务登记费、咨询费、刻章费、银行立户费、请客送礼费、房租费、装修费、购置家具和办公用品费等等的费用令你眼花缭乱。如果你有雄厚的资金基础或是一开业就能宏利滚滚而来，对于这些投入来讲不在话下，但对于刚刚下岗的职工来说，从大多数人的经验来看，新办企业往往要走过亏损持平　盈利的艰苦创业的道路，前两年往往要交些学费，摸索出经验，才能逐渐走入正轨，极少有一开张就财源滚滚而来的。正所谓有投入才有产出，如果没有一定的资金投入做资本，企业就难以启动。有许多人乘兴下海，败兴上岸，就是因为下海前没有这些思想准备和切身体验，直到呛了水，碰了壁之后，才深知商海并非人人都可驰骋，没有重要关系的辅助，没有众人齐人协力的努力，单靠个人的力量是很难成就一番事业的。个人办公司不仅会遇到许多料想不到的困难，而且现代公司法中规定有限责任公司股东须在二人以上，五十人以下，也不允许以个人名义办公司，自然也有一定的理论依据。

二.集体办公司的优越性

将各个有实力，有能人的人联合起来，共同创办公司，是现代企业发展的道路。仅就下岗职工来说，联合的方式大体上可以有两种：一种是大家共同投资一个项目，就此项目成立公司；一种是大家各自都有项目，联合成立公司之后仍各干各的项目。第一种方式有其优点，也有缺点。优点是集中力量于某一事业，目标一致，易于管理；缺点是品种单一，万一选错项目，打不开市场，众人便在一棵树上吊死。因这种方法现成的模式和经验较多，比较容易学到，故本文不详细探讨，以下我们详细研究第二种方法。

第二种方式是开展多种经营，走广泛的联合道路，即联合各个有一定资金和经营渠道的人共同创办公司，大家合则聚在一个公司旗下，分则各显神通，各自经营自己的业务。现以十名股东创办公司，同时又亲自经营为例说明集体办公司有如下优点：

1. 十人都可以本公司名义从事经营活动，而协调政府、工商、税务、统计、银行、房东等社会各部门的关系，只须共同聘用一至若干名经理或公关人员即可。十名股东可八仙过海，各显神通，一心一意地在前方开拓市场，创取效益。

2. 可节省大笔开支。　开办费：以注册五拾万元的公司为例，开办费加房屋装修、购置家具、办公用品等费用假设为八万元，十人分摊，每人才八千元。　　每年固定费：例如每年逢年过节拜访各关系单位需经费五千元，现十人共同使用，每人分摊五千元；过去聘请会计每年工资一万五千元，现十人除各自的出纳外，共同用一名会计，工资提高到二万元，每人才分摊二千元。（注：以上数字只是举例用，实际花费应予详细预算）。

3. 增加了注册资金，壮大了公司力量。以每人只有拾万元为例，只能办一咨询公司，经营范围受到限制，如 10 个人资金凑到一起，就能办壹佰万元注册资金的公司，获得批发权，增加了经营范围，也有利于对外联系业务。

4. 十人资金在内部协调使用，增加了资金周转能力，壮大了公司实力，提高了竞争能力。

5. 提高了公司声望。十人以同一公司的名义从事经营活动，经营范围广泛，业务联系面扩大十倍。扩大了公司的知名度，而声誉也是一种无形资产，这等于增加了公司的无形资产。

6. 大家分散经营，统一作账和纳税，经营好的和不好的由公司统一协调，在遵守国家法律的前提下合理避税，提高效益。

7. 增加资金在银行的进出流量，提高了公司在银行的信誉，有利于今后贷款。

8. 十人互相帮助，相互协作，一人有难大家帮，成为一个坚强的集体，提高了整体竞争能力。过去由一人承担的风险，现由十人分担，若遇到社会经济发展低潮阶段，即使有九人停业，只要有一人营业，公司就能生存下去，分散了风险。等等。

三.集体办公司的缺点和将会遇到的困难

从各国管理学理论中，找不出一项绝对完美的公司制度、组织结构和管理方式。任何一种组织结构、管理办法和公司制度都是利弊共存的，如直线制、事业部制、矩阵式等组织结构，都是各有优点，也各有缺点，要根据企业的具体情况具体分析采取哪种方式。集体办公司同样也是这样，有优点也有缺点，其缺点在于：（仍以十名股东为例）。

1. 公司责权利难以划分，各个股东资金投入多少不等，经营贡献大小不一，有的股东投资少，却全身心投入公司工作，贡献大，营利多；有的股东投资多却不参与公司工作，贡献小，营利少。公司应由谁来承担主要责任？决定权在谁？谁来掌握公章、印鉴？利益怎样分配？是按投资比例还是按创利大小、贡献多少来分高低？易出现意见分歧。

2. 开办费、房租费、公关费等平时的各项开支各个股东应承担多少难以划分。各个股东对公司的利用不尽相同。有的只想利用公司执照，有的只想利用公司的免税等各项优惠政策，有的只想利用公司的经营场所。有的股东对公司执照，所租房屋等的利用价值高，有的利用价值低，有的甚至不利用，这些方面的费用怎样分摊？

3. 风险难以划分。若个别股东对公司造成了损失殃及整个公司利益和其它股东利益，怎样避免这种损失？个别股东应怎样赔偿整个公司的损失？

4. 难以协调统一。由于大家各自有自己的业务渠道，各干一摊，时常会造成较大的磨擦。

5. 无形资产难以估算，有的人拥有特殊的社会关系，无形中会给公司带来很大好处，这种无形效益如何估算。这种无形的关系若被忽视，常会带来有形的损失。等等。

四.根据集体办公司存在的优点和缺点，所采取的对策：

1.　整体对外，分散对内。对外公司是一坚强的整体，对内各股东各自独立开展自己的义务。从组织形式上，公司成立股东会，由全体投资的股东参加。股东会下设董事会，董事由既投资又自行开展经营的股东组成，董事会聘请一名会计和经理，主要负责公司对工商、税务、统计等各方面的联络及文秘、后勤、财务等项日常工作。各个开展业务的股东各自成立事业部或分公司，各自开展与自己对口的业务。能办分支机构的领取非独立法人营业执照，不能办分支机构的，共同利用总公司执照和营业场地，内部单独记账。各股东于公司内部开展独立经营，独立核算，自负盈亏。公司属于大家，事业部属于自己。

2.　各个股东投资多少，只以自己的事业部所需资金为限，不以此作为总公司的投资比例。若不同股东投资相同事业部，方以投资数额作为投资和分配比例。但各股东投资不能少于一定额度。

3.　公共费用的交纳：总公司办照费、验资费、税务登记费、刻章费及其它各项开办费，因是为整体公司成立所用，应由各股东平摊（无论投资大小。意即投资贡献小的人应在公共费用上多做些贡献）。各分支机构办照费、刻章费等开办费因主要用于分支机构，应由分支机构承担。　每年用于有关公共部门的公关费因是为维持整个母公司所用，应由各股东平摊。每年应拨出一笔经理基金。　聘请公用会计等的费用应由各股东每月按营业额按比例分摊，即营业额多的，会计为其作帐也多，其交付也应该多。　房租、水电、电话、装修、购置家具等费用应由谁使用谁交纳为原则，使用包括产品摆放，人员办公等，例如五名股东共同使用一处场地，按使用面积，使用时间等来按比例分摊房租。其它另外租用场地领取非独立法人营业执照的股东各自交纳自己所租的场地费。

4. 各股东各自单独记账，每月规定时间将财务资料交总公司会计统一做帐，统一纳税。公共费用须半数以上股东共同签字方予报销，个人签字只记入个人费用。

5. 公司每月召开一次董事会，商讨公共事宜，协调部门之间关系，审查财务状况。遇有重大事宜，经个别董事提议，董事会可随时召开。公司为壮大实力，可随时接受有能力的人入股加入公司成立事业部。公司除创始人外，后加入的股东均须按营业额比例向公司交纳管理费，作为公司公共发展基金。

6. 各股东投资额不得随意抽出，对外签订合同也不得超过自己的出资额。特殊情况须经董事会开会通过。并将超过部分按比例向总公司交纳风险费。

7. 为增加各股东的责任心，不因自己的过失给整个公司和其它股东造成损失，可实行两合公司制，公司对外为有限责任制，对内为无限责任制，各股东均以自己的财产作为抵押，若由于自己的过失殃及其他股东受损失，个人出资不足于抵偿的，将以自己的财产赔偿整个公司的损失。

8. 公司应有一核心人物或企业核心人物担任公司法人代表，负责掌管公司公章，主持日常工作。公司设董事会，董事长由董事会选举产生，任期二年，可连举连任，第一年试营业期间应由主要发起人或从事主要业务者担任。实践证明，凡是没有核心人物或核心企业的所谓集团或联合体，都是注定要失败的。

9. 公司其它管理办法按公司法和公司章程执行。另外签订合资经营协议书。

10. 义上办法试行一至二年，为创业阶段采取的特殊手段，可随着情况变化随时进行调整。例如：公司一旦发展壮大，可改为集团公司。专门聘请总经理进行经营，各股东退出经营，成为公司专门的股东。若有股东仍要自行经营自己的业务，可单独成立分公司或独立法人的子公司。或者全体职工共同持股，进行股份制改造。

以上集体办公司的方法虽有许多优点，也有许多缺点，但作为下岗职工初办公司的一种过渡方式，则是可以尝试的，随着时间的推移，一些人在公司内搞好了，一些人搞不好了，必然会造成母体的分化，随着形势的变化而不断的调整、改革，是现代企业管理必须遵从的一种动态管理方式。想靠着一种制度和组织一劳永逸，平平稳稳地发展下去，是一种不切实实际的静态思维模式。商海纵横，需要提高自己的风险承受能力，需要培养自己善于适应风云变幻的外向型性格。

治理"白色污染"从截源开流抓起

发表于《中国环保产业》杂志 1998 年第 3 期

塑料袋、塑料瓶、塑料包装、塑料餐具、聚苯乙烯快餐盒、包装用发泡堵塞物塑料制品的产生，虽给人们生活带来很大方便，但塑料垃圾的处理又给人们带来很大烦恼。这些废弃塑料大量堆积，一、二百年也不会腐烂，不仅污染土壤，而且给蚊蝇、鼠类提供繁殖场所，使人类面临新的"白色恐怖"。为了有效地治理这些"白色污染"，不妨从"截源开流"抓起。

一、从生产上截住白色污染的源头。

废弃塑料袋是主要的白色污染源，塑料袋之所以大量使用，就在于它价廉物美。在市场经济条件下，需求带动了生产，这是白色污染产生的源头。因此要想截住白色污染的源头，最有效的方法就是替代品。目前已研制出的一种含淀粉和可降解树脂的"绿色塑料"，埋在土里可在 3 个月到 1 年内被降解。但因其不如普通塑料袋光滑透明、价格低廉，在推广应用上遇到一定阻力。若采取下下措施：将"绿色塑料"列入国家重点科研项目加以研制，降低生产成本，改进产品质量；对"污染型"塑料袋生产厂课以重税，对绿色塑料生产厂减免税并降低贷款利率，以倒转污染型塑料与绿色塑料的销售价格；通过立法或制定政府法规，对污染型塑料袋的使用采取强制性控制；对生产污染型塑料袋的企业规定其同时承担废塑料的回收和加工任务；可生产一些纸、麻等其它品质的包装袋，作为部分替代品加以推广等。使生产厂家感到生产替代品与生产塑料袋同样可获得经济效益，则白色污染的源头就自然消失。

二、从使用上截住白色污染的源头

　　有关方面作过调查，商场、菜市每天用于包装的大量塑料袋中，大部分被居民用来盛装垃圾弃去，致使塑料袋与垃圾混在一起，很难将其分开。住楼房倒垃圾本可以用簸箕将其直接倒垃圾道而用不着塑料袋，一些居民楼房由于垃圾道经常堵塞或其它原因，而用塑料袋盛装垃圾集中处理。目前已有一种新式楼房垃圾道排放箱申请了国家专利，该箱的设计，可解决垃圾道堵塞问题。

三、从开流上引导废品收购站

　　废塑料可作二次利用，一号废塑料（塑料袋，快餐盒等）可生产 700—750 公升无铅汽油和柴油。如将扔掉的塑料垃圾全部回收炼油，仅北京每天就有 600 吨原料，可出油 42—45 万公升。然而废塑料的收购工作却至今不见成效。人们可以看到，城乡各地废纸和废金属垃圾已很少见，而废塑料却无人问津。收废品者只收废纸、废金属而不收废塑料，原因自然是价格上的问题。如果废塑料的收购价上调，比废纸、废金属的收购价更具吸引力，那么就有利于废塑料流向收购站。因此，开流就是将废塑料自然地流向废品收购站，而不是流向街头田间。市场经济条件下，什么废品的收购价格好，这方面的废品就会自然退出对环境的污染。因此提高废塑料的收购价格，政府从财政、金融等方面给予政策优惠，发挥价格杠杆作用已刻不容缓。

四、抓废塑料的流向，从最基本的使用单位做起

　　收集废塑料，体积大、份量轻、占地多，存放不方便。可设计一种废塑料粉碎、压缩机，如同碎纸机一样，将塑料袋扔进去，便被粉碎压缩进储藏箱。每个家庭、饭店、商场配备这样一台机器，对塑料袋作初步加工，收集到一定量再出售，也会提高人们收集废塑料的积极性。

　　总之，只要我们引起高度重视，从政府、社会、企业、家庭、个人等全方位采取积极行动，施行综合治理，截住白色污染的源头，

合理引导其流向，则白色污染不愁没有办法治理。

关于搞好局居民小区物业管理的构想

发表于《中国第三产业》杂志 1999 第 1 期

目前，许多城市居民小区均成立了物业管理公司，有的小区管理较好，但仍有不少小区管理混乱。物业公司抱怨说："管理要用钱，但向居民收钱困难。"而居民抱怨说："房管部门收了钱却搞不好服务，人们不愿再交了。"在一些小区里，居民意见较多地集中在以下点：

1、　传达室空有其房，而无人值班，安全没有保障。

2、　信报无处投递，丢失严重。

3、　缺少存车处，车辆乱放，影响整洁，造成丢失。

4、　卫生较差，环境不整，影响市容，影响身体健康。

5、　出现问题无人管，人们上告无门，不知谁人负责。

6、　地下室，电梯休息室，传达室等公共设施产权本属楼内各住户，楼内各住户在购房时均已分摊了这部分费用。但现在这些公共场所却被房管部门或居委会出租赚钱，钱也未用来为居民服务。

由于有以上意见，直接造成居民与房管部门之间的矛盾和对立，为此，应对居民小区的物业管理作如下改革。

一、政企分开，各司其职

目前，房管部门和居委会是小区管理的两个主要部门，工作上有交叉之处，房管部门控制着电梯休息室，居委会掌管着传达室，有的小区是两家单位均搞管理，也都搞经营，遇到难事相互推诿，居民也不知找谁是好。这是一些问题长期难以解决的主要原因之一。因此，应政企分开，居委会作为政府部门，退出经营，仅完成政府交办的各项工作；物业公司作为企业，负责一切物业管理工作。

二、以楼养楼，取之于民用之于民

楼房内的电梯休息室，传达室，地下室等公用设施，因是为全楼住户所设，政府应明确规定其产权属于楼内各住户，备住户在购房时应分摊这部分费用。这些公用场所应由物业管理公司代为管理并从事经营，所获收入应首先用来支付传达室人员，保安人员，清洁工，看车人，电梯工等的工资。这部分费用不应再向居民收取。利润的剩余部分再用来作为物业公司的管理费.当然,还必须规定,首先要保证地下室有足够铁存车位,传达室要设置人员值班。

三、充分利用传达室的窗口作用,开展多种经营和有偿服务。

将传达室设计成一个多功能的服务窗口,由物业公司统一装修,统一布置,设立统一标志。传达室的人除负责本楼的警卫,接待,信报收发等工作外,同时开展经营活动,经营的业务可多种多样。例如:

1、　公用电话和传真收费。

2、　装饰装修代理。由总公司联系几家信誉好的装修公司,传达室代负责介绍,并向施工单位收取中介费,这样居民不用到大街上找不相识的人,避免了上当受骗,也便于今后维修。

3、　彩扩.由总公司联系几家彩印厂,传达室代负责收活。

4、　复印,打字,刻章,印名片,由总公司联系定点印刷厂,刻字厂,传达室代负责收活。

5、　为邮局代办电报,特快专递,订报等业务,收取代理费。

6、　为定点洗衣房代收活。

7、　为定点驾校代理报名业务。

8、　为定点搬家公司代理业务。

9、　为居民与劳务公司联系家庭劳务工作。

10、　为定点煤气，热水器维修单位代理联系业务。

11、　与定点大学建立家教联系业务。

12、　与定点接送孩子的公司建立工作联系，为居民联系孩子接送事宜。

13、　建立订早餐，订牛奶，送水等业务。

14、　与定点医院和保健部门建立联系医疗保健业务。

15、　与定点家电维修部门建立联系，代理家电维修业务。

16、　与定点制衣公司建立联系，代收裁衣制衣业务。

17、为居民提供换房调房和买房信息。

18、　出售一些常用的生活用品，由总公司统一配货，保证质量。每个传达室就是一个小型的连锁店。

以上做法的优点在于：

1、　物业部门公用设施解决了小区的安全，通邮，卫生，服务等工作，而不用向居民收费，满足了群众所需，减少了居民和物业部门的矛盾，密切了双方的关系，也稳定了社会。

2、　传达室开展的业务大部分通过电话联系，由定点厂家送货上门，所有业务只须在一个宣传栏上写明，因此不用太大的投资和太多的人员。

3、　总公司统一联系定点厂家，保证业务单位的信誉和质量，取信于民。这样，使各传达室包揽本小区的各种服务项目，居民可就近接受各种服务，方便生活。居民满意，物业公司也盈利。

4、　物业公司改行政性收费为经营性盈利，既减少了居民的负担，又调动了经营者的积极性，拓宽了财源。

5、　由于居委会将传达室划归物业公司管理，不再从事经营，物业公司每月为居委会提取一笔经费开支，这样做，可以保证居委会将全部精力放在为居民服务上，同时也可以减轻政府部门的经费压力。

建立科学的考核制度

发表于《经济管理》杂志 1999 第 2 期

怎样调动职工的积极性，古今中外都有大量的研究成果，如行为科学中的 x 、 y 理论，双因素理论等等，但那些都是由领导者来实施的，对于职工来说属于"他动"的管理行为。而人员越多的企业，性格不一、众口难调。如果领导者的知识水平高，就能较好地运用各种方法调动职工的积极性；如领导者的知识水平差，就掌握不好各种方法，甚至有可能伤害职工积极性，在这里，人治的成份较多。现在，我们要将"人治"改为"法制"，即建立一套有效的激励机制，让职工在一种严格的制度之下，由"他动"变为"自动"，使职工的积极性在这种制度下达到一种自调适、自组织，最后达到自我激励。即达到管理上的自动化。

一． 建立职工工作评价体系

企业中各部门职责不同，职工承担的任务不同，因此对职工的工作评价和考核标准也应不同。

1. 业务部门，即在一线承担创收任务的职工，因其主要任务是创取效益，其工作好坏可以用数字说话，而对其工作的主要评价主要也是多创效益，因此可将其效益指标的完成情况作为考核对向。

2. 企业管理部门，企业的主要任务就是创取效益，而企业管理部门的任务就是代经理或厂长对企业进行严格和科学的管理，以提高企业的效益，因此企业管理部门工作好坏，应用企业效益来进行考核。

3. 后勤服务部门，是为企业领导和其它业务部门服务的二线部门，也是一个花钱的部门，因此可将其服务态度，服务质量和经费节约情况作为考核对象，可制作如下考核图

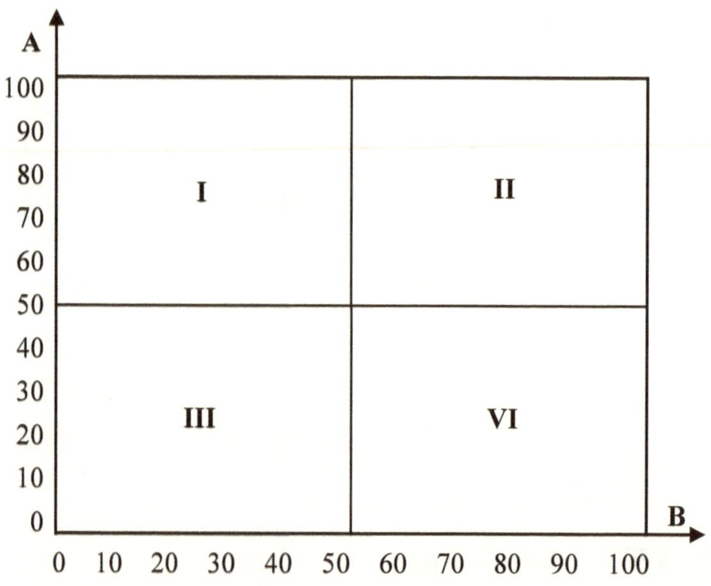

　　A 坐标表示企业人员对后勤服务部门工作的满意程度。因服务质量难以用数字说话，主要在于领导和被服务部门人员的主观感受，因此可用打分法，由后勤服务部门的"上下家"每月给该部门打分。上家即给服务部门安排任务的上级部门或领导，下家即服务部门的服务对象，也即被服务的部门。B坐标表示经费使用情况，因为服务部门是企业中花钱的部门，购置办公用品、固定资产，支出修理费、服务费等各种费用都由这个部门掌握。

　　画此坐标图进行考核时，例如，1 月份企业各部门对后勤部门人员的平均分数为 90 分，后勤部门花费为 20 元钱，坐标的交汇点在 I 区，这样就表明该部门花钱少，却办好事，该部门工作优异。如果坐标交汇点在 II 区，说明该部门工作好而花费也高，该部门可能为了得到大家满意，而增加了开

支；如果在Ⅲ区，说明该部门工作不好，但钱也花的太少，原因可能是经费困难，该多拨些费用；如果交汇点在Ⅳ区，说明花费高而服务差，工作需要改进或人员需要调整了。

另外：还应要后勤部门的人员自己给自己也每月打分，与别人的打分进行对比，如图所示：

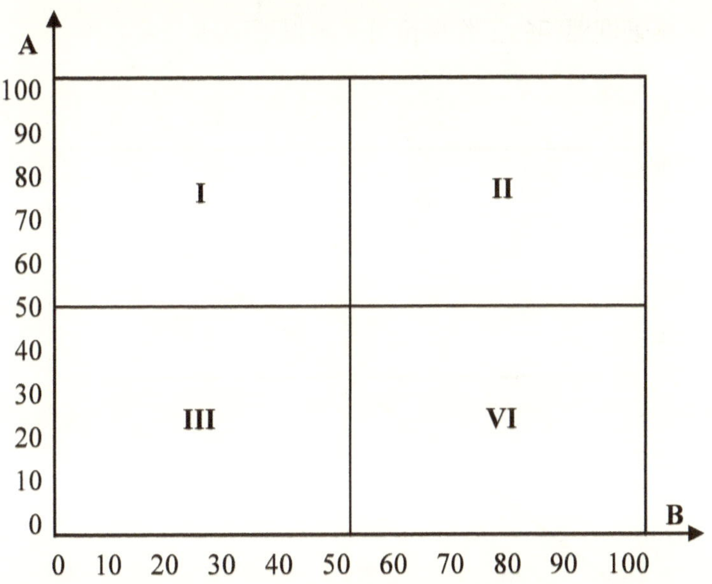

A 坐标为别人的打分，B 坐标为自己给自己打分，如别人打分为 80 分，自己打分也为 80 分，交汇点在Ⅱ，说明自己工作尽了努力、别人也是满意的；如果交汇点在 I 区，说明自己觉着工作不够，而别人已很满意，说明自己没费力气就搞好了工作，尚有潜力可挖，还应总结经验，从中吸取好的工作方法；如果交汇点在Ⅲ区，说明自己和别人都不满意自己的工作，自己有情绪，工作要调整；如果交汇点在Ⅳ区说明自己觉着工作不错而别人却不满意，工作方法应加以改进了。当然，这只是一种参考，因为打分仅是凭主观印象，感情的成份较多，尤其是自己给自己打分，不实的成份较多。自己给自己打分的表主要供自己参考。

4. 人事管理部门往往是得罪人的部门，领导与职工对其的看法往往有不一致的地方，管得严了领导满意，群众不满意；管得松了群众满意而领导不满意，如果将该部门完全交由群众评议，就会使该部门变成老好人，而不敢大胆管理；如果完全由领导打分，又会使该部门变得专横跋扈，听不进群众的呼声，使管理不能调动群众的积极性，反而伤害群众积极性，因此，对于人事管理部门的工作评价可采用以下图法　。

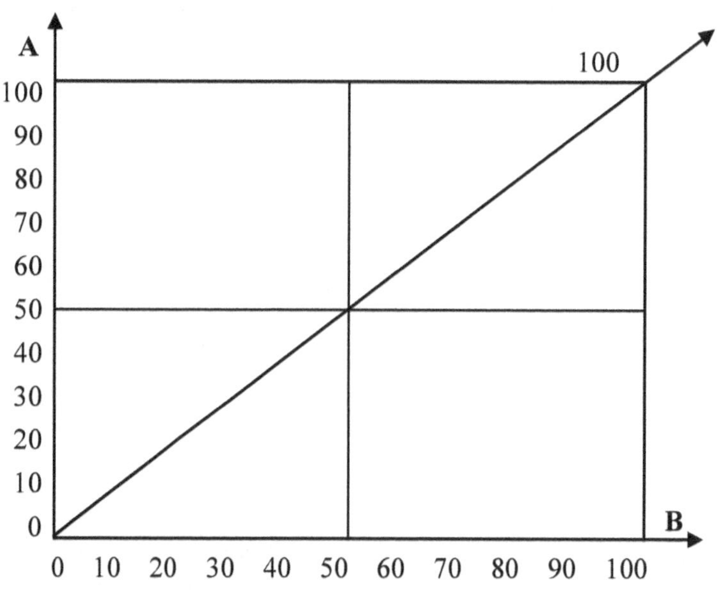

　　A 坐标为领导对管理部门的打分，B 坐标为各个被管理的部门对管理部门所打分的平均数。如果领导打分与被管理部门的打分的交汇点在 I 区，说明对管理部门的工作领导满意，群众不满意，可能是管理太严了，伤害了群众的积极性，应改进工作方法；如果交汇点在 II 区，说明领导和群众都满意，管理工作出色；如果交汇点在 III 区，说明领导者与群众都不满意，管理部门要换人了；如果交汇点在 IV 区，说明领导不满意而群众满意，说明管理太松了，应加强管理。由于有领导者与职工两方面打分，避免了管理怕得罪职工而想作老好人的态度。领导者打分是为了促使管理者大胆管理，职工打分是为了促使管理者科学管理。另外，还要与企业的经营指标进行对比，看看管理部门的工作对经营指标的完成有何促进。

C 坐标表示自己给自己的打分，看看自己的打分是与领导者的打分接近还是与群众的打分接近，如果自己打分与领导者打分都很高，而与群众打分相差甚远，说明群众已经对自己不满，要想办法重新调动职工的积极性了。

5. 财务部门，是企业的资金运作部门，其工作好坏主要体现在资金筹措，开源节流等方面。其不能象人事部门那样由领导和群众对其打分，如果那样的话，其就会为讨好众人，任领导和群众随意报销，挥霍资金，而不坚持原则。因其专业性较强，并须为领导进行把关，因此可制定各种财务指标对其进行考核，排除人为因素。

6. 企业领导。很多单位对群众有考核指标，对领导却唯独没有考核指标。这样使群众认为不公平合理也不利于企业的发展。因企业领导的中心任务就是提高企业的经济效益，而越是大型企业，越是需要调动广大职工的积极性才能齐心协力地完成企业的经济指标。因此，对于领导者的考核，可采用以下图表法：

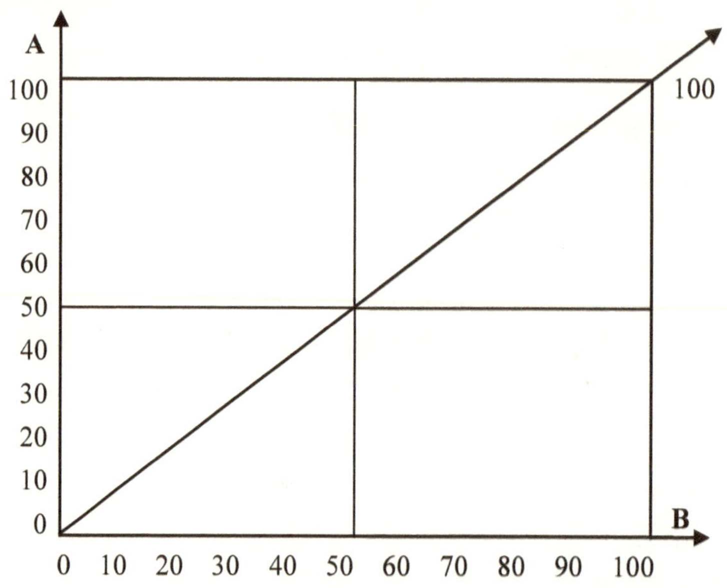

　　A 坐标为企业的经济指标完成情况，B 坐标为职工对领导工作的满意程度。如果交汇点在 II 区，说明经济指标完成较好，而群众积极性也很高涨；如交汇点在 I 区，虽然经济指标完成了，而群众的情况不是太好，这样可随时让领导者了解群众对企业的满意程度。

二.建立职工工作考核组织

　　我国一些企业搞不好，就在于职工工作好坏没标准，一些职工反映：谁好谁不好全在于领导一句话。会和领导拉关系的，老在领导眼前转的，领导就说是好的；而那些干事的，却不会讨好领导的，往往是不被领导喜欢。这说明，对职工工作好坏的评价者只有一方，即领导者。而领导者由于工作太忙，不可能对每个职工详细考察，往往仅凭感情上的好恶，带有偏面性，这就造成职工们想方设法围着领导转，并在领导面前排挤他人。而领导一不在，则大家都不干事。一方面造成工作上的损失，另一方面也造成人际关系的紧张。

因此，除应按前述办法建立职工工作评价体系外，还应建立职工工作考核组织，参加考核组织的人应品德高尚、公正，能从各个角度观察到职工的表现。一般由人事部门牵头，其它各部门参加，制定各部门的工作完成指标和打分标准，每月对各部门的工作进行公正的评价。而人事部门的工作由其它部门或企业领导亲自考核。目前，一些单位也曾采取给职工打分制来考核职工，但由于公开打分使领导者怕得罪职工而打分偏高和比较平均，为了能真正反映人们对职工态度，减少打分者顾虑，打分应以无记名和集体打分为佳。

三.职工工作考核组织应将职工的无形效益列入考核内容之中

资产分为有形资产与无形资产，效益同样也有有形效益与无形效益，就象人体健康有生理健康与心理健康一样，过去我们只重视有形的生理健康，而随着社会的进步，人们越来越感到了无形的心理健康的重要样。同样，我们对待效益也是这样，过去只重视有形效益，而随着社会的发展，我们才越来越感受到无形效益的重要性。有形效益可以用数字体现，容易看到，而无形效益是无法用数字去体现的。某公司曾一度被上级单位列入合并下马之列，但被该公司一名员工利用其与有关部门的特殊关系将该公司保了下来，可以说没有该员工的社会关系，也就没有该公司的今天。可是该公司却没给该员工一分钱奖励，甚至当该员工提出要给帮忙的人一些报答时也未如愿以偿。后来，当该公司又遇困难时，一些员工明明可以利用自己的社会关系对公司加以保护，但却没有一个人出面，致使公司遭受了更大的损失。某工厂一名科室人员鼓动他的记者同学在报纸上为其工厂大书了一笔。该工厂的产品本不好销，但通过宣传一下子打开了销路，该科室人员既为本厂节省了广告费，又提高了本厂的声誉，扩大了产品的销路，可厂领导给销售人员发了奖，却未给这位科室人员一分钱奖励。从此后，厂里的其他人员也引以为戒，不再利用自己的私人关系为厂里做贡献了。从以上例子说明，对无形效益的轻视，不仅会损害职工的积极性，而且会直接导致有形效益的下降。一些人员的无形效益没有得到承认或许他也不会向领导去讨，只是心里想着"下次不再干不就得了吗"。可是这一不再干，将会使企业失去多少机遇。因此，职工工作考核组织在每月考核职工工作时，也应商讨职工中有无为企业创造无形效益的，并鼓励职工将自己的无形效益以及职责之外又额外创造的成绩，大胆地报告给公司，以免公司漏查。对于职工的无形效益，应对其进行评估之后，给予相应的奖励。使职工自愿地想方设法，利用自己一切关系为公司作贡献。

这样建立起健全的考核组织与考核系统，定期合理地对职工进行公正的考核，一方面减轻了领导者的负担，一方面也调动起了职工的积极性。

四.改革企业的工资制度

职工的利益分配主要体现在资金回报上，其主要形式是工资、奖金和酬劳等。目前，我国国有企业的工资主要由国家统一规定，也有企业自己增减的部分。工资内容种类繁多，工资条中包括有洗理费、交通费、书报费、独生子女费、医补、价补等许多条，职工干多干少都是这个数，还没有彻底解决大锅饭，平均主义的问题。职工工资如不能真正反映出职工工作的好坏，则职工的积极性就不可能真正调动起来。因此应对企业的工资制度进行改革，新的工资应包括以下几方面内容：

1. 按劳分配的部分。这部分主要解决干与不干的问题，每月应是固定数，以保障职工的基本生活。这部分数额不应太大，按职工的工作责任分出等级，责任越大，承担风险越大，数额也应越高。只要职工按时来工作了，这部分就应给，以出勤为准。

2. 按贡献分配的部分。这部分主要解决干得好不好的问题，按部门工作内容不同有所区分。

   (1)业务部门和企业管理部门根据其经营效益按比例提成，以鼓励企业管理部门加强科学管理鼓励业务人员多创效益。

   (2)人事管理部门的作用在于建立起有效的激励机制，依靠科学管理使各部门充满活力地、相互协调地进行高效率工作。因此应以领导和各部门对其的评价、打分，以及公司的整体效益对其进行考核，以提高管理部门的科学管理水平。

   (3)后勤服务部门的作用主要是为领导和其它部门提供优质服务，并节省开支。因此其为谁服务应由谁对其评价、打分，并参考费用节省情况进行考核，以提高后勤部门的服务水平。

   (4)财务部门应以各项财务指标完成情况来进行考核。

   (5)领导者应以企业整体效益和职工积极性调动情况来进行考核。

3. 按工龄分配的部分。这部分主要解决职工在本企业干得时间长不长的问题，起到稳定人心的作用。

4. 对无形效益进行评估而给予的酬劳。无形效益包括好的合理化建议，通过自己的社会关系给企业带来的好处等等。过去我们对此考虑较少，现在应给予高度重视，对职工的无形效益及时发现，及时评估，及时给予酬劳。适当情况下，还可委托社会上的资产评估机构协助评估。

5. 股利分红。

新的工资制度应严格贯彻赏罚分明的原则，使高薪重奖合理化。要拉开距离，让后进者感到压力，要么努力工作，要么自觉离开；让有功者感到只要有重大贡献，也能富裕起来。

治理公车现象的探索

发表于《中国第三产业》杂志 1999 年第 5 期

　　公车问题，是中国计划经济体制下所形成的一个特有的社会现象。许多单位大量使用公款购置轿车，之后公车私用，不仅造成巨额浪费，而且产生腐败。因此，治理公车现象成了目前改革中的一项重要任务。原来政府和企事业单位的车辆调度感到，公车不仅没有提高人们的工作效率，反而使人们变得更加懒惰。原先能够走路，骑车或乘公共汽车去的地方，现在都要求派车了，而且车不好还不行，没有车就不办事。有人开玩笑说："现在的人恨不得连上厕所也要派车，反正是公家淘钱。"因此车买得越多越不够用，要是赶上开会或搞活动，调度最头痛的事就是派车了。为派车而打架，成了一些单位难以解决的矛盾。不仅如此，司机难以管理，修理费居高不上，开公车干私事等情况更是让管车人大伤脑筋。许多出国访问的人发现，在世界发达国家没有公车问题，一些世界著名大企业，竟然没有自己的车队，一切接待活动均是租用出租车。这与我国我的公车现象形成强烈的反差。针对这种现象，可采取以下改革措施。

　　目前，政府机关的改革精简了大批机构和人员，使得原单位一的车辆和司机也有不少闲置，正考虑今后的去向和出路问题。可将这些政府机关的车辆集中起来，以此为基础，同时吸纳一些企事业单位的车辆，成立机关车辆服务中心（以下简称"中心"）。各单位将自己天气有车辆和司机划归"中心"，以原车辆折价投资入股，有偿优惠使用"中心"的各种车辆。中心对各单位原有车辆和司机实行集中管理，统一调度，分散存放。例如，某单有桑塔纳车一辆，当年折合现金 10 万元，该单位将车投入到"中心"之后，该车便属"中心"所有，今后的车辆保险，养路费，维修费，司机工资等一切费均由"中心"支付，原单位除占有"中心"10 万元股份之外，同时获得 10 万元汽车公里票。"中心"接收过户了的各种车辆之后，将其按档次计算出车的出租价与成本价，对外按出租价开展营运业务，对股东则按成本价提供优惠服务。例如，假设奥迪车成本价为 0.8 元/公里，桑塔纳车 0 6 元/公里，夏利车 0 4 元/公里，某单位有 10 万元公里票，如何使用奥迪可使 12.5 万公里，如何使用桑塔纳可使用 17 万公里，如使用夏利可使用 25 万公里。各股东使用中心的各种车辆不限，公里票可一年用完，也可数年用完，时间不限，使用完了就按市场价给以优惠要车。其中司机误餐费，等候费等详细费用列出详细财务计算价格，予以统一规定，定期结算。

这样做的好处是：1、不用太大投资，主要靠集中单位的车辆就可成立一家车辆服务中心，便得公车有了去向，解决了一批下岗司机的工作问题。2、各单位不再有公车，减少了司机费用和车辆维修费用，减轻了负担，却又不耽误本单位车辆使用。3、各单位用车更加方便，好车次车可根据情况灵活使用，任务紧张时不再头痛无处调车，也不用单位之间攀比车辆好坏。4、由于使用公里票，各单位可根据情况内部统一分配，加强成本核算和资金控制，提高经济效益。5、"中心"对各种车辆集中管理，统一调度，在保证各股东车辆使用前提下开展出租营运业务，提高"中心"的经济效益。6、各单位以车辆折合现金投资入股，如果"中心"效益好，各股东单位还可年底分红，原单位不受损失。

当然，成立机关车辆服务中心也不是一件轻而易举的事情，各种具体办法还须详细研究，组织工作还须由政府或有关部门统一协调。但是将机关车辆使用推向社会化，却是政府和企事业单位未来发展的一个方向。

解决居民小区公共卫生和废品收购问题

发表于《中国第三产业》杂志 1999 年第 6 期

目前居民小区在公共卫生废品收购等方面存在以下问题：

1、　公共卫生一般由居委会或物业公司负责。雇用工人打扫卫生需要支付工资，这笔钱公家不愿出，要挨家挨户向居民去收取也非常困难。一些楼区脏乱差现象严重。

2、　居民每天倾倒的垃圾中有大量的可回收物资，特别是废塑料，碎玻璃，电池等。现在这些东西不但没有利用，反而成为了白色污染的一个源头。

3、　居民区经常来一些骑三轮车的收废品者，身份不明，人员混杂，给居民区造成很大的不安全隐患。

根据上述情况，可采取以下治理办法：

1、　由居委会、物业公司和废品收购站等联合成立一种管理组织（以下简称组织）。由组织为每个居民小区聘请若干卫生员兼保安员和废品收购员（以下简称卫生员）。卫生员专门负责本地区的公共绿地建设，安全保卫，废品收购等工作。该卫生员可从现有的收废品的农民工中寻找诚实可靠，予以家庭调查之后正式聘任。

2、　由组织向居民规定每月必须交纳一定数额的卫生费。但这笔钱可用分装垃圾予以折抵。即：每天将废塑料，碎玻璃，电池，废纸等可回收的废品专门装一袋子，卫生员定期前来收购。废品收购不支付现金，仅开据由组织统一印制的收据，并进行登记，以此折抵卫生费，数额超过每月卫生费的再支付现金或由卫生员为其从事家务劳动予补偿，数额不够的，再由该住户交纳卫生费。

3、　组织对所辖居民区严格管理，除所聘卫生员外，其他收废品者均不得进入小区。所聘卫生员统一着装，以示区别。工作好的予以奖励，工作不好的予以辞退并更换。

4、组织对各种废品统一标价，并向居民大力宣传回收废品，减少污染的重要性。同时在收购价上予以优惠。卫生员的工资主要来源于其废品买卖的收入。

这样做可变废为宝，其好处是：

1、　不用再向居民收费，也不用组织支付工资即可解决小区的公共卫生、安全保卫、绿地建设、废品收购等工作，组织上减轻了负担，居民也满意。

2、　督促居民自觉地收集废塑料、废电池、废玻璃等可回收废品，减少了白色污染，增加了废品的回收利用率，节省了资源，利国利民。

3、　收废品的农民原先收购废品还要支付现金。而现在可以用自己的剩余劳动予以抵扣，所获收入全部归己，多劳多得，安置了一批剩余劳动力，也提高人们工作积极性。而由组织统一安排人员，减少了外来人员的进入，也保证了小区的安全。

要搞好这一工作，关键在于居委会，物业公司，废品收购站三方面的密切配合，严格管理，以此促成小区管理体系的良性循环。

选择好网络事业的切入点

发表于《中国第三产业》杂志 2000 年第 8 期

　　网络，是一极具发展前途的朝阳产业，也是一个充满竞争的风险行业。在中国，由于受市场疲软的影响，许多行业已进入微利或无利阶段，加上下海从商的人员骤多，使得市场竞争不断加剧，只要某个行业有利润，便会立即吸引众多的竞争者蜂拥而至，导致许多后期跟进者尚未开张便已破产。这种一拥而起，一哄而散的现象在网络行业也已出现，一方面是网络产业方兴未艾的大好形势，一方面又是众多人盲目投资，恶性竞争，一大批网站在未立足之时便已出现危机，这样下去，又将会使许多投资者遭受损失，形成浪费。鉴于此，对于要想进入网络行业的投资者来说，选择好网络事业的切入点，对于今后的发展将产生致关重要的影响。

一、开发专业性网站。

　　受小而全、大而全的传统观念的影响，中国许多投资者都瞄准建立内容全面的综合性网站展开竞争，经过一番厮杀之后，在搜狐、新浪等一批实力较强的综合性网站的强大阵容面前，许多中小型综合性网站如同啃食鸡肋，弃之不舍，食之又无味，陷于两难境地。而实际上，对于许多行业和部门来说，人们更需要的是具有权威性的专业性网站，在这方面具有很大的开发潜力。例如专门的汽车网络，人们从这个网络上可以调看到世界各地的汽车品牌和介绍资料；专门的建材网络，人们从这个网络上可以链接到世界各地建材厂商，从而查看到各个厂商的产品介绍；专业的知识产权网，人们从这个网络上可以查阅到世界各地的专利、技术，并可在该网上推广、介绍自己的专利、技术；专门的电子号码网络，人们可以从这一网络上查找到世界各地各单位的电话号码、传真、邮编、通讯地址、E-mail 等，犹如一部网络上的电话号码簿；以及专门的电子、机械、化工、影艺、音乐、美术等等网站，人们一进入到这个网站就像进入到这一部门或行业的百科全书之中。这项事业对于国家、企业和个人来说都是一个极具诱惑力的发展机会，这将是继综合性网站之后的又一大片极具开发潜力的沃土。

二、 以网络为契机，开发网络上下游赢利产品。

企业的宗旨是要盈利，而搞网络大部分并不赚钱，有的甚至还亏损。企业不同于政府和福利部门，企业搞网络不应是赶时髦，而是要设立新的经济增长点。因此，企业搞网络应是醉翁之意不在酒，通过搞网络来开发网络的上下游赢利产品。例如：先用网络将各个分散的企业联合起来，使之感受到信息时代合作与交流的力量，之后再由信息结合向资产结合过渡，通过资产并购与重组，组建科工贸相结合，产供销一体化的大型股份制企业，增强企业的竞争力。目前我国许多网络公司破产的原因就在于过分的赶时髦，追潮流，纯粹为了网站而搞网站，忽略了企业存在的宗旨。

三、 发展网络声像传输技术。

声像传输技术的发展已使一些家用电器网络化成为可能。

1、网络电视与音响。目前许多家庭都有电视、收录机、CD、VCD等多种电器，摆放占用许多空间，遥控板、录音带、录像带、光盘、唱片等一大堆，旧的无处处理，新的又没完没了要买，既不方便，又总是满足不了人们新的需求。但归纳起来，许多电器的功能无非是要满足人们"视"、"听"两种需要。因此对上述电器的革命已即将到来，如：（1）设计一种视听一体机，将以上各电器合为一体，减少占用空间；（2）将视听机与电脑联网，人们不用再重新拉线设有线电视，通过网络就可调看世界各地的电视节目；人们不用再买专门的录像带、录音带、光盘和唱片，在网上就可从世界各地的音像网站上调出自己要看的节目和要听的音乐。使人们能想看什么就能看到什么，想听什么就能听到什么。

2、网络照相机、摄像机。摄像机中的录像带可重复使用，但照相机中的胶卷却只能一次性使用。人们一生中要消耗大量胶卷，而只能从中选出少量满意的留存，大部分都要抛弃，造成很大浪费。因此可设计一种网络照相机，即：将照相机与上网的手机连接，照相机不用胶卷，而是将摄下的图片通过网络传输到自己的电脑上，之后，从电脑上调看，好的转换成图片或胶片，不好的删除。这样，将节省大量胶片，人们就可尽情地拍摄了。这种照相机的功能还可将犯罪分子立即摄下，传输到公安部门的网上，供人们及时识别并抓获罪犯用。摄像机同样也可采用以上方式实现网络化。

开发好上述产品和网络，将会开辟一个新的巨大的需求市场，就象彩色电视对黑白电视的替代一样，网络家电将成为传统家电的替代产品。

四、建立网络家庭医院和网络手机自卫系统。

1、**网络医院**。许多医疗仪器的价格都很贵，一般人不会买，买了也不会使用。但一些仪器的某些部件却不是很贵，可设计专门的心电图、电子听诊器、电子号脉仪、电子血压仪等仪器的触头。病人在家中将这些触头戴在身体的不同部位，将触头另一端的插头插在电脑上配套的插座上，通过电脑连接到网络上的有关医生那里，医生便可在远端通过传输过来的电子数据、信号等为病人进行号脉、听诊、量血压、做心电图，并对照病人在网络上的健康档案，与病人进行对话，并进行诊病了。

2、**网络手机自卫系统**。手机是人们随身携带的最简便的通讯工具，可在上网的手机上安装一种电击功能，使手机、电警棍两用，成为人们随身携带的自卫器。为安全起见，可将手机设计为：（1）手机的电击功能自己无法打开，使用前须先上网，向专门的警安网站口授或手输入一组密码，确定自己的机主身份，并说明使用理由、时间等；警安网经审查同意后，向该机输入一组密码，手机的电击功能才能打开；警安网同时对机主进行监听，发现机主非法使用，立即关闭电击功能。（2）手机的电击开关为指纹开关或加保险锁，只有机主自己才能打开，打开电击的同时警报声也大作，这样上网、电击、警报同时进行，不可分解，可防止坏人将其用作犯罪工具。（3）机主须与警安网签订使用协议，每申请开机一次，不用则罢，若使用了则要限期向警安网报告使用原因并缴纳使用费，若非法使用，警安网便可将其电击功能废除并追究其法律责任。这样一方面可增加机主的责任心，一方面也可使警安网对机主有效管理，为人们提供一种安全有效的自卫器。

五、实现新闻、出版网络化。

新闻出版业的发展给人类文明发展以巨大的推动，但这是以大片森林的倒下为代价的，想想每天耗费的纸张需要使用多少吨木材？而这么多的造纸厂又将污染多少条河流和水源？如果有一天电子网络代替了书本纸张，人们可以从网上看到所有的报纸、刊物和书籍，那么将节约多少吨木材，增加多少片绿化？因此，实现新闻出版网络化应作为一项造福子孙的，国家重点扶持的绿色工程来大力发展。当然，在电脑尚未普及的今天，上述设想还只是美好愿望而已。于今之计，可先联合全国各地的报纸、杂志、出版社等成立专门的新闻出版网，人们从网上可以看到各个报纸、杂志、出版社的介绍和宣传材料，使人们能够更加方便快捷地在网上订阅和投稿，为新闻出版网络化进行一些探索性的前期发展工作。

六、发展网络教育、网络购物、网络交流、网络银行等事业。

1、**网络课堂**。人们都渴望让自己的孩子上最好的学校，找最好的老师，接受最好的教育，因此可将这些最好的学校的最好的课程编入网络，使人们在家中便可从电脑中得到最好的教学。因此网络教育大有可为。

2、**网络交流**。目前网络上的聊天室主要靠键盘输入，很不方便。因此可同时发展声音和音像聊天室，人们可根据自己的喜好选择其中一种，既可手输键盘，隐去自己的真实情况；也可只有声音没有图像，在网上发表演说；又可与聊天者面对面看着对方谈天说地，以提高聊天室的趣味。

3、**网络购物**。如果打开电脑就能进入到百货商城之中，方便地在电脑上挑选和购买各种物品，人们就会节省大量的时间和精力。网络购物在发达国家已很兴盛，但在我国却很落后，但正因如此，才蕴藏了很大的商机在里面。

4、**网络银行**。目前，各个银行都有自己的信用卡，互不通用，人们常常要随身携带许多个信用卡上街，很不方便，也害怕被盗。未来社会，银行可实行网络化，在各个银行办理存取业务，不是使用信用卡，而是使用密码和身份证，一组密码中包括银行行号、地区号、分理处号、个人密码等有关号码，在某个自动取款机前输入一组密码，再插入身份证，便可连通到各个银行，取到任何一家银行的存款。为安全起见，只要输错一个密码，取款机便将身份证"吃掉"，须持有关部门的证明才能将身份证重新领回。这样，人们只要记住一些密码，用一个身份证，便可以平安地走遍天下了。

七、几项网络营销小策略：

网站建立之后，就要争取更多的企业加入自己的网站才能有利润、有发展，而建网站容易，发展网站则非常困难。在网站多如牛毛的今日，要让企业掏钱加入自己的网站，谈何容易，须要自己的网站对企业具有很大的吸引力，因此在网络营销上可参考以下几项小策略：

1、**拉大旗法**。人们信赖权威，以权威部门发起的事业具有得天独厚的号召力和影响力。例如可由国家、企业和个人共同组建股份制网站，国家的行业协会或主管部门以其无以伦比的全局统筹力、影响力、号召力和信息全面性等作为无形资产入股，其他企、事业单位和个人以资金入股，利用权威部门的牌子和综合协调能力，利用其他单位各自的优势，组建具有权威性的专业性网站。

2、**找对象法**。企业加入某个网站，最主要的目的是要扩大产品宣传，推销自己的产品。因此，将几个相关行业组合在一起建立网站，对企业更具吸引力。例如，将建筑、设计、建材、家装等行业组合在一起建立网站，比单独的建筑工程网和单独的建筑材料网对企业更具吸引力。这样建筑部门可以直接从网上查询到适合自己的建材产品，建材企业也可直接从网上向建筑部门推销自己的产品。

3、**迂回法**。一些网络推销人员抱怨说：一些经理花上几千元请吃饭毫不在惜，但让他出几百元加入网站却推说没钱。这是一个非常普遍的问题。既然这样，不妨采取一个迂回战术，即：建立一个网络俱乐部，将企业周围的饭店纳入自己的俱乐部中。与餐厅老板商定，俱乐部为其拉客人，但持俱乐部会员卡就餐的人要打折，折扣的一部分要返回给俱乐部。之后，与企业商定，凡持俱乐部会员卡就餐达一定数额后，俱乐部为其免费建立网站。这样，企业照样吃饭，却免费得到一个网站；网站俱乐部借鸡下蛋，扩大了自己的阵容；而餐厅虽打了折，却增加了客人；可谓各得其所，利益均沾。

4、**化敌为友法**。商场如同战场，但商战中的最高策略不是战而胜之，而是双赢，即达到互惠互利，共同发展。二虎相争，虽必有一伤，但更多的是两败俱伤。因此当各网络竞争，均难以取胜的时候，不妨化敌为友，走联合的道路，企业合并，组建新的股份制企业，建立现代企业制度。这是一些落后企业获得新生的最佳道路。

5、**简洁法**。要想扩大自己的网络，必须要进行宣传，要让更多的人知晓，广告的效力不可忽视。除此之外，利用新闻记者的采访报道，有时又是一种更省钱，更有威力的宣传方式，要采取一切可以采取的方式，随时提高网站的知名度。

6、**简洁法**。一些网站设计得虽非常美观，但图片下载得非常缓慢，人们便不愿再看。尤其对于专业网站来说，面对的大部分为专业或商业人员，这些人注重的是查找网上的内容，而非欣赏画面，更多地希望快速简捷。因此主页应以文字为主，切忌画蛇添足，吃力不讨好。

网上商机无限，但也风险无限，只要选择好切入点，避开饱和市场，抢先开辟新的经济增长点，就会捷足先登，在网上造就一番宏伟事业。

英语互动式学习小组

2006 年写于美国

很多人都有这种体验，英语好，一好百好；英语不好，百好不如一好。所以，你无论如何要学好英语。

可是，怎么学呢？

有些人认为英语可以自学，认为：考托福就那几千单词，语法就是书上的那些，买来托福学习资料，每天坚持两个小时的学习，就一定能考好托福，干吗要花钱去学？

的确，语言学习是不同于其他学科的学习，如哲学、数学等许多学问注重理解能力，有老师和没老师教就是不一样，有时一个问题你钻研十次都搞不懂，一个老师指点一次你就懂了，正好比听君一席话，胜读十年书。可是，语言学习注重记忆能力，房子就念房子，衣服就念衣服，没有什么可不可以理解的，不用老师教你自己也能背下几千个单词，再学会语法，你就能成为语言专家。

然而，话虽简单，可有几个人能自学成材呢？很多人一次次地立志、一次次地下决心、一次次地制订学习计划，可是，每天总有许多其它事情抢占你的学习时间，人们总有各种各样的理由使自己的英语学习半途而废。浪费了几年的时光，历经了学习上的挫折之后，最终，人们终于醒悟，人是有惰性的，人是无法战胜自己的惰性的，语言学习不是不能自学，而是人们靠自己的意志无法保证自己坚持每天两小时的学习。

于是，很多人不得不花钱去上学。在课堂上，人们发现，学校学的，实际上和书上写的都一样，只不过是有老师和考试逼迫着你，使你不得不花费时间和精力去完成大量的作业，通过各种的考试，只有这样，你才能保证自己每天有时间去学习，你的学习才有长进。

实际上，人们是在花钱买压力。

人就是这样，在你的体内总有两股势力的斗争，一种是你要求上进的愿望，一种是你贪图安逸的惰性。人的惰性就像地球的引力，人的上进心就像你要跳跃的愿望。你要躺倒在地，是最容易不过的事情；而你要跳跃起来，却需要花费很大力量去抗争地球的引力。因此很多人能战天斗地，却战胜不了自己。对于一般人来讲，贪图安逸的惰性远远胜过你要求上进的愿望，当你体内要求上进的愿望无法战胜你贪图安逸的惰性时，就期盼援兵，即一种外界的力量。

那么，有没有一种不花钱，又能给自己制造外界压力的学习方法呢？有。人们可以尝试一种英语互动式学习小组。即：一群有愿望学好英语的人们自愿组成一个小组，每人交一笔钱作为押金，制定一个学习目标和计划，之后集中上课，相互监督，共同学习。在规定时间内完成学业，考试合格的，将钱返还，不按时到课，没完成学业的，将钱充公。这样，逼迫着人们不得不按部就班地学习，学好了还能将钱返还，比在学校学习压力还大。

组织英语互动式学习小组，需要注意以下事项：

1、要有共同的学习目标。

比如：大家的目标都是要考托福，或者要考雅思，或者重点要提高口语和听力水平，或者要重点要提高阅读和写作能力，等等。不能一部分人要学托福，一部分人要练口语。目标要一致。

2、水平要相当。

如果水平相差太大，目标定高了不是，定低了也不是，很难统一教材和进度。因此要选择水平相当的人一起学。

3、人数要适当。

一个小组人数不能太多，太多了会乱，协调起来也困难；但也不能太少，太少了彼此熟悉了之后就会顾及面子，有人不想学了，与其他人一商量，就把钱退回了，很容易使学习半途而废。一般在十人左右为好。组员最好是从网上发公告寻找，将那些真正要想提高英语的人聚合起来，聚在一起就是学英语、说英语，而不是一群熟人在一起瞎聊天。

4、寻找挂靠单位。

因为交押金涉及银行账户问题，把钱存到哪个组员的账上都不好办，因此最好挂靠在一个组织上，利用其公共账号。例如某个单位、学生会、协会、某个非营利组织等等。最好的办法是某个单位想提高其雇员的英语水平，由单位出面组织，既能提高雇员的英语水平，又不用单位出学费。采取这种办法，将会极大地促进学员的学习。

5、学习时间与地点。

语言学习是一种时间的积累，语言水平能否提高，关键在于能否每天坚持腾出一段时间学习，组织英语互动式学习小组的目的就是要强迫自己每天学习。因此要规定每星期小组学习的时间不能少于一定数目，例如每星期三到五次，三到四个月为一学期。地点最好能有免费的教室或公共场所，如没有，可在每个学员家中轮流开课。

常言道，万事开头难，好的开始等于成功了一半。组织这样的学习小组，开始时一定要制定一份详尽的协议书，让所有人签订协议，不得反悔。有了这份协议，就有了好的开始，今后的一切学习活动都照章办事，就好办多了。协议书应包括以下内容：

1、学习目标与小组类型。

如：是托福小组，还是口语小组，或者是写作小组。学期结束后，考试要达到什么水平？英文能力要提高到什么程度？要在协议上规定好。

2、学习计划。

如：选什么样的教材，是否要聘请老师，每星期学那些课程，一学期内完成多少学习量，等等。

3、考试制度。

可以规定每星期集体学习几次，也可规定每星期只见面一次，这一次就用来考试，以逼迫大家为了考试过关而不得不每天挤时间在家学习。学期末要有一总的考试。没有考试的学习是没有压力的学习，只能让人变得偷懒，使学习流于形式。

4、考勤制度。

要规定学员一旦进入这个小组，就必须按时上课，不得迟到早退，不得中间退学。只有生病有医生假条，家庭搬迁，单位出差，自然灾害，意外事故等情况可以请假或退学，其他情况一律按旷课处理。

5、组织管理。

可经大家选举设立一名总联络员，然后由每位学员轮流担任每次课的课长，课长负责本次课的课程安排。

6、组织决议。

必须规定，凡是涉及小组变更、解散、组员中途退出、资金使用等有关小组的重大事宜，都必须全组无记名投票，全票通过，或规定一百分比通过，才能决定生效；否则不予通过。为防止人们顾及面子，投票要当众唱票，当场销毁。因为学习是一苦差事，如果不这样规定，小组成员就会越学越少，以致半途而废。

7、资金使用。

　　每位学员必须交纳一笔押金，押金不能太少，少到让人感到不要就算了的地步，就起不到压力的作用。如无医生假条，家庭搬迁，单位出差，自然灾害，意外事故等情况，不得中途撤回押金。要规定一处罚制度，凡有迟到、早退、旷课、考试不及格、学业没完成等情况，均按一定比例扣减押金。扣下的押金可作为场租、聘用老师、奖励学习好的组员，等等。也可从每个人的押金中提取一定比例作为公共费用。学期结束后，按时上课、考试合格的，可将剩余押金全部领回。

　　项羽破釜沉舟，为的是将自己置之死地而后生，当时没有此举，他很可能赢不了那场战役。人在很多时候是要逼自己的，人是靠逼出来的。很多时候你是在成功的边缘上，有人逼一下，你就上去了；没有人逼，你就掉下来了，成功与失败就相差在一个"逼"字上。花钱到学校去学，是有一种压力；而英语互助小组不仅有压力，还有一种诱惑力。投下一笔重金，不学好英语此金就泡汤，学好了就能拿回来，看你还敢不敢偷懒！组织英语互动式学习小组的最终目的就是要把自己逼上梁山，逼得自己没有退路，也许通过这一逼，你的英语真的就上去了。

对加拿大医疗体系的一点看法

《环球华报》2011 年 4 月 27 日

对于加拿大的医疗体系，褒与贬几乎形成了截然相反的两种阵营。美国前总统克林顿 09 年在加拿大国家展览会上发表演讲时称，希望美国也能仿效加拿大和其它先进国家，建立一个全民受到保障的医疗制度。然而，在美国医疗制度改革论战中，加拿大的医疗系统又成为反面教材，饱受保守人士的攻击。在加拿大本国，赞扬她的人说，加拿大全民免费医疗是最人性化的医疗体系；贬低她的人说加拿大看病难，误诊多。笔者就所听到、看到的信息进行归纳，基本上是，有大病住进医院的人，就会受到无微不至的关怀，医院治疗人人平等，无论花多少医疗费，都由政府承担。然而，家庭医生这一系统，却存在着很大的弊病。家庭医生难约，专科医生就更要长期等待，致使一些人小病等成大病，大病等到死亡。

笔者最早移民加拿大时，曾想做个体检，但打电话给几家家庭医生，都说病人已满，不再接收新病人。好不容易找到一家诊所，医生就只给开了化验单，简单地问两句、看几眼就算了事。笔者原在中国工作时，单位每年组织集体体检，化验、透视、内科、外科、五官科等各种项目一长串，却没想到加拿大的体检却是这样草率。太太一次脚疼，挂号去看家庭医生，看完脚后说还有些头疼，但医生说，我这一次就看一项，你要看头疼，要重新挂号，下次再来。真的是"头痛医头，脚痛医脚"。笔者一位朋友刚来加拿大时头痛，去看了几家家庭医生，都说是水土不服，无大碍。这样一拖再拖，朋友实在忍不住，跑回中国去检查，结果医院马上出结果，是严重脑瘤。等到这位朋友在中国做完手术，病快养好了，在加拿大预约的脑部照片还没排到。

其实，加拿大医疗体系中的弊端已经是见怪不怪的事情了，由于看病不花钱，看病的人自然就多，一些人稍有不适就去看医生，而加拿大又不能一下子增加太多的医生，因此，看病排长队就成了难以解决的弊端。自然界与社会中很多现象都是这样：山越高谷雨越深，一种制度优点大了，弊端也会随之延审。有免费医疗这一优良制度，就必然是排队等候时间长。又想免费，又想不排队，鱼翅与熊掌不可兼得。

排队长一点，病能看好也就罢了；可是排队难，又误诊多就是大问题了。因为病人每次看病要刷卡，病人刷一次卡医生就向政府收一份钱，政府是根据刷卡次数来付费，而不是根据医疗效果。这种制度的结果就是个别医生为了多收钱，就想多看病人，对于一些病人粗枝大叶，糊弄走一个赶紧来下一个。

当然，笔者也听一些病人说过一些医术高，责任心强的很好的家庭医生，但是对于新移民和很少看病的人来说，很难知道哪个是庸医，哪个是良医。

我们无法解决排队长的问题，但是误诊多的问题却是可以解决的。笔者建议，应将家庭医生按刷卡次数向政府收费改为按病人意见收费。即，在政府与每个诊所之间建立一套电话语音调查系统。病人每次看完病后，接待员要主动拨通电话，让病人回答电话里提出的有关问题，例如医生是否认真负责、此次看病所花时间等等，电话调查完后，系统会根据病人的回答给医生打分，根据分数高低来付费。另外，给病人的收据上，必须要有政府监督部门的联系方式。病人回家后感觉病情加重，医生误诊，就可以打电话投诉。政府部门有专门的网站，上面有所有家庭医生的背景资料，其中包括病人打分，病人投诉等。这样，就把良医和庸医区分开来了。人们常说，庸医杀人不用刀，有了严格的监督体制，就会迫使庸医也不得不提高自己的医疗水平，改善自己的医疗态度，以减少误诊。同时，也让良医为更多的社会大众所知晓。也许加拿大已有这个监督体系，但是很多移民并不知晓，把监督电话用法律规定写进发票里面，知道的人就多了。值此加拿大大选时刻，迫切希望新政府对加拿大的医疗体系进行一番改革。

能不能用模拟罢工来代替实际罢工

《环球华报》　　2011 年 7 月 6 日

这几个月加拿大罢工潮不断，加航、邮局一波未平，卑诗教师一波又将起，真是你方唱罢我登台。据一些华文媒体采访和调查，华人社区多数人为此不解，并表示反对。华人普遍认为这些罢工没有使普通民众受益，相反使他们的利益受到了伤害。

这样的罢工到底该不该理解和支持？那要从罢工的目的与结果两方面来看。首先我们来看目的性。罢工的目的往往是工人为了提高工资待遇，工会与资方经过长期谈判无法达成共识，于是工会领导工人进行罢工，以此来胁迫资方答应工人的请求。

人们知道，凡事都要讲经济效益，所谓经济效益说简单点就是用最少的支出产生最大的收益。不仅资方讲，工人也讲。资方总想让工人多干活，少拿钱；工人则想少干活，多拿钱。就像地球的南极与北极，二者都出于天性使然，永远矛盾，永远互斥。而当矛盾激化时谁主沉浮？往往是资方。因为资方毕竟是大权在握，属于强者。因此自古至今，工人总是受剥削，受欺凌。于是，工人们组织起工会，用团结罢工的方式来抵制资方的剥削，西方国家法律也从维护弱者的角度出发，对工会领导的罢工给予法律上的承认和保护。从这一点来讲，罢工的目的性明确，应予理解和支持。给工人一些维护合法权益的机会，就不会有那么多人用跳楼等极端手段来表达对资方的不满，就不会有那么多民工讨薪不成还挨打。

然而，从加拿大这几次罢工的结果来看，情况就不那么尽如人意了。首先，这几次罢工都发生在公共服务行业，该行业的工人争取自身利益没错，但因此而瘫痪了社会服务系统，影响了大多数人的生活，就有点损人不利己了。公共服务行业不同于生产行业，生产行业罢工，损失的主要是老板，普通民众买不到你的产品还可以买别的；但公共服务行业罢工则不然，邮件不能按时寄到，飞机不能准点起飞，孩子不能接受教育，那就直接影响到他人的利益了。毕竟，普通民众也有享受公共服务的权利，没有招谁惹谁，拉着他们当垫背的是让人难以理解。

第二，如果罢工的行业真的是工人备受剥削的行业，民众自然会积极支持。可是，民航、邮政、公立学校教师等行业在加拿大都属于千人羡万人慕的好工作，福利好，工资也高于普通行业，一进入这一行业就等于拿到铁饭碗，可以一辈子干下去，形成了一个特权行业。由于吃大锅饭，加拿大的服务行业效率明显不如邻近的美国。因此，对于这样的行业，民众更加企盼的是增加优胜劣汰的竞争机制，让更多的新鲜血液进入这些行业，提高他们的服务质量。人们已经看到，加拿大的罢工热潮并不是保护所有劳动者，像超市、餐馆等中、小企业，以及其他一些行业都没有工会，那里的一些工人尽管受到刻薄的剥削，却无处申述，更无法罢工。相反都是那些享受最好待遇的行业才有完备的工会组织，罢工仅仅是锦上添花，而不是雪中送炭。

第三，凡事要讲究合情合理，工会要求提高工人的工资，应该在资方口袋里有那么多钱能够支付的情况下按比例提出。可是据报载，邮务公司发言人曾警告说，按照工会提出的方案，将增加新的 14 亿成本。如果最终以满足工会方面的要求而达成新的协议，那么就要提高 15% 的邮费，或者要求政府方面提供协助，才能抵消增加的开支。但这是不可接受的，因为既不能将这个成本转嫁给消费者，也不能通过政府的资助让纳税人增加负担。因此，邮局的这场罢工，在资方和国家遭受了巨大的经济损失之后，国会两院通过法案要求邮局复工。

这样看来，工人和资方的利益冲突，想通过谈判解决，必定是南辕北辙，永远也尿不到一个壶里。这样就使罢工陷于两难境地，反对罢工，会削弱工人的民主权利；支持罢工，会使国家和企业遭受巨大损失。能不能用模拟罢工代替实际罢工的方式来解决这一矛盾呢？

　　例如，成立一个罢工仲裁部门，当工会和资方谈判无法达成一致而决定罢工时，须先请求仲裁部门予以仲裁。仲裁部门依据各方面专家的审计和调查，给出工会要求是否合理的评估报告。如果报告显示工会的要求是无理的，资方可以诉求法院判决工会停止罢工行动。如果评估报告显示工会要求是合理的，而资方仍不增加工资，工会便可宣布开始模拟罢工。所谓模拟罢工，就是工人仍然工作，由仲裁部门视工人已经开始实际罢工，然后估算每天可能会产生的经济损失。这笔损失费工会可以诉求法院从资方的账户转出，作为社会福利基金，或对罢工工人的补偿等等。这样，用法律与和平的方式解决劳资冲突，即可防止资方对工人的剥削，又可防止工会滥用权力，同时又可减少实际罢工对国家和社会所造成的不必要损失，何妨不一试呢？

加拿大内陆省份可尝试的移民对策

《环球华报》2011 年 7 月 29 日

加拿大的移民政策又调整了，不仅技术移民人数受到控制，投资移民全球人数也紧缩至 700 人。是加拿大人口已过剩，不再需要更多的外来移民了吗？不是。加拿大 国土面积九百九十多万平方公里，居世界第二位，比中国还大。可是，加拿大人口才有三千多万，和北京、上海两座城市人口差不多。这样人烟稀少的国度，是太需要大量的移民来开发和建设了。

可是，为什么加拿大却要关起移民半扇门呢？人们知道，加拿大本来人口就不多，而 80% 以上的人口又都居住在离加美边境二百五十公里以内的范围内。而新移民们一踏上加国土地，大都把家安在了多伦多、温哥华、蒙特利尔、渥太华这几座大城市。而加拿大蔓省、萨省等内陆省份地广人稀，天气寒冷，被人们形容为鸟不拉屎的地方，鲜少有人自愿到那里去奉献。这些年，尽管加拿大政府给了内陆省份一些宽松优惠的移民政策，以鼓励新移民到那里去创业，但是很多新移民则把那里作为跳板，一拿到枫叶卡就收兵拔寨，远走高飞。

这样一来，加拿大的移民状况就出现了一个严重的不平衡。一方面，内陆省份急需人才，许多空闲岗位招不到人；而多伦多、温哥华这样的大城市却失业率居高不下。据报载，多伦多 2010 年新移民失业率高达 19.7%。在温哥华，除了完全失去工作的人以外，还有很多新移民学非所用，教授扛大包，博士去打杂的人才浪费现象也比比皆是。于是，加拿大出现了一个新的名词——"回流"。初到加拿大的人还不知道这个词的含义，生活一段时间之后才深知此词中所含的辛酸苦楚。许许多多的新移民在加拿大奋斗、打拼，最后实在忍受不了创业难、就业难的艰辛而折返原居住国，这就叫"回流"。

　　那么，如何让更多的新移民去往内陆省份，而又不至于打一枪就跑呢？在这方面，美国有很好的经验值得借鉴。在美国，拿绿卡难，难于上青天，除了杰出人才可以直接拿绿卡外，普通工作人员都是办工作签证。因工作签证先要有雇主录用，由雇主给办，因此，雇员必须要在雇主那里实实在在地工作。加拿大何不学习美国的经验，对于内陆省份开放工作签证呢？

　　例如，对于内陆省份，各用人单位可以给移民局提供用人名额，到海外去招聘人才，然后由雇主给其办理工作签证，试用期为一年。一年后感觉实在适应不了那里的高寒天气的，可以解除合同，返回原居住国。一年后如果能适应那里的环境的，可以继续以工作签证工作几年，然后由雇主为其办绿卡。如果受雇人靠着工作签证进入加国，然后脱离雇主，那就只有两条路可走，要么打道回府；要么变成黑户口，一辈子不能办绿卡。加拿大是个高福利国家，人们来到这里主要是享受其福利，如果身份黑了，没福利可拿，今后还有什么前途呢。这样，愿意去那里工作的大部分是自愿的，而雇主也可找到真正愿意来工作的雇员，可谓两厢情愿。人的适应能力是很强的，无论多么艰苦的环境，只要前面几年挺过去，适应了，就有可能今后长期工作生活下去。在收紧移民政策的同时，对于内陆地区放宽工作签证，不妨是加国政府可尝试的一条对策。

让废电池不再污染环境

《环球华报》2011 年 9 月 9 日

一年前，温哥华有一名华裔中学生倡导了一个回收废电池的环保项目。他的做法是，制作一些专门的废电池回收箱，置于学校、商场等地方，让人们把废电池放在里面用以回收。为此，一些华文报纸还配合着大力宣传，企图将这一项目推广开来。可是，一年过去了，商场、学校等地并没有见到大量的废电池回收箱，人们用过的废电池依然是往垃圾桶里扔。

那位中学生为什么要倡导废电池回收运动呢？让我们看看有关文章对于废电池危害性的报道吧："据科学家测定：一颗纽扣电池产生的有害物质，可污染 60 万升水，相当于一个人一生的用水量；一节一号电池烂在地里，能吞噬一平方米土地，并可造成永久性公害。……若电池和垃圾一起填埋腐烂后，渗出的重金属物质会渗透到土壤中，污染地下水，进入人体，产生危害。进而进入鱼类、农作物中，破坏人类的生存环境，间接威胁到人类的健康。"

废电池是如此一个严重的污染源，而人们对它的重视程度是远远不够的。首先表现在，政府的宣传并没有做到家喻户晓，很多人并不知道废电池的严重危害；再者，也没有回收废电池的强有力措施，人们想把废电池交上去也不知道往哪交。

因此，光是呼吁和空喊是徒劳的，而是应脚踏实地地采用经济手段来控制废电池对环境的污染，具体做法建议如下：

1、　政府对所有经营电池的商家和消费者征收一种特殊的环保税，这种税可以通过回收废电池来加以减免。商家回收上来的废电池越多，减免税就越多。目前，加拿大已有废塑料瓶回收业务，因喝完饮料可以退瓶换取现金，很多消费者都把废塑料瓶收集起来统一拿去收购站。收购废电池业务也可仿照这一程序进行。

2、　有文章揭示，"如每年回收利用 30 亿节电池，可提炼出：锌 3 万多吨，二氧化锰 4 万多吨，氧化铵 1 万多吨，还有大量的铜帽、铁皮、蜡等物质，都可以再生利用。"废电池有这样多的利用价值，政府应扶持建立废电池提炼厂，给予其税务减免，用以提炼废电池中可利用物质。

3、　规定在所有经营电池的营销场所都开设废电池回收业务，以方便消费者卖废电池。例如，消费者每卖 1 节废电池可得 4 分钱，商家将废电池卖给废电池提炼厂可得 8 分钱，让商家和消费者都有利可图。

如果有商家不去这样做，第一，其减少了一个赚钱的项目；第二，其缴纳给政府的环保税不能减免，商家的目的就是盈利，影响其收益的事情当然会引起其重视。

这是一种用经济手段带动环保项目的有力措施，将会比口头的宣传更为实际，更为有效，更能增加全社会的回收废电池的积极性。如果大部分的废电池被回收利用了，不仅是能提炼一部分有用的物质，更重要的是让废电池不再危害我们的生存环境，是一种造福人类、造福子孙的举措。

用 "大禹治水" 的方法来解决 "占领温哥华" 运动

《环球华报》2011 年 11 月 11 日

继 "占领华尔街" 运动之后，世界各地的许多城市都发生了占领运动，一向温和的温哥华也不能幸免。"占领温哥华" 于 10 月初开始，至今已近一月，期间发生了一系列的小规模冲突，其中包括有人夜间点燃营火，并阻止消防员灭火，以及咬伤警察等事件。

温哥华人为什么要学习美国人去占领自己的城市？拿 "占领温哥华" 运动和 "占领华尔街" 运动相比，似乎并没有多少可比之处。许多美国人认为，美国的金融危机导致美国企业破产，失业率上升，人民生活水平下降等大量社会矛盾无法解决。而在此时，造成这一危机的华尔街金融大亨们依然领着巨额工资，并用金融资本绑架国家，以维护其自身利益。为此，愤怒的民众展开了一场自下而上的敦促改革的运动，以 "占领华尔街" 的方式来质疑美国的金权政治，抗议金融大亨的掠夺与贪婪，反对大公司影响美国政治。

而温哥华为什么要被占领？占领温哥华的人政治诉求是什么？显然，就不如 "占领华尔街" 运动那样让人一目了然了。据报道，占领者们的口号主要是抗议企业贪婪，社会不公，政府不作为，以及争取罢工权利，保护动物权益，抗议官商勾结，等等。从这些口号来看，诉求合理，应予支持。可是，采取这种占领的方式能解决问题吗？显然不能。这就像单位开大会一样，会上大家一通嚷嚷，气氛非常热烈，提出的问题很多。可是，会上没有记录，没有提出具体的解决方案，会议一结束，大家各奔东西，一切又都恢复如常。这场运动也同样，有民众走向街头，说明有民怨积压心头，解决不好，法院一纸宣判，结束占领。人是都散了，可是矛盾并没有解决。弄得不好，有生性喜爱闹事的不法分子从中积极挑动，把和平事件转化成暴力冲突，事件就更不好处理了。

因此，政府不妨采取以下步骤处理这场运动：

第一，要求所有占领者们限期把自己的诉求写成文字，发给政府。规定诉求必须是合理、合法，能有办法解决的有效诉求。诉求必须要针对具体事情，具体部门或具体负责人。例如，你说"企业贪婪、官商勾结"，指的是哪一家，拿出真凭实据来，你希望哪个部门来解决这个问题。凡是没有具体事件、具体负责部门或负责人的诉求，以及无理取闹，根本无法解决的诉求，都视为无效诉求，诉求者必须立刻停止其占领行动，否则将负法律责任。

第二，政府成立专门的协调小组，把所有诉求分成若干大类，分发给各个具体负责的部门和人员，对诉求进行归类、研究、调查，对诉求中合理的，能够解 决的部分尽量解决；暂时无法解决的部分予以解释。设立专门的网站，用实名制公布各个诉求者的诉求，以及有关责任部门的解决办法，和解释意见。

第三，政府把上诉解决方案报告法院，请求法院宣布实施，要求占领者于若干日内写出诉求，发给政府，停止占领行为，回家等候政府的答复。这样，就把真正有合理诉求的人们和故意滋事闹事的捣乱分子分离开了。同时，法厅也规定政府必须把所有诉求以实名制公布在网上，并在规定期限内予以答复，予以解决。这样，也可督促政府改进工作，解决民怨，并使民众对一些问题有所了解，增加政府工作的透明度。

占领行为已经发生，听之任之影响城市建设和居民生活；强行清场，又会引发进一步的暴力行为，学习大禹治水，改"堵"为"引"乃为上策。

对地震应防患于未然

《环球华报》2011 年 11 月 16 日

今日见报载，加拿大联邦地质勘查局资深地球物理学家加西迪本月 9 日表示，加拿大随时可能发生一场大地震，BC 省最危险，要求加拿大民众做好准备及防护措施。

警告传来，怎样做好防护准备呢？民众却很茫然。上网搜索，各种有关防震、抗震的文章多如牛毛，有的防震方法迥然相反，让人不知所向。例如，当地震来临时，你是躲在办公桌的旁边这一三角地带，还是完全钻入桌底，就有完全不同两种意见。一种说要钻入桌底；一种说那样最危险，应躲在桌子的边上。还有文章说列治文地质情况不同于其他地区，一旦发生地震会出现泥浆喷发，列治文的民众应如何防震恐怕也没多少人知道。

人们躲避灾难的发生是不可能的；但是，在灾难发生时尽可能地减少损失却是可以做到的。中国汶川大地震前有一个校长具有忧患意识，曾组织学生进行过抗震演习，因此当地震真的来临时，他的学校的老师和同学就最大限度地减少了伤亡。日本是个地震多发地，人们头脑中的防震意识较强，都说日本人在那场地震、海啸中表现得比较镇定，其实和此前的训练也有关。

整个北美西海岸属于太平洋地震圈已风传许多年，包括洛杉矶、旧金山、西雅图、温哥华等城市在内都有可能发生强震。但是，预料归预料，人们真正把防震工作放到议事日程上了吗？在此，我们想问 BC 省和温哥华市政府：我们的地震预警设施布置好了吗？一旦发现有地震征兆，要立刻拉响警报，大温地区的人们都能听到警报声吗？一旦发生地震，教会人们怎样防震、怎样救护了吗？如果地震的时候学生正在上课，老师和学生应如何应付，每个学校都进行过演习了吗？

　　凡事预则立，不预则废。如果我们准备工作做得充分，让人们经历过演习并取得了实战经验，从演习中发现了问题并找到了解决方案，那么，灾难一旦来临，我们就有可能尽量减少伤亡，减少损失。为此，建议 BC 省和温哥华市政府应至少做好以下工作：

1、　成立一个防震办公室，拨出一部分资金，制作一部权威的防震知识手册、光盘，提供权威意见。将其发放给各家各户，动员人们学习，按照手册中的防震知识做好防震准备。

2、　建立一个遍布整个大温地区的警报网，要能让警报声响彻整个大温地区。一旦发现有震前异常现象，要立刻拉响警报。警报拉错了没有关系，就算给民众一次演习也是好的。

3、　每年组织各个学校、机关、企业等单位进行一次防震演习和救护练习。特备是中小学校，要让孩子们从小学会遇事不乱，能从教室内紧急疏散到安全地带。

4、　给各个消防队配备一辆救灾车，里面专门摆放各种挖掘工具、救护器械、帐篷等。该车平时停放在远离建筑物的安全地带，一旦发生地震，消防员可以立刻把救灾车开到城市的各个区域，以供人们在第一时间内迅速使用车内的工具和器械用以救助。

5、　给各个居民区和商业区划出远离建筑物和电线杆的安全区，让人们知道一旦地震来临往哪里跑，哪里最安全。

6、　动员民众在家中准备一些食品、帐篷、防雨保暖衣物等放在离门较近的地方，在地震来临逃离房屋时能随手带出。温哥华雨季长，一旦发生地震，民众至少能够抗过眼前寒冷雨湿的困境。

　　总之，把该想到的事情都想到了，该采取的措施都采取到了，一旦该发生的事情发生了，人们就会把有可能出现的损失降到最低。

第三章：专利攻略

当你热爱上发明创造之后，你大脑创意思维的大门就打开了，你的各种美妙想法就会源源不断地涌现。渐渐地你会发现你的一些想法可以变成现实技术和新产品，给你带来财富。接着你就会想到去申请专利。如果你从未涉及专利领域，专利二字听起来比较高深，不知申请一项专利需要花费多少钱，自己有没有能力去申请一项专利？现在本书这一章节就为你答疑解难。

一、什么是专利

1、专利是什么

专利是一种知识产权，一种无形资产。说得通俗一些就是你有一项好的发明，认为是前人没有的，就去向专利局申请专有权利，专利局经审查批准之后，这项发明技术就属于你专有了，别人未经你的许可就不能采用了。是对你的知识产权的一种保护。例如，你发明了一种新式电话，申请了专利，市场上就只有你能生产这种电话，其他人即使完全掌握你的技术，也不能生产。你若发现市场上有盗用你专利技术的产品，你就可以将那家企业告上法庭，索取赔偿。

2、中国专利的分类

中国专利分发明、实用新型、外观设计三种。发明是指对产品、方法或者改进所提出的新的技术方案。实用新型是指对产品的形状、构造或者其结合所提出的实用的新的技术方案。外观设计是指对产品的形状、图案、色彩或者其他结合做出的富有美感的并适用于工业上应用的新设计。[4]

3、专利、实用新型、外观设计有什么不同

比如说，你设计了一件物品，技术上没有任何更新，只是图案、形状变得更加美观了，那就是外观设计。这是外观设计与专利、实用新型的区别，人们比较容易理解。人们不太容易理解的是发明和实用新型的区别，因为有的设计看起来你可以申请发明专利，也可以申请实用新型专利，它们二者的主要区别在哪儿呢？

首先，发明是对某一产品或方法产生了新的技术解决方案。而实用新型多数是对原有物品在形状、构造、功能、装置等方面提出了新的技术性改造。因此发明专利的技术性更复杂一些，实用新型相对较简单一些。第二，发明专利优点是要进行实质性审查，即专利局要审查前面有没有这样的发明，如没有，才予以批准，比较保险；缺点是费用高、审批时间长。实用新型优点是费用低、审批时间短；但缺点是审查员不进行实质性审查，仅凭个人经验予以审查，即使批准下来，也有可能今后被别人推翻，因为他人已经在此之前申请了，所以不太保险，除非你自己先花笔钱委托专利局进行实质性审查。第三，保护时间不一样。发明保护期 20 年，实用新型和外观设计保护期 10 年。

4、专利的特点是什么

审查员判断发明和实用新型申请是否符合专利条件，主要根据新颖性、创造性、实用性这三点来考量。

新颖性，即前人所没有发现的。如果你觉得你的发明设想非常好，但一查，前人已经申请了专利，或者没有申请专利，但已经公开了的，那就叫现有技术。那样你的发明就失去新颖性了，就不能

---

[4] 《专利申请指南》中国专利信息中心实施处王丹编著

申请专利了。

创造性，即具有突出的实质性特点和显著的进步，这方面实用新型比发明要求相对低一些。

创造性和新颖性的形象地说二者的区别在于一个涉及"有没有"的问题，一个涉及"好不好"的问题。创造性既要求新，又要求达到一定高度和水平。

实用性，即如专利法所说："指该发明或实用新型能够制造或使用，并且能够产生积极效果"。

二、为什么要申请专利

或许人们要问，我只要能发明出一些好的东西来就能致富了吗？当然不行。如果你真有了好的发明，就要把它申请专利。有了专利，这个发明才真正属于你，否则任何人都可以说这是他发明的，或者就把你的发明拿来用，不支付你任何费用。

你有了一项专利，他人未经你的同意，就不得对你的发明进行商业性制造、使用、经销或销售。在专利保护期内，你可以用自己的专利技术独家生产该项产品，也可以用自己的专利作为投资与他人合作生产，也可以将自己的专利出售给他人，获得一笔财富。

目前市场上竞争非常激烈，拥有专利技术的产品则具有很强的生命力。有很多这样的事例：一个商品好卖，大家便争先恐后地去生产和销售，很快那个商品便饱和，以致使后来跟进者半途而废，无功而返。一家最早跑到美国参加展览会的中国箱包厂，赚了大钱。于是中国许许多多的箱包厂闻讯都跑美国来办展。大家为了揽到订单，竞相压价，最后斗得各个赔本。倒是那些不断发明新产品，不断获得专利保护的企业，总是处处抢占先机，获得长足发展。日本的松下、索尼等企业为什么发展得这样好？因为他们不断发明新产品，不断购买专利技术。是我的专利，别人就不能生产，所以我就可以安全地占领这一市场。

所以，在你发明过程中，如果感到你的这个发明想法很有市场，变成产品后会很畅销，那么就去申请专利，获得保护，让你自己在市场上垄断这一产品。

三、怎样用省钱的方式申请专利

1、先确定你的发明有没有

申请专利的第一项条件就是新颖性，要证明在此之前别人没有发明这项技术，你是第一家，这是前提。如何来证明呢？

如果你申请的是发明专利，专利局会替你进行检索，但发明专利费用高，审查时间长。

如果你申请的是实用新型，实用新型专利是不进行实质审查的，主要靠专利审查员的经验来批准，被批准之后如果有人在你之前已获得这项专利或以公开发表了，他就有可能去告你，使你的专利作废。所以最好在申请之前先检索一下，检索有两种办法，一种是委托国家知识产权局或专利律师检索，这样比较可靠，但需要花两千多元人民币，有的复杂的专利还更高。如果你不愿花这笔钱，那就自己检索，自己检索可以去专利局网站去检索。网址是：http://www.sipo.gov.cn/zlsqzn/

你也可在谷歌、百度等网站上输入关键词进行搜索。从网上检索不花钱，但检索结果不可靠。当然，做不做检索看你个人需要。

2、在北美申请专利很贵

一提到在北美申请专利，人们就会想到巨额的专利申请费。在北美，专利律师的收费是很高的，加上交给专利局的官费，少则数千，多则数万，甚至更多。这对于一般人来讲，可是一笔巨大的开支。如果你是一个普通人，你对你的发明把握不大，你的经济实力不是很强，你肯定不敢贸然投一大笔资金去聘请律师。因为，你的发明很有可能早已有了，批不下来。即使你花一大笔钱申请专利批了下来，可是你找不到生产厂家，或找不到市场，无法投入生产，那你的前期投资就都泡汤了。因为在这期间，你的律师费、专利费等都是要一分不少地交的。因此，很多人想申请专利，但又感到无能为力。

那有没有一个既能获得专利，又节省一笔资金的方式呢？以下我们就帮你寻找这种方式。

3、到中国申请专利会比北美便宜很多

相比起北美，在中国聘请专利律师费用就便宜多了。

在中国，一般来讲，现时的发明专利代理费 5000 元人民币左右，实用新型 3500 元人民币左右，外观设计 2000 元人民币左右。当然，还要看你发明内容是否复杂，不同律师所也会有区别，有比这低的，也有比这高的。但总的按 6 点几的比例换算成美元或加币，就便宜多了。

或许你要问，我的专利在中国申请了，在北美不受保护怎么办？其实，在北美，甚至世界各地市场上销售的日用品，大部分都产自中国，你在生产源头获得专利保护不就行了吗？在中国只有你授权的厂家才能生产，其他厂家生产你就可以告他们，这样就可以放心地在世界销售。如果有人在别的国家生产，价格将远远不是你的对手，你可以从价格上打败对方。

如果在中国获得了专利，也找到了生产厂家，也卖到了北美。那你的专利就得到证明了，就有经济实力了，那时你再接着在北美申请专利就有的放矢了。你在申请中国专利的时候也申请一个优先权，你产品卖到哪个国家就在那个国家也申请专利，也可以申请国际专利。由于你在中国申请了优先权，你在申请日之后一年内在协约国申请专利，保护日期也按你在中国的申请日开始算（会有期限要求）。这样你就可以垄断这个产品的销售，用不着害怕别人来抢占你的市场了。有了好的销售额，你还担心这点专利申请费吗？

4、人在北美如何申请中国专利

根据中国国家知识产权局规定："在中国有经常居所或者营业所的外国人、外国企业和外国其他组织在专利权的保护上可以享受国民待遇，即与本国国民一样有权申请专利，从而获得专利保护。"

不过你人在北美，申请中国专利的确不方便，又要递送材料，又要有寄信地址，有很多事要做。那怎么办呢？那就以你为发明人，以你在中国的爷爷（或者其他可靠的亲友）为申请人，到中国的专利部门去递交你的专利。

这样你是发明人，你获得了"名"；你的爷爷是申请人，为专利实际拥有人。而你的爷爷绝不会背叛孙子，他会完全听你调度，所以"利"也还是你的。

让你爷爷去申请专利的好处在哪呢？按中国专利局规定：申请人或者专利权人缴纳专利费用确有困难的，可以请求减缓。可以减缓的费用包括五种：申请费（其中印刷费、附加费不予减缓）、发明专利申请审查费、复审费、发明专利申请维持费、自授予专利权当年起三年的年费。因为你爷爷退休了，无经济收入，只要提交费用减缓请求书，一般都可以申请专利费的减免。

目前中国发明专利申请费是 950 元人民币，实用新型申请费是

500 元人民币。个人减免最高额度为 85%，企业为 70%。这样，如果你爷爷申请实用新型专利，经过 85%的费用减免之后，一个人的申请费才 75 元，如果你也把你的名字列入申请人，两个人的申请费是150 元。如果你是申请发明专利的话，人名多少不影响申请费用。这样你的申请费就省了一大笔。

5、如何尽快让专利变成财富

中国专利是本着申请在先的原则，即谁先申请谁先获得专利，从你递交申请的那天开始保护。你材料已递交上去，专利局就会给你一个申请号。你获得申请号后，可立刻开始寻找合作伙伴和生产厂家。

专利局还规定，在递交材料之后，可以在两个月内缴纳申请费。你可以利用这两个月的缓冲期联系厂家。如果在联系过程中，你发现这项专利明显无法实施，就不用缴费，放弃它算了。专利局 2 个月没收到申请费，就视你为自动放弃，自动把你的文件作废了。你一分钱也不损失。

你在联系厂家的时候可明确告诉他们你已申请专利了。如果有厂家看中了你的专利，那就恭喜你了。赶快去把申请费交上，让专利局进入审查阶段。

你递交申请已近两个月，还没有找到厂家，但你又不想放弃你的申请，那就请你爷爷把那 75 元申请费交上吧（如果你申请的是实用新型，申请费经减免之后是 75 元人民币），下一步该怎么办呢？

自从你缴费之后，你的专利审查就开始运行了。专利审查过程一般 1－3 年，取决于专利的种类和发明内容。实用新型和外观设计专利经过初步审查即获得授权，而发明专利通过了初步审查将发出初步审查合格通知书，等待进入实质审查。

专利申请在审查阶段时，你仍可以继续寻找商家，并告诉他们你已申请专利。这一期间申请人还没有权利阻止他人对你权利的侵犯。但是一旦批准之后，你就可以要求侵权人停止侵权行为并支付适当的使用费了。如果侵权人拒绝，你就可以在专利授权之后，通过司法程序向侵权人追诉侵权责任，并要求赔偿。

6、自己在中国申请专利成本只有 280 元人民币

你要详细审阅中国的专利申请费用就会知道，专利局收取的官费并不多，大部分是律师费，因为律师要为你书写专利文件，绘制专利附图，需花费大量的时间和精力。如果你在中国申请专利也觉得贵，那你就自己学会申请吧。

有人以为申请专利很难，其实学会了以后就不难了。如果你就偶尔申请一次专利，你就别费时间去学了，去请律师算了。如果你是个发明爱好者，有很多的发明设想，你今后要申请很多的专利，那还是自己学会申请专利吧，那样你可以花很少的本钱，随意申请专利。有好的专利就拿去实施，实施不了也损失不大。

如果你申请的是实用新型，各项费用经减免后申请费是 75 元，专利批准之后，你要缴纳专利登记费、印刷费、印花费。发明专利共 255 元，实用新型和外观设计共 205 元。如果你申请的是实用新型的话，75 元申请费加上 205 元登记等费用，你总共才花 280 元人民币，合 40 多美元或加币就获得了一项中国专利，比在北美申请专利便宜多了吧？

等你的专利被批准之后，你就更方便去联系商家了。如果你找到商家实施你的专利，那你的知识产权就变成财富了。如果你找不到商家实施你的专利，那也没有关系，280 元人民币合 40 多美元或加币，只不过是一家人在餐馆一顿饭的钱，买一本能证明你发明能力的专利证书那也值得。如果你是一名中学生，你获得了几项专利，你申请大学时就自然容易获得大学的青睐。如果你是大学生，你手中有几本专利证书，毕业找工作时业主就更容易对你刮目相看。

在这本书的后面章节，作者将教你如何自己在中国申请专利。

第四章：如何自己申请专利

一、申请专利要书写专利文书，绘制专利附图

　　申请专利就要向专利局递交一整套的的专利文书。如何书写专利文书呢？专利代理律师最精通。你要想成为专利代理律师，那就要到大学法律系去专攻专利法，几年才能学成，但我们今天看这本书的人都是业余爱好者，只是想把自己的一些小发明设想变为专利，用最省钱的办法自己来写专利文书，那我们就讲一些最简单的，最通俗易懂的书写方法。

　　以书写实用新型专利文书为例，说得简单点就是让看你文书的人能根据你的描述就能把你设计的这件物品生产出来。也就是说，你发明的这件物品在你自己脑子里已成型了，但在别人的脑子里是空白的，你要通过文字的描述和附图的比照，使这件物品在别人的脑子里也成型。

二、书写专利文书有基本格式

　　怎样去描述呢？专利文书可不像写散文，写散文讲究手法多样，文章生动活泼，多用形容词；而专利文书恰恰相反，专利文书要统一格式、统一语言，自己不得随意发挥。从这一点来讲，专利文件比散文更容易写了。你只要掌握专利文书的基本格式，其本用语，往里填内容就是了。所谓基本格式，就是基本框架，就好比画人一样，人的基本框架就是脑袋、身躯、四肢，你无论画什么样的人体，都要先勾勒出这个基本框架，然后再往框架里面详细刻画每

个人的不同特征。

讲到画画，人们可能更容易认识一些。当我们要画一件物品时，你怎样去画呢？就以画人为例吧。有的人习惯先画头，把头画好了再画身子；有的人习惯先把人体的整体结构勾勒出来，然后再一个一个地画里面的各个部分。按专利要求哪个正确呢，后者正确。由于每个人描述一件物品的叙述方法都不一样，让专利审查员读起来很吃力，于是，专利法就对专利文书的书写设计了统一格式，这个统一格式就是先把物体的大致轮廓勾勒出来，给其中的每个部分起个名字，然后再细致地描述各个部分。

例如实用新型的说明书，无论你看过多少说明书，有了发明名称以后，文件的书写顺序都离不开以下五要素：技术领域、背景技术、发明内容、附图说明和具体实施例。

专利文书是一种法律文书，听起来好像挺难写。但无论多么难的事情，知道了其中的诀窍，掌握了其中规律，学会了，就不难了。

三、申请专利要递交哪些文件

如果你要申请一项专利，都要递交哪些专利文件呢？

申请发明专利的，申请文件应当包括：发明专利请求书、摘要、摘要附图（适用时）、说明书、权利要求书、说明书附图（适用时），各一式两份。

申请实用新型专利的，申请文件应当包括：实用新型专利请求书、摘要、摘要附图（适用时）、说明书、权利要求书、说明书附图，各一式两份。

申请外观设计专利的，申请文件应当包括：外观设计专利请求书、图片或者照片（要求保护色彩的，应当提交彩色图片或者照片）

以及对该外观设计的简要说明，各一式两份。提交图片的，两份均应为图片，提交照片的，两份均应为照片，不得将图片或照片混用。

除了以上文件，你还要同时递交一份"费用减缓请求书"，和"申请后提交文件清单"。

上书各种文件的基本用途是：

请求书是一张表格，是用来填写你的基本申请信息的。

说明书和说明书附图是用来详细描写你的专利，让人们理解你的发明设想的。

摘要和摘要附图是用来对外发布的，用最简单的话告诉人们你这是一个什么专利。

权利要求书是用来阐述你的专利保护范围的，也是你专利的核心部分，你的专利能不能很好地获得保护，就看你权利要求书怎么写了。

费用减缓请求书是用来申请减缓费用的，年收入低于一定数额就可减缓相关费用。除非你收入很高，不在乎这笔费用，就不用交这份表格。

四、从哪里学习撰写专利文件

关于如何撰写专利文件，中国国家知识产权局的网站上都有明示，其网址是：http://www.sipo.gov.cn，详细情况你点进 http://www.sipo.gov.cn/zlsqzn/就可一目了然。在这个网站里，有"申请前、审查中、授权后"三个栏目，你把鼠标放到"申请前"，就会出现"申请前查询、申请文件准备、受理专利申请的部门、办理专利申请、专利费用、专利审批程序"几个子栏目。

你点进"申请文件准备"，再点击进入"表格下载"，里面就有各种表格可以下载。

如果你申请的是实用新型专利，点击蓝色字"实用新型申请撰写示例"，网上就能下载一套实用新型专利的范文，其中有"说明书（撰写示例）"，"说明书附图（撰写示例）"，"权利要求书（撰写示例）"，"说明书摘要（撰写示例）"。你把这套文件仔细研究一下，然后照葫芦画瓢，跟着学就行了。

以下，本书现引用专利局网站上的范文，把专利内容去掉，仅保留基本格式中通用术语及注释，为你展现一个说明书的"骨架"。你可以对照网上的范文，再看这个骨架，会对专利文书的格式更加理解。

五、说明书的基本格式

说明书是使人们对你的发明创造有多了解的最主要文件。专利文件不像写小说散文那样可以任意发挥，专利文件有一个基本的格式，有一套套固定的术语。

基本格式是要按以下五个部分顺序撰写：所属技术领域；背景技术；发明内容；附图说明；具体实施方式；

1、所属技术领域

这一段就是告诉人们你申请的专利是属于建材、机电、医药，还是其它哪个领域。其常用固定术语有

"本实用新型涉及一种……。"

有时为了详细说明，还会用："本实用新型涉及一种……，尤其是……。"

2、背景技术

你的发明创造必定设计某个技术领域，你要先把这个领域的基本情况做个介绍，你是在此基础上发展而来的。现有技术必定存在不足，所以你才要对其进行改造，要把不足之处点出来。其常用固定术语有：

"目前，公知的……是……。但是，……。"

或者说："现有的……。但是，……。"

3、发明内容

这一部分是介绍你的发明内容。其常用固定术语有：

"为了克服现有的……的不足，本实用新型提供一种……，该……不仅能……，而且能……。

本实用新型解决其技术问题所采用的技术方案是：在……。达到……的目的。

本实用新型的有益效果是，……。"

4、附图说明

这一部分是告诉人们你有多少幅图？然后按照图中的标示具体详尽地描述你的技术。其常用固定术语有：

"下面结合附图和实施例对本实用新型进一步说明。

图 1 是本实用新型的……图。

图 2 是……图。

图 3 是……图。

图中 1.……。

具体实施方式

在图 1 中，……。

在图 2 所示实施例中，……。

在图 3 所示的另一个实施例中，……。"

六、说明书附图的基本格式

说明书附图是配合说明书来说明你的技术的。你如果有 5 张附图，每张图下面就要标上图 1、图 2、图 3、图 4、图 5。图中的各个部件不能用文字去表示，必须在旁边写上数字，然后用一个箭头或一条线指向那个部件，然后在说明书中阐述。

如果你有多张附图，一般来讲应把主要的主体图设为第一幅图，后面的图为它的细节、剖视等图。如果你有几个实施例，应把第一实施例作为第一张图。有多张附图时，每幅图中的同一零部件要使用相同的数字。

七、权利要求书的基本格式

权利要求书可以说是整个专利文件的核心文件。说明书和说明书附图只是让人们知道你的发明技术是什么。而权利要求书则宣誓的是你的主权，表明你要保护的是什么。如果把不同的权利要求书内容去掉，仅保留基本格式中通用术语，为你展现一个权利要求书的"骨架"，其固定术语如下：

"1．一种……。（这部分叙述你要保护的主体）

2．根据权利要求 1 所述的……，其特征是……。

3．根据权利要求 1 所述的……，其特征是……。"

一般来讲，权利要求书中的第 1 条为主权利要求，所述的保护项目越宽广越好，但所谓宽广不是说写得越长越多越好，相反是越少越精越好，这样保护范围才可能越宽广，这里面很要仔细推敲。

附：从中华人民共和国国家知识产权局网页上下载的实用新型

撰写示例

说明书（撰写示例）

试电笔

*[实用新型名称应简明、准确地表明实用新型专利请求保护的主题。名称中不应含有非技术性词语，不得使用商标、型号、人名、地名或商品名称等。名称应与请求书中的名称完全一致，不得超过 25 个字，应写在说明书首页正文部分的上方居中位置。]

[依据专利法第二十六条第三款及专利法实施细则第十八条的规定，说明书应对实用新型作出清楚、完整的说明，使所属技术领域的技术人员，不需要创造性的劳动就能够再现实用新型的技术方案，解决其技术问题，并产生预期的技术效果。说明书应按以下五个部分顺序撰写：所属技术领域；背景技术；发明内容； 附图说明；具体实施方式；并在每一部分前面写明标题。]

所属技术领域

本实用新型涉及一种指示电压存在的试电装置，尤其是能识别安全和危险电压的试电笔。

[所属技术领域：应指出本实用新型技术方案所属或直接应用的技术领域。]

背景技术

目前，公知的试电笔构造是由测试触头、限流电阻、氖管、金属弹簧和手触电极串联而成。将测试触头与被测物接触，人手接触手触电极，当被测物相对大地具有较高电压时，氖管启辉，表示被测物带电。但是，很多电器的金属外壳不带有对人体有危险的触电电压，仅表示分布电容和/或正常的电阻感应产生电势，使氖管启辉。一般试电笔不能区分有危险的触电电压和无危险的感应电势，给检测漏电造成困难，容易造成错误判断。

[背景技术：是指对实用新型的理解、检索、审查有用的技术，可以引证反映这些背景技术的文件。背景技术是对最接近的现有技术的说明，它是作出实用技术新型技术方案的基础。此外，还要客观地指出背景技术中存在的问题和缺点，引证文献、资料的，应写明其出处。]

发明内容

[发明内容：应包括实用新型所要解决的技术问题、解决其技术问题所采用的技术方案及其有益效果。]

为了克服现有的试电笔不能区分有危险的触电电压和无危险的感应电势的不足，本实用新型提供一种试电笔，该试电笔不仅能测出被测物是否带电，而且能方便地区分是危险的触电电压还是无危险的感应电势。

[要解决的技术问题：是指要解决的现有技术中存在的技术问题，应当针对现有技术存在的缺陷或不足，用简明、准确的语言写明实用新型所要解决的技术问题，也可以进一步说明其技术效果，但是不得采用广告式宣传用语。]

本实用新型解决其技术问题所采用的技术方案是：在绝缘外壳中，测试触头、限流电阻、氖管和手触电极电连接，设置一分流电阻支路，使测试触头与一个分流电阻一端电连接，分流电阻另一端与一个人体可接触的识别电极电连接。当人手同时接触识别电极和手触电极时，使分流电阻并联在测试触头、限流电阻、氖管、手触电极电路测试时，人手只和手触电极接触，氖管启辉，表示被测物带电。当人手同时接触手触电极和识别电极时，若被测物带有无危险高电势时，由于电势源内阻很大，从而大大降低了被测物的带电电位，则氖管不启辉，若被测物带有危险触电电压，因其内阻小，接入分流电阻几乎不降低被测物带电电位，则氖管保持启辉，达到能够区别安危电压的目的。

[技术方案：是申请人对其要解决的技术问题所采取的技术措施的集合。技术措施通常是由技术特征来体现的。技术方案应当清楚、完整地说明实用新型的形状、构造特征，说明技术方案是如何解决技术问题的，必要时应说明技术方案所依据的科学原理。撰写技术方案时，机械产品应描述必要零部件及其整体结构关系；涉及电路的产品，应描述电路的连接关系；机电结合的产品还应写明电路与机械部分的结合关系；涉及分布参数的申请时，应写明元器件的相互位置关系；涉及集成电路时，应清楚公开集成电路的型号、功能等。本例"试电笔"的构造特征包括机械构造及电路的连接关系，因此既要写明主要机械零部件及其整体结构的关系,又要写明电路的连接关系。技术方案不能仅描述原理、动作及各零部件的名称、功能或用途。]

本实用新型的有益效果是，可以在测试被测物是否带电的同时，方便地区分安危电压，分流支路中仅采用电阻元件，结构简单。

[有益效果：是实用新型和现有技术相比所具有的优点及积极效果，它是由技术特征直接带来的、或者是由技术特征产生的必然的技术效果。]

附图说明

下面结合附图和实施例对本实用新型进一步说明。

图 1 是本实用新型的电路原理图。

图 2 是试电笔第一个实施例的纵剖面构造图。

图 3 是图 2 的 I--I 剖视图。

图 4 是试电笔第二个实施例的纵剖面构造图。

图中 1.测试触头 ，2.绝缘外壳，3.弹簧 ，4.同心电阻，5.限流电阻，6.分流电阻 ，7.识别电极 ，8.氖管，9.弹簧，10.后盖，11.手触电极，12.绝缘隔离层，13.弹簧。

[附图说明：应写明各附图的图名和图号，对各幅附图作简略说明，必要时可将附图中标号所示零部件名称列出。]

具体实施方式

在图 1 中，测试触头（1）、限流电阻（5）、氖管（8）与手触电极（11）串联，测试触头（1）与分流电阻（6）一端相连，分流电阻（6）另一端与识别电极（7）相连。通常限流电阻阻值为几兆欧，为保证人身安全，分流电阻阻值不小于限流电阻阻值，最好取限流电阻阻值 1－2 倍。

在图 2 所示实施例中，测试触头（1）在绝缘外壳（2）一端伸入其中空腔，与弹簧（3）接触，弹簧（3）另一端与同心电阻（4）相接触，同心电阻（4）是纵剖面为 E 形，其中间圆柱部分限流电阻（5）高于作为分流电阻（6）的圆管部分，使氖管（8）的一端与限流电阻（5）接触时不碰到分流电阻（6），弹簧（9）一端与氖管（8）相接触，另一端与后盖（10）上的手触电极（11）相接触，弹簧压力保证各元件间可靠电连接。如图 3 所示的环状弹性金属片状识别电极（7）其边缘向中心伸出的接触爪卡住圆管状分流电阻（6）外表面，其外边缘伸出并附于绝缘外壳外表面。

在图 4 所示的另一个实施例中，测试探头（1）在绝缘外壳（2）一端伸入其中空腔，同时与平行设置的限流电阻（5）和分流电阻（6）的一端相接触，限流电阻另一端通过氖管（8）、弹簧（9）与手触电极（11）电接触，分流电阻通过弹簧（13）与识别电极电接触，两电极之间设置一绝缘隔离层（12）。

[具体实施方式：是实用新型优选的具体实施例。具体实施方式应当对照附图对实用新型的形状、构造进行说明，实施方式应与技术方案相一致，并且应当对权利要求的技术特征给予详细说明，以

支持权利要求。附图中的标号应写在相应的零部件名称之后，使所属技术领域的技术人员能够理解和实现，必要时说明其动作过程或者操作步骤。如果有多个实施例，每个实施例都必须与本实用新型所要解决的技术问题及其有益效果相一致。]

说明书附图（撰写示例）

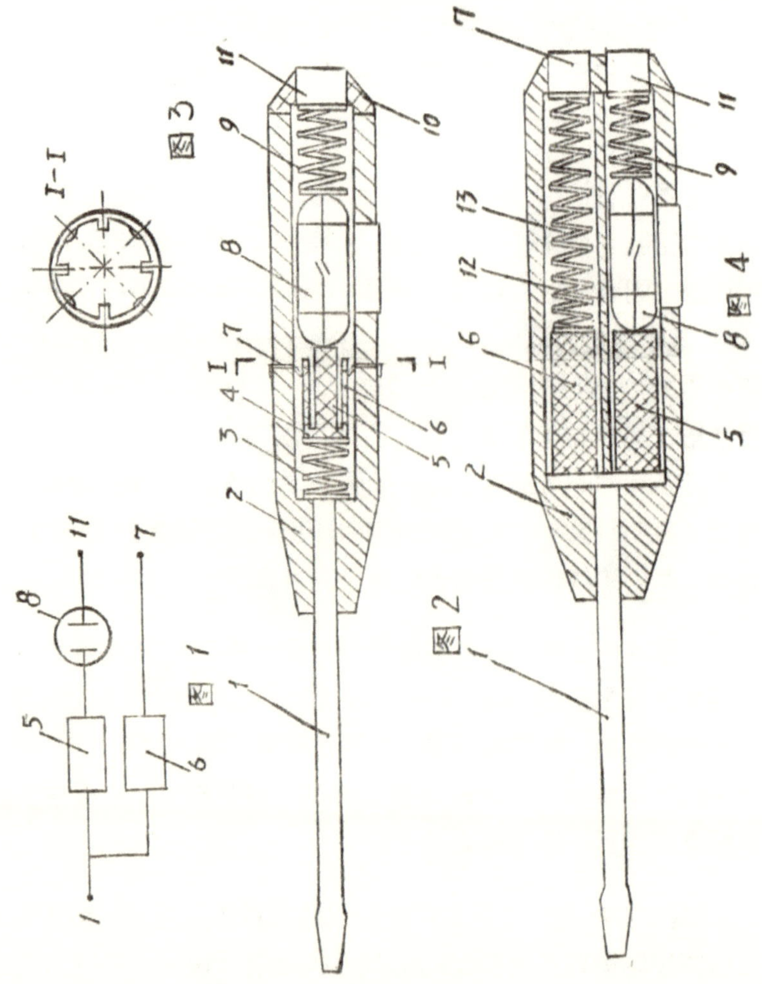

[说明书附图：应按照专利法实施细则第十九条的规定绘制。每

一幅图应当用阿拉伯数字顺序编图号。附图中的标记应当与说明书中所述标记一致。有多幅附图时，各幅图中的同一零部件应使用相同的附图标记。附图中不应当含有中文注释，应使用制图工具按照制图规范绘制，图形线条为黑色，图上不得着色。]

权利要求书（撰写示例）

1. 一种试电笔，在绝缘外壳中，测试触头、限流电阻、氖管和手触电极顺序电连接，其特征是：测试触头与一个分流电阻一端电连接，分流电阻另一端与一个人体可接触的识别电极电连接。

   [一项实用新型应当只有一个独立权利要求。独立权利要求应从整体上反映实用新型的技术方案，记载解决的技术问题的必要技术特征。独立权利要求应包括前序部分和特征部分。前序部分，写明要求保护的实用新型技术方案的主题名称及与其最接近的现有技术共有的必要技术特征。特征部分使用"其特征是"用语，写明实用新型区别于最接近的现有技术的技术特征，即实用新型为解决技术问题所不可缺少的技术特征。]

2. 根据权利要求 1 所述的试电笔，其特征是：分流电阻与限流电阻是一个一体的同心电阻，同心电阻中间圆柱部分为限流电阻，其外部圆管部分为分流电阻，圆柱部分高于圆管部分；识别电极为环状弹性金属片，其边缘向中心伸出的接触爪卡住圆管状分流电阻外表面，其外边缘伸出并附于绝缘外壳外表面。

3. 根据权利要求 1 所述的试电笔，其特征是分流电阻与限流电阻平行设置，其间为绝缘隔离层。
   [从属权利要求（此例中权利要求 2、3 为从属权利要求）应当用

附加的技术特征，对所引用的权利要求作进一步的限定。从属权利要求包括引用部分和限定部分。引用部分应写明所引用的权利要求编号及主题名称，该主题名称应与独立权利要求主题名称一致（此例中主题名称为"试电笔"）， 限定部分写明实用新型的附加技术特征。从属权利要求应按规定格式撰写，即"根据权利要求（引用的权利要求的编号）所述的（主题名称），其特征是……。"]

[依据专利法第二十六条第四款和专利法实施细则第二十条至第二十三条的规定，权利要求书应当以说明书为依据，说明要求保护的范围。权利要求书应使用与说明书一致或相似语句，从正面简洁、明了地写明要求保护的实用新型的形状、构造特征，如：机械产品应描述主要零部件及其整体结构关系；涉及电路的产品，应描述电路的连接关系；机电结合的产品还应写明电路与机械部分的结合关系；涉及分布参数的申请，应写明元器件的相互位置关系；涉及集成电路，应清楚公开集成电路的型号、功能等。权利要求应尽量避免使用功能或者用途来限定实用新型；不得写入方法、用途及不属于实用新型专利保护的内容；应使用确定的技术用语，不得使用技术概念模糊的语句，如"等"、"大约"、"左右"……；不应使用"如说明书……所述"或"如图……所示"等用语；首页正文前不加标题。每一项权利要求应由一句话构成，只允许在该项权利要求的结尾使用句号。权利要求中的技术特征可以引用附图中相应的标记，其标记应置于括号内。]

说明书摘要（撰写示例）

　　一种能够识别安全和危险电压的试电笔。它是在绝缘外壳中，测试触头、限流电阻、氖管、手触电极顺序电连接，并加有一分流电阻支路，使分流电阻一端与测试触头电连接，另一端与识别电极电连接。人体仅与手触电极接触测试被测物是否带电，人体同时与手触电极、识别电极接触测试被测物是否带有危险电压。

　　[根据专利法实施细则第二十四条的规定，说明书摘要应写明实用新型的名称、技术方案的要点以及主要用途，尤其是写明实用新型主要的形状、构造特征（机械构造和/或电连接关系）。摘要全文不超过 300 字，不得使用商业性的宣传用语，并提交一幅从说明书附图中选出的附图作摘要附图。]

*注释：示例中中括号（"[ ]"）里的内容仅为撰写说明，不属于申请文件的内容。申请文件应使用专利局规定的规格为 297mm×210mm（A4）的表格用纸，文字应打字或者印刷，字高应在 3.5mm 至 4.5mm 之间，

第五章：部分专利示例

如前所述，专利文件都有固定格式，相似的术语。为了增加读者的理解，本书现将作者自己申请的部分专利文件列出，把文件中固定的格式和相似的术语用下划线来显示。这样你会看到，虽然各个专利的内容不同，但都是使用统一的格式，例如实用新型说明书主要就包括所属技术领域、背景技术、发明内容、附图说明、具体实施方式这五个方面。这样就像"熟读唐诗三百首，不会作诗也会吟"，看得多了你就潜移默化地掌握专利的基本书写格式了。

一般来讲，一项专利就保护一项发明，这一章的前半部分专利文件就是这样写的。

但是，很多时候你为了一个目的可以想出来好几个解决方案。例如，本人原来发明了一种工具式自行车锁，车锁就是工具，插上去可以锁车，拔下来可以用来修车，后来发现通过好几种设计都可达到这种目的。如果把这好几种设计分别申请专利，那要花一大笔钱，费更多的精力，于是本人就把它们放进了一项专利申请中，以第一实施例、第二实施例、第三实施例，这样来区分，这样就一项专利保护了好几个发明。这一章的后半分专利文件都是同时保护几样类似发明的。

因本人的这些专利都是非专业写作，加上年头较久，不免有谬误，仅供参考。

一、实用新型专利

说明书

自行车手把套连体式气笛

所属技术领域

本实用新型涉及一种自行车手把套连体式气笛。

背景技术

目前已有的金属自行车铃存在以下缺点：铃盖容易被盗，人们常见一些自行车没有铃盖，多是被人拧走，即使加了防盗圈也在所难免。金属经长期雨淋，容易生锈，因此许多车铃时间一长就摁不动了。而且车把为圆型，车铃套在上面易上下滑动，难以固定，影响使用。目前已有的塑料气笛比金属铃造价低不值得偷，而且不生锈，但同样也存在上上滑动，难以固定等不足。

发明内容

本实用新型的目的在于提供一种自行车手把套连体式气笛，它能有效地解决固定安装，方便使用等问题。

本实用新型的目的是这样实现的：在自行车把套前端连接一向上竖起的套环，将气笛套设在内，外面拧上盖子，便形成一个与自行车把套连体式的气笛。

本实用新型与现有气笛相比所具有的优点是：气笛与把套连体可固定安装，不易上下滑动；骑车时不用抬手，只竖起拇指便可摁动气笛，方便了使用；且外形也更独特、新颖、美观。

附图说明

实用新型的具体结构由以下的实施例及其附图给出。

图 1 是根据本实用新型提出的自行车手把套连体式气笛的立体图。

图 2 是该气笛侧视图。

具体实施方式

下面对照图 1—2 对本实用新型予以详细描述。

如图 2 所示，改进的重点在自行车手把套 4 的前端向上竖起一连接着的套环 3。将气笛 2 卡入套环 3，将外壳 1 的内螺纹拧在套环 3 的外螺纹上。外壳 1 的外形为六边形，每一边均有向内的弧形，这样将把套在车把上后，外壳 1 在车把上使人难以拧动，如图 1 所示。

说明书附图

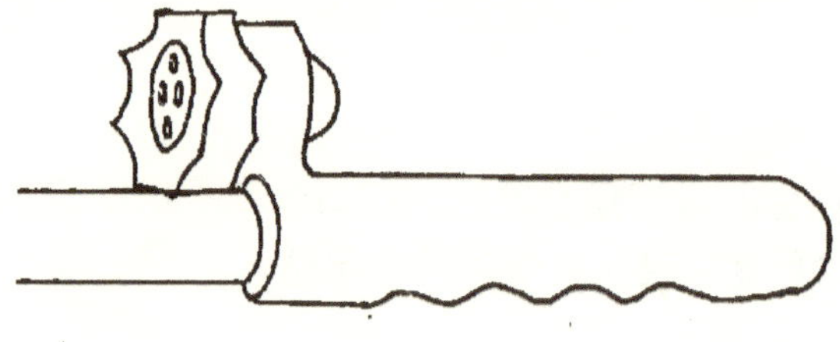

图　1

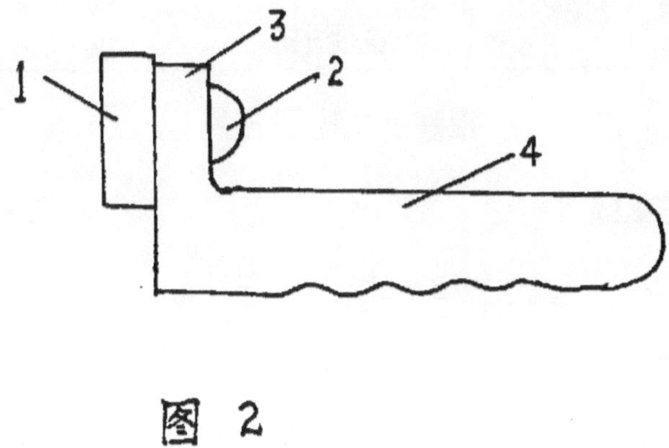

图　2

权利要求书

一种自行车手把套连体式气笛，包括汽笛、手把套，其特征在于：在自行车手把套的前端向上竖起一个连体式的套环，可将汽笛直接套设在该套环上。

说明书摘要

本实用新型涉及一种自行车手把套连体式气笛，包括把套、汽笛、外套壳，在自行车手把套的前端向上竖起一个连体式的套环，在手把套的前端连接一个汽笛，使人们不用抬手便可按动汽笛。

（注：摘要附图与说明书附图一样）

说明书

指南针式电子开关

所属技术领域

本实用新型涉及一种指南针式电子开关。

背景技术

目前已有的电子开关中还缺少一种能通过改变方向来控制电路的开关。

发明内容

本实用新型的目的在于提供一种指南针式电子开关，能够通过改变方向来控制电路的开与关。

本实用新型的目的是以如下方式达到的：

一种指南针式电子开关，其特征在于：在指南针的表盘上设置电子开关的正、负两极，指南针为正负两级的连接导线。

本实用新型的目的效果主要是根据指南针无论表盘如何转动而两指针指向南北两极的原理，通过改变方向来控制电子开关。例如将该开关放在门上，当有人将门打开时，由于门的方向改变，电路便接通，报警器便报警。

附图说明

图 1 为本实用新型的俯视图。

图 2 为本实用新型转动 90 度后的俯视图。

具体实施方式

本实用新型的目的将结合附图详述如下：图 1 指南针的表盘 1

上设有电子开关的正极 2 和负极 3，指针 4 为正、负极之间的电路导线。见图 2，将表盘一转动，指针 4 便将正极 2 和负极 3 接通，开关打开。

说明书附图

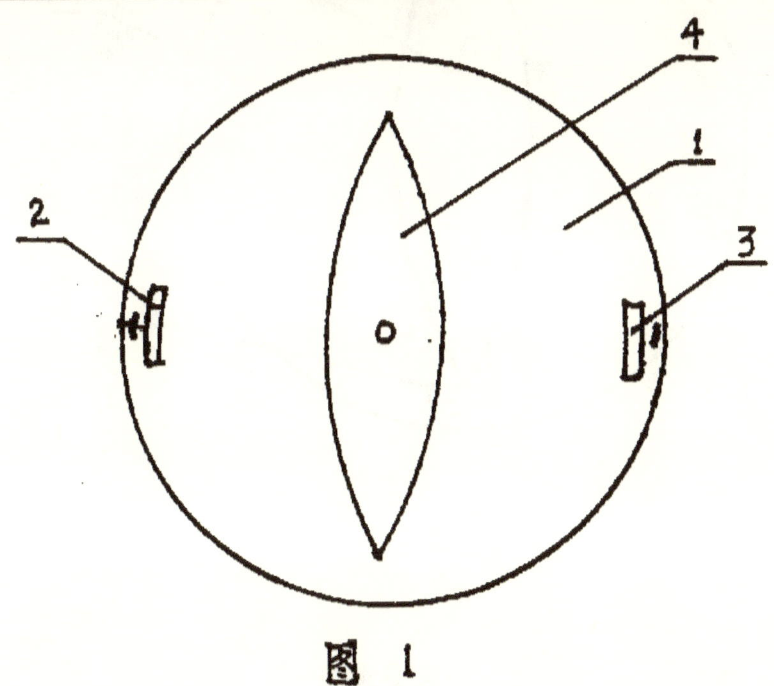

图　1

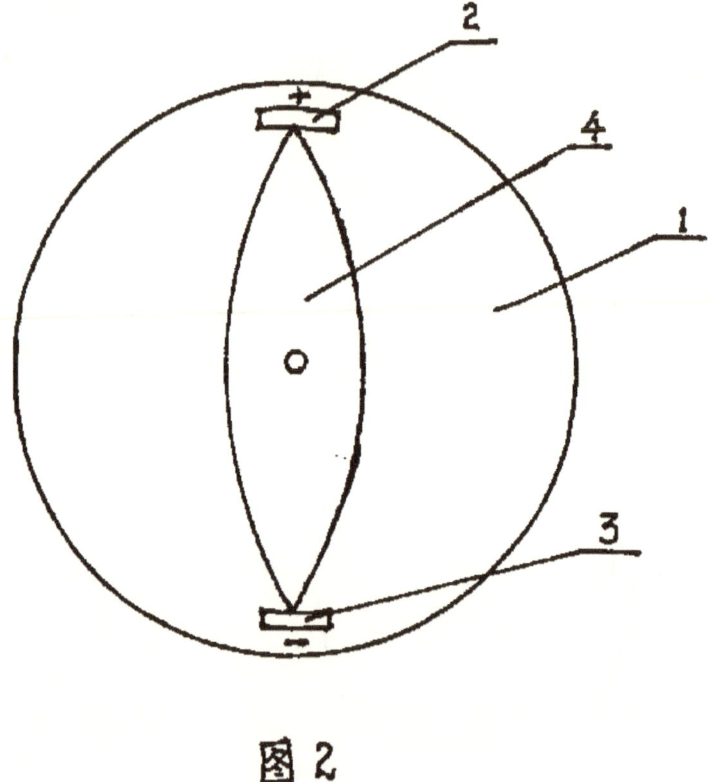

图 2

权利要求书

1 · <u>一种指南针式电子开关，</u><u>其特征在于，</u>在指南针的表盘上设有可以自由转动的电子开关正、负两极的触头，指针为正、负两极之间导线。

说明书

两用锅把手

所属技术领域

本实用新型涉及一种两用锅把手。

背景技术

目前人们使用的饭锅，锅盖老是没地方放，而且放到哪，锅盖上的汤就会流到哪，弄脏放锅盖的地方。

发明内容

本实用新型的目的是要提供一种两用锅把手，该把手即可用来端锅，又可用来插锅盖，解决人们无处放锅盖的烦恼。

本实用新型的目的是这样实现的：锅把手与锅之间的间距与锅盖的厚度相近，把手倾斜，能将锅盖正好插上去。在把手的下面镶一卡槽，卡槽上卡一个接水碗。能接住锅盖上淌下来的汤。

附图说明

以下将结合附图对实用新型进一步说明。

图 1 为本实用新型的侧视图

具体实施方式

参见图 1，锅 1 的把手 2 与锅体之间的间距 4 与锅盖 3 的厚度 5 相近。把手 2 略微倾斜。在把手的下面镶一卡槽 6，在卡槽 6 上卡一接水碗 7，该接水碗 7 可以取出。

说明书附图

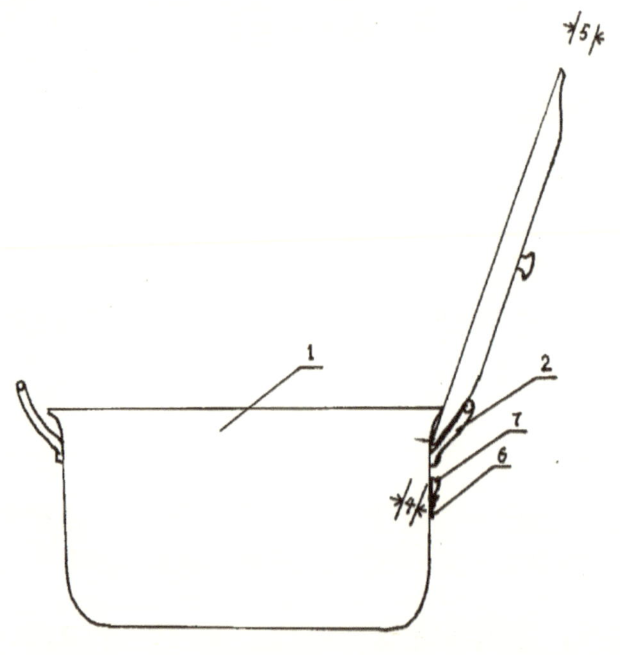

图 1

权力要求书

1· <u>一种两用锅把手</u>，<u>其特征在于</u>：把手 2 与锅体 1 的间距 4 与锅盖 3 的厚度 5 相近，把手 2 略微倾斜，在把手 2 的下面镶一卡槽 6，卡槽 6 卡一接水碗 7。

说明书摘要

一种两用锅把手，该把手于锅的间距与锅盖的厚度相近，把手略微倾斜，在把手下面镶一卡槽，卡槽上卡一接水碗，该把手既可用来端锅，又可用来插锅盖，锅盖上的汤可流进接水碗。

（注，摘要附图与说明书附图一样）

说明书

一种起坐式行走马

技术领域

本实用新型涉及一种儿童玩具，尤其涉及一种能行走的起坐式行走马。

背景技术

现在的孩子古装电影看得多了，都喜欢学古人骑马奔驰，但却没有安全的，可走动的玩具马可骑。现在孩子们玩的马基本上都是在原地不能走动的玩具马。

发明内容

本实用新型的目的是要提供一种人们骑在马身上，可以随着身体的一起一坐让马行走起来的起坐式行走马。

为实现上述目的，本实用新型采用了如下技术方案：一种起坐式行走马，包括马或其他动物的外壳，起坐式四轮车。其特征在于：所述的马或其他动物的外壳下面连接一个起坐式四轮车。所述的起坐式四轮车前、后各有两个轮子，前后轮均为带有只能向前转，不能向后转的轴心的单向滑轮，车轮的前叉和后叉交汇在一个转轴上；前叉和后叉的中部各有一转轴，并连出两个拉杆，两个拉杆用转轴向左右连接出两个脚蹬子，两个脚蹬子中间向上连出一个伸缩杆，该伸缩杆穿过车轮前叉和后叉交汇的转轴，连着一个车座，车座与马或其他动物的外壳相连接。

本实用新型的效果是：人们坐在马身上，这时重力在马背上，马的前腿和后腿由于重力作用向外张开，由于后轮不能向后转，只有前轮向前转，马向前行。人踩着脚蹬子站起来，这时重力改在脚蹬子上，拉杆又拉动前后腿向内收缩，这时由于前轮不能向后转，只有后轮向前转，马又向前行。这样人们象骑马一样一起一坐，马便一步步向前移动。这种马由于骑行方便，不用学，而且安全，非常适于儿童骑用。

附图说明

图 1 为本实用新型的侧视图。

图 2 为本实用新型起坐式四轮车被坐下时的结构示意图

图 3 为本实用新型起坐式四轮车被踩竖立起来时的结构示意图

具体实施方式

根据以下附图对本实用新型作进一步的说明：

如图 1 所示，马或其他动物的外壳 21 套设在起坐式四轮车 22 的外面。

如图 2、3 所示，起坐式四轮车 22 前、后各有两个轮子 1、2，前后轮 1、2 均带有只能向前转，不能向后转的轴心的单向滑轮 3、4，车轮的前叉 5 和后叉 6 交汇在一个转轴 7 上；前叉 5 和后叉 6 的中部各有一转轴 8、9，并连出两个拉杆 10、11，两个拉杆 10、11 用转轴 12、13 向左右连接出两个脚蹬子 14，两个脚蹬子 14 中间向上连出一个伸缩杆 15，该伸缩杆 15 穿过车轮前叉 5 和后叉 6 交汇的转轴 7，连着一个车座 16，车座 16 与马或其他动物的外壳 21 镶嵌在一起。

说明书附图

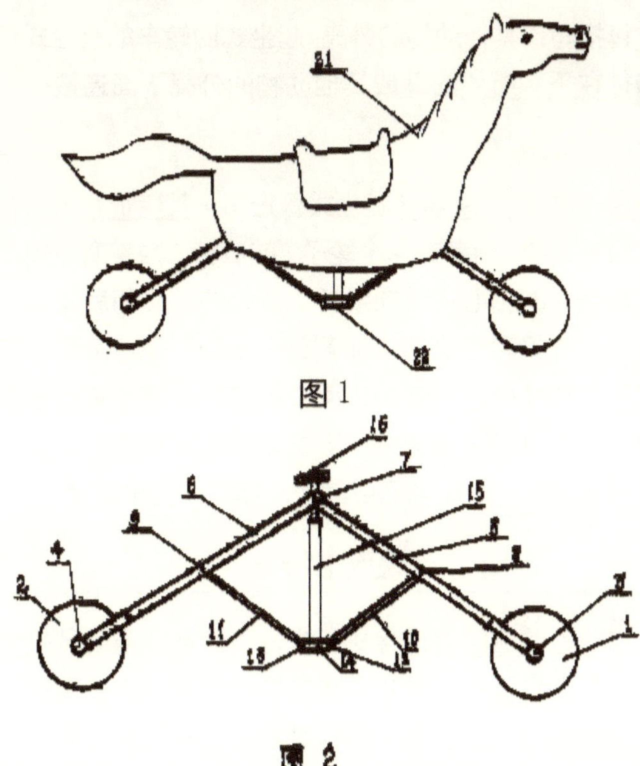

图 1

图 2

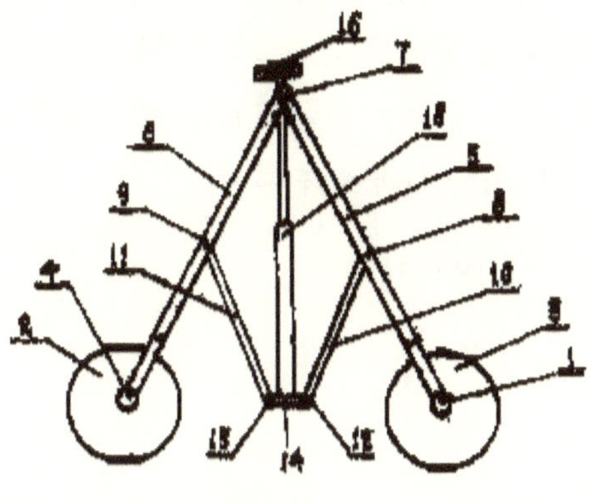

图 3

权利要求书

1、　一种包括马或其他动物的外壳、起坐式四轮车的起坐式行走马。其特征在于：所述的马或其他动物的外壳下面连接一个起坐式四轮车。

2、　根据权利要求 1 所述的起坐式行走马，其特征在于：所述的起坐式四轮车前、后各有两个轮子，前后轮均为带有只能向前转，不能向后转的轴心的单向滑轮，车轮的前叉和后叉交汇在一个转轴上；前叉和后叉的中部各有一转轴，并连出两个拉杆，两个拉杆用转轴向左右连接出两个脚蹬子，两个脚蹬子中间向上连出一个伸缩杆，该伸缩杆穿过车轮前叉和后叉交汇的转轴，连着一个车座，车座与马或其他动物的外壳相连接。

说明书摘要

本实用新型的名称为起坐式行走马，涉及儿童玩具领域。本实用新型的目的是提供一种能让人骑行的玩具马。本实用新型的技术方案是：一种起坐式行走马，包括马或其他动物的外壳和起坐式四轮车。其特征在于：所述的起坐式四轮车前、后各有两个轮子，前后轮均配有单向滑轮。车的前叉和后叉与转轴、拉杆、两个脚蹬子、伸缩杆、车座等相连接，车座又与马或其他动物的外壳相连接。人们在马背上一起一坐，车便一步步向前移动。这种马既可供孩子们学古人骑马奔驰，又可供锻炼身体用。

（注：摘要附图与说明书附图 1 一样）

说明书

自卫伞

所属技术领域

本实用新型涉及一种自卫伞。

背景技术

当人们安全受到威胁时，当女职工独身一人上班时，人们一定想为他们配备一种自己的武器，但现却没有一种经政府批准的，被广泛采用的自己武器，原因很简单，因为象刀、枪、电警棍等武器虽好，但好人能用，坏人也能用；可用来自卫，也可用来进攻，因此不宜推广。要想推广使用一种自卫的武器，必须符合以下两个条件：1.好人能用，坏人不能用；2.只能用作防卫，难以用作进攻。根据这一思路，我们想到：1.盾牌是所有武器中只能用作防卫，不能用作进攻的，而雨伞的形状与之相仿，张开后，便使人无法靠近；2.报警器是好人才用，坏人不会用的，若在武器上都装上报警器，一拿起来便响声大作，坏人就不敢用了，而好人则可用其来报警。

发明内容

本使用新型的任务是要提供一种自己伞，使好人才能使用，坏人不敢使用；主要用于防卫，难以用来进攻。

本实用新型的任务是以如下方式完成的：设计一种特殊的折叠伞，平常只是一般的雨伞，可用作挡雨、遮阳，不用时放在包里。所不同的是：伞架用金属材料制成，伞杆则用非导电材料制成，手握部分为一套筒，里面放置一个由报警器、电击器，强力电池和灯泡等组成的电棍，该电棍平常只能作手电筒用，只有将其放入伞杆的套筒内，其报警器、电击器的触头才能与套筒内的开关相对接。套筒内的开关靠一拉线连接雨伞的顶端，雨伞打开后，报警器与电击器的开关同时打开，报警器报警，伞面的金属架产生高压电。由于伞一打开便响声大作，一般只能是好人用来自卫，坏人不会用其去作案。同时，规定该报警器与电击器每工作一段时间便间断一次，这样，就可防止坏人用其来逃避警察抓捕，因为在此期间内，进攻者若是坏人，早被警报声吓走；进攻者若是警察，完全可以等候电击的间隔停顿冲上前将其抓获。由于雨伞与电棍为两部分，电棍价值较高，可长期使用；雨伞价值较低，容易损坏，可随时更换。电棍没有配套雨伞便无法使用，保存起来也比较安全。

附图说明

以下将结合附图对实用新型作进一步的描述。

图 1 为本实用新型将电棍装进伞把，雨伞打开之后的侧视图。

图 2 为本实用新型雨伞合上之后的侧视图。

具体实施方式

参见图 1、折叠伞 1 的伞架 2 用金属导电材料制成，伞杆 3 用非导电材料制成，手握部分 4 为一套筒，里面可放置一个电棍 5，电棍 5 由报警器、电击器、灯泡等组成，并可放置一个强力电池 6。报警器、电击器、灯泡等因在电棍内部，图中未标出，该电棍平时可作手电筒用。该电棍 5 中的报警器、电击器的开关为一插座，与雨伞手把 4 中的插头对接。插头上有一个拉线连接在伞的顶部 7 处，作为电棍 5 的开关，该拉线因在伞杆 3 中，图中未标出。该伞 1 平时可作雨伞用，将电棍 5 放入伞的手把套 4 中，打开伞，报警器便开始报警，伞架 2 产生高压电。参见图 2，不用时将伞 1 折回，电棍 5 取出。

说明书附图

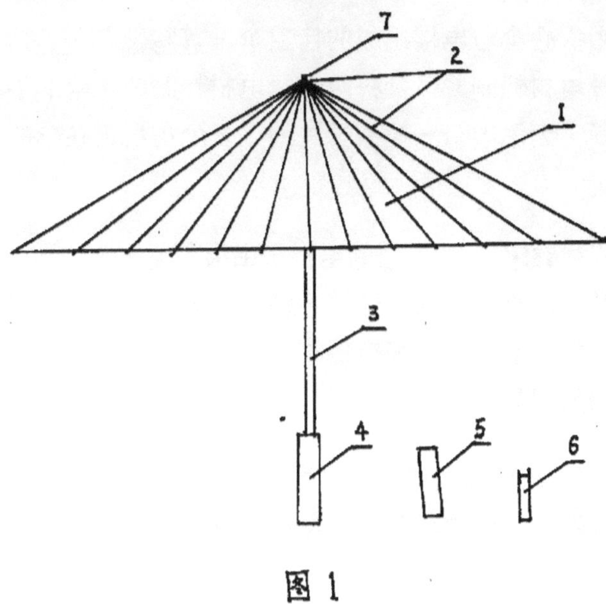

图 1

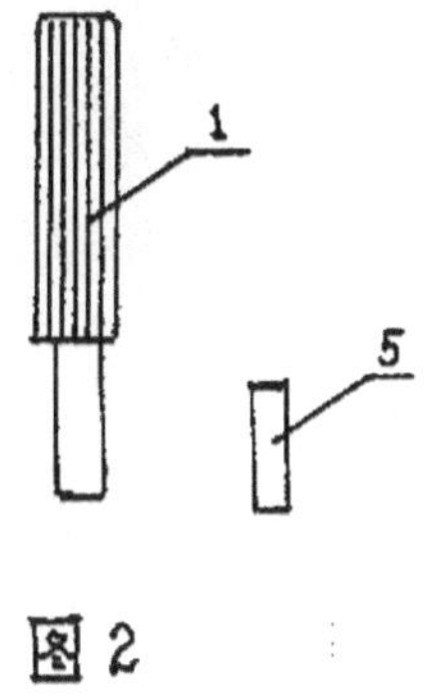

图 2

权利要求书

1.　一种由折叠伞与电棍组成的自卫伞，其特征在于：折叠伞的伞架用导电材料制成，伞杆用非导电材料制成，伞的手握部分为一套筒，套筒内有一插头，并通过一个拉线连在伞的顶端作为开关。

2.　根据权利要求 1 中所述的电棍，由报警器、电击器、灯泡等组成，并可放置一个强力电池，该电棍单独可作手电筒用，而报警器与电击器的开关在电棍的一插座内，该插座与雨伞手把套中的插头相配套。

3.　根据权利要求 1 所述的自卫伞，其特征在于：将电棍插入雨伞的手把套内，伞一打开，报警器报警，伞面产生高压电。将伞合上，以上电器电源关闭。

说明书摘要

一种由折叠伞和电棍组成的自卫伞，其特征在于：折叠伞平时可作雨伞用，但将电棍插入伞的手把套后，伞面便产生高压电压，使人无法靠近，同时报警器开始报警。将电棍单独放置时，其只能作手电筒用。这种自卫伞只能用以自卫，难以让坏人掌握其去作案伤人。

(注：摘要附图与说明书附图一样)

说明书

多用途自行车锁

所属技术领域

本实用新型涉及一种多用途自行车锁。

背景技术

目前已有的自行车锁，一般只有锁车防盗的单一功能。对于骑自行车的人来说，常会遇到自行车在行驶途中螺丝松动等小故障而手头没有修车工具的烦恼。而经常携带修理工具又显然十分不便。如果在自行车上装一个工具包，又容易丢失被盗。

发明内容

本实用新型的目的在于提供一种多用途自行车锁，使自行车锁兼有螺丝刀、活口扳手（或钳子）的功能，不仅为骑车者带来方便，而且不易被盗。

本实用新型的目的是以以下方式达到的。

一种多用途自行车锁，包括带有锁芯的锁（锁架），固定锁的固定片套扣。插入锁芯的杆式锁栓。其特征在于，在该锁栓下端有凹设的锁槽，下端头为一螺丝刀头。

本实用新型的目的还可以以如下方式达到：

所述的多用途自行车锁，其特征在于：在所述锁杆的上端设有一段阳螺纹，该阳螺纹上套设一螺母，在该螺母的一侧又套设一扳手的活动牙，在锁栓杆端头对应该活动牙的位置，固定凸设扳手的固定牙，该固定牙的前端向下弯曲又凸设一小牙。

所述的多用途自行车锁，其特征在于：在所述的锁栓杆上端向外延伸形成扳手的固定牙，在固定牙下方设一矩形孔，该矩形孔中固设一小轴，小轴上套设一扳手的调节蜗杆，在矩形孔外侧设有滑槽，滑槽中设有与该调节杆蜗杆配合的固定凸齿及扳手的活动牙。

所述的多用途自行车锁，其特征在于：在所述的锁杆的另一端也是一螺丝刀头，锁栓杆中间分叉成能活动的 V 字形，V 字形顶端向外凸设一钳子头。

本实用新型的效果是使自行车锁兼有螺丝刀、活动扳手（钳子）的功能，可为骑自行车的人在行驶途中出现螺丝松动等小故障提供应急的修理工具，而且易于携带，不易丢失或被盗。

附图说明

附图的图面说明如下：

图 1 为本实用新型第一较佳实施例的结构示意图。

图 2 为图 1 的锁栓部分结构示意图。

图 3 为图 2 的 A—A 剖面图。

图 4 为图 2 的 B—B 剖面图。

图 5 为本实用新型第二个实施例的结构示意图。

图 6 为图 4 的锁栓杆部分结构示意图。

图 7 为本实用新型第三个实施例的结构示意图。

图 8 为本实用新型第四个实施例的结构示意图。

图 9 为本实用新型第五个实施例的结构示意图。

具体实施方式

本实用新型结合附图详述如下：本实用新型第 1、2 实施例的锁头如图 1 中的锁头 1 所示，该锁头靠固定的片 2 固定在车叉梁上。第 4、5 实施例的锁为一 U 形锁架。因该锁与固定片等均为一般技术，故不再赘述。

　　本实用新型改进的重点在锁栓杆部分，如图 1、2、3、4 所示，杆形锁栓 21 的下端设有一段阳螺纹 22，在阳螺纹 22 上套设一螺母 23，在螺母 23 上侧由套设一扳手的活动牙 24，在锁栓 21 的上端头对应活动牙 24 凸设一扳手的固定牙 25，在固定牙 25 的前端叉向下弯曲凸设一小牙 26。锁车时，将锁栓 21 的下端 28 插入锁头 1。锁栓的上端 25、26 将右车叉梁抱住，即可完成锁车。如果骑车人在路上遇到故障欲松脱或紧固某个螺母，即可调节锁栓杆 21 上的螺母 23，通过扳手的活动牙 24 和固定牙 25 夹持住欲修部件的螺母进行维修工作，从而使本实用新型具有活口扳手的功能。

　　参见图 5 和图 6，是本实用新型的第二个实施例。锁栓 41 的下端也有凹设的锁槽，端头 28 也形成一螺丝刀头，锁栓杆 41 的上端延伸形成固定牙 46，在固定牙的下端设一矩形孔 42，矩形孔一侧设有固定凸齿 44，矩形孔 42 中固设一小轴（图中未示），小轴上套设一与固定凸齿 44 齿合的调节蜗杆 43，在矩形孔外侧设有滑槽（图中未示），滑槽中设有与蜗杆 43 相配合的扳手的活动牙 45，形成一活口扳手，锁车时扳手的固定牙与活动牙将车叉梁 4 抱住。

　　参见图 7，在本实用新型的第三个实施例侧视图中，锁头 1 与第一实施例图 5 中的锁头相同，锁栓 41 与第二实施例图 6 中的锁栓相同。所不同之处是在锁栓与锁头的结合上，在右车叉梁 4 上增设一个内套扣 6 和外套扣 5.

　　参加图 8，是本实用新型的第四个实施例，锁栓 41 与第二实施例图 6 中的锁栓相同。该实施例采用 U 型锁架，该锁架的一个开口端 62 上的设有插口眼，另一个开口端上设有锁头 63。锁栓 41 穿过锁架端头 62 上的插孔，插入锁头 63，即完成锁车。

　　<u>参加图</u> 9，是本实用新型的第五个实施例，锁栓 81 为一钳子头，钳子的两个把上均有凹槽供锁车用，端头设有一字型螺丝刀头和十字形螺丝刀头。该实施例采用 U 型锁架，该锁架的一个开口端 85 上设有锁芯，一个开口端 86 上设有插孔。锁车时将 82 插入 85，83 插入 86 即可。用车时将锁栓翻转过来，81 置于锁架 84 之上，82 从上部插入 85，83 从上部插入 86 即可。

说明书附图

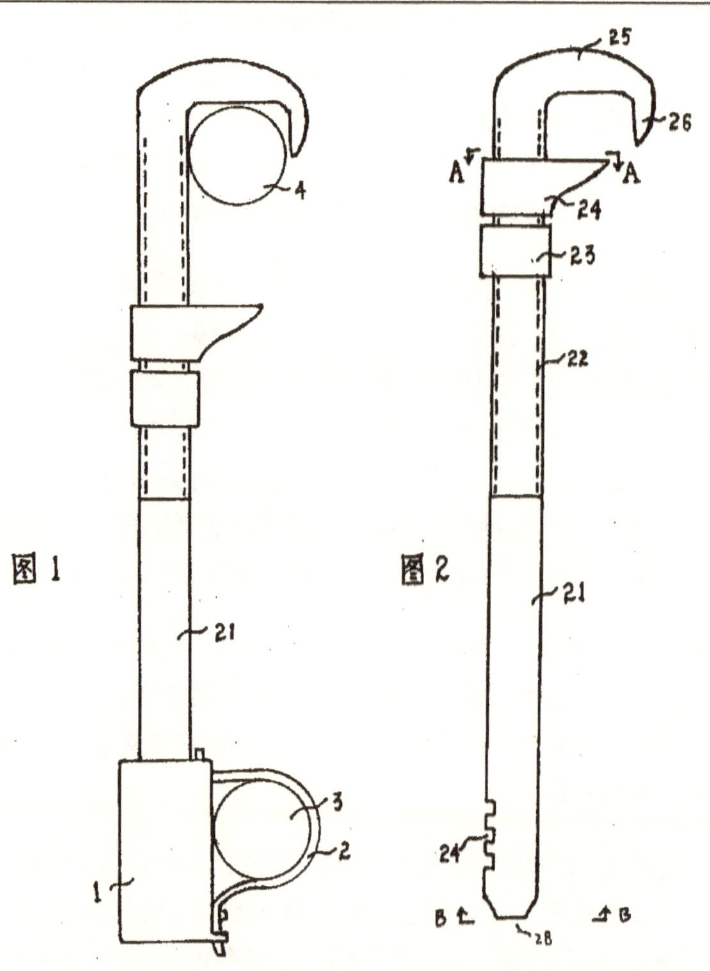

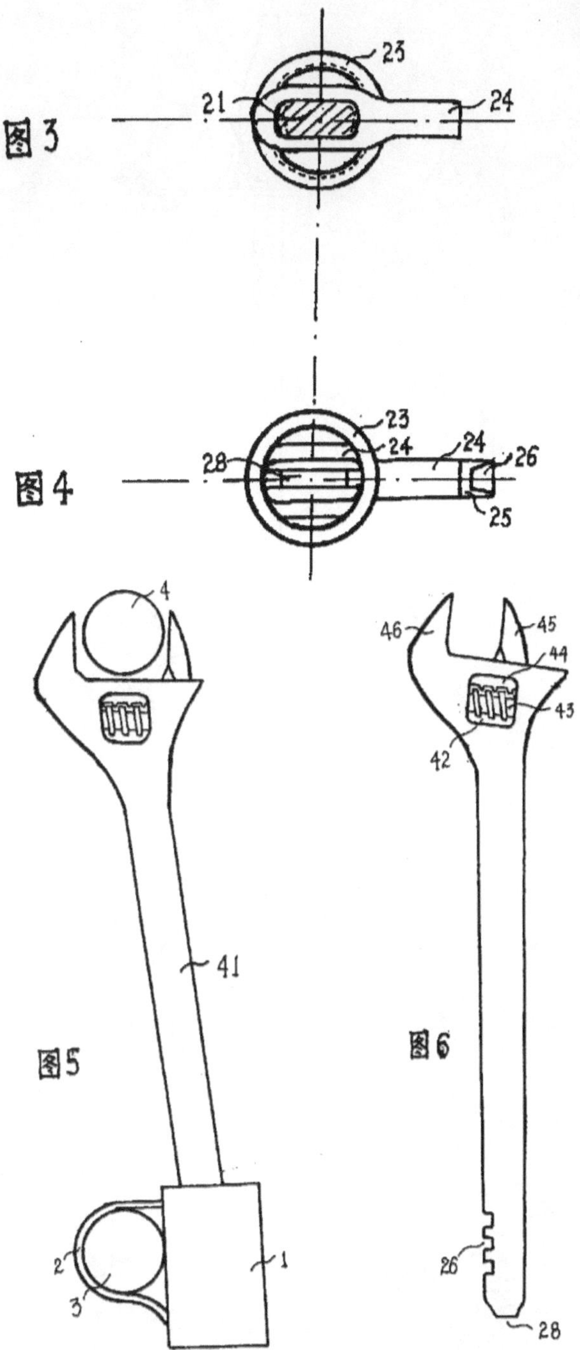
图 3
图 4
图 5
图 6

图 7

图 8

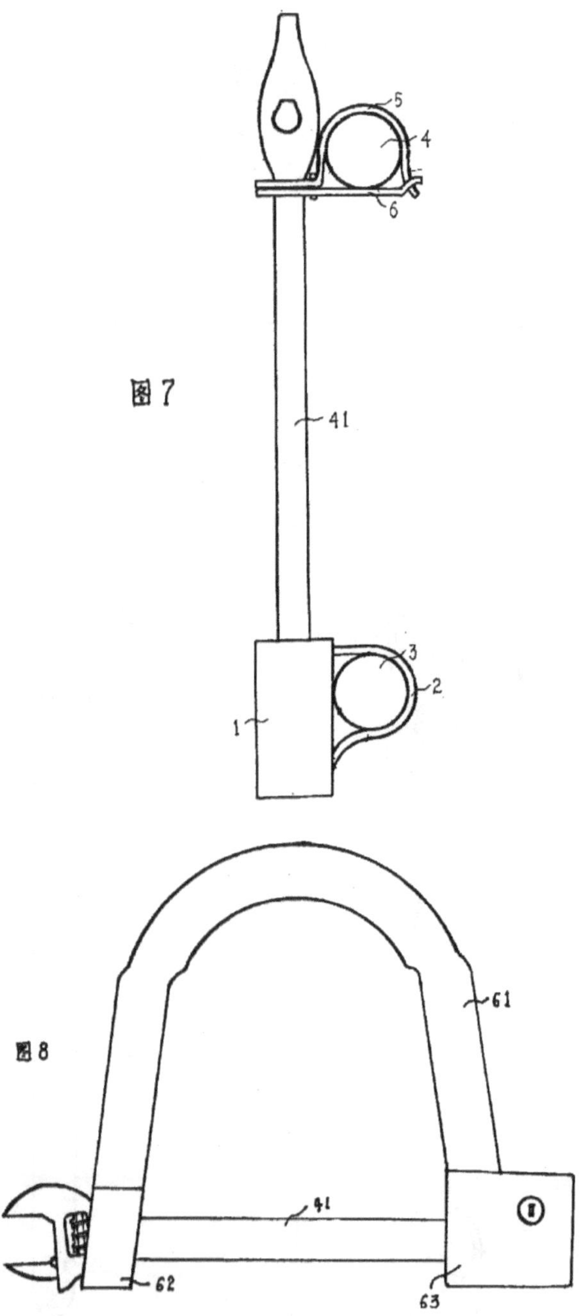

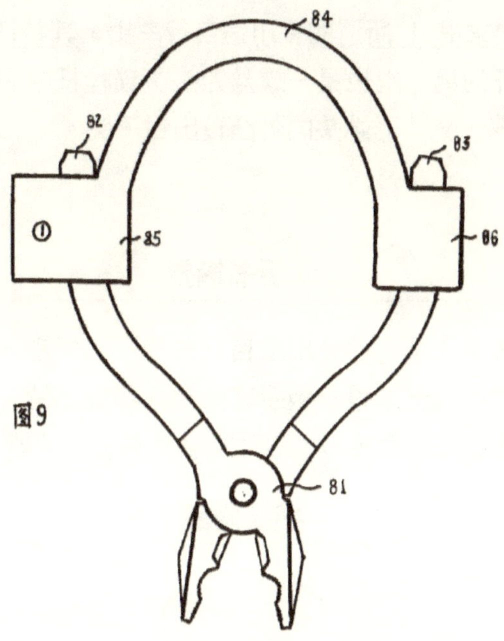

权利要求书

1、　<u>一种多用途自行车锁</u>，<u>包括</u>带有锁芯的锁，固定锁的固定片套扣。插入锁芯的杆式锁栓，其特征在于，在该锁栓下端有凹设的锁槽，下端头为一螺丝刀头。

2、　<u>按权利要求书 1 所述</u>的多用途自行车锁，<u>其特征在于</u>：在所述锁杆的另一端设有阳螺纹，该阳螺纹上套设一螺母，在该螺母的上侧又套设一扳手的活动牙，在锁栓杆端头对应该活动牙的位置固定凸设一扳手的固定牙，该固定牙的前端又向下弯曲凸设一固定牙。

3、　<u>按权利要求书 1 所述的多用途自行车锁，其特征在于</u>：在所述锁栓杆的另一端固设一活口扳手头。

4、　按权利要求书 1 所述的多用途自行车锁，其特征在于：在所述的锁栓杆的另一端也是一螺丝刀头，锁栓杆中间分叉成能活动的 V 字形，V 字形端头向外凸设出钳子头。

说明书摘要

本实用新型涉及一种多用途自行车锁，包括锁，固定片及杆式锁栓，在该锁栓的一端设一扳手的活动牙和固定片，另一端为螺丝刀头，从而使之兼有螺丝刀、活动扳手及车锁的功能。

摘要附图

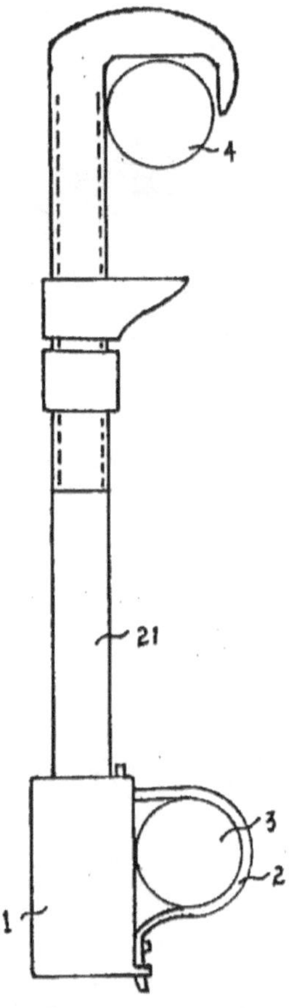

说明书

倾斜式电子开关

所属技术领域

本实用新型涉及一种倾斜式电子开关。

背景技术

现有的电子开关中还缺少一种可随物体的倾斜而自动开关的电子开关。

发明内容

本实用新型的任务是要提供一种可随物体的倾斜而自动开关的电子开关。

本实用新型的任务是以如下方式完成的；在一个圆球内设置一个能导电的金属棒，金属棒的一头为一重力球。用一横线将金属棒安置在小球的中央，根据地球引力的作用，使重力球始终垂直向下方，小球的上半部与下半部各有一圈金属导体，分别为电源的正、负极，小球直立时，金属棒与正、负极脱离，小球倾斜时金属棒将正、负极接通。

本实用新型还可通过以下方式完成：在一个圆锥形小盒内，顶端垂吊一个带有重力球的金属棒，金属棒的顶端为电源的正极，在小盒的下部设置一圈金属导体，接电源的负极，当小盒直立时，电源的正、负极断开，当小盒倾斜时，电源的正、负极接通。

附图说明

以下将结合附图对实用新型作进一步的详细描述。

图1是本实用新型直立时的侧视图。

图 2 是图 1 的 A、A 剖视图。

图 3 是图 1 倾斜时的 A、A 剖视图。

图 4 为本实用新型第二个实施例的侧视图。

图 5 为图 4 的 B、B 剖视图。

图 6 为图 4 倾斜时的 B、B 剖视图。

具体实施方式

参见图 1、图 2，在圆球 1 的中央用横线 2 安置一个能导电的金属棒 3，金属棒 3 的下端有一重力球 4，受地球引力作用，无论小球 1 前后左右怎样倾斜，金属棒 3 始终垂直吊在小球 1 的中央。在小球 1 的上半部和下半部各有一圈金属导体 5、6，分别为电源的正、负极。当小球 1 直立时，金属棒 3 与正极 5、负极 6 相脱离，电源断开，参见图 3，当小球倾斜时，金属棒 3 与正极 5、负极 6 连接上，电源接通。

参见图 4 为本实用新型第二个实施例的侧视图，图 5 为图 4 的剖视图。在圆锥形小盒的顶端 8 垂吊一带有重力球 9 的金属棒 10，金属棒 10 的顶端 8 为电源的正极，在小盒 7 的下部设置一圈金属导体 11，为电源的负极。当小盒 7 直立时，金属棒 10 与金属导体 11 脱离，电源断开。参见图 6，当小盒 7 倾斜时，金属棒 10 与金属导体 11 相连，电源正、负极接通。

根据以上原理制成的倾斜式电子开关，可应用于防盗、医疗等各领域，例如为心脏病人制作一种带有这种开关的报警器，病人晕倒，报警器便报警，或发出："请将病人上衣口袋中的药丸取出放入病人口中"之类的提示语，提醒路人帮助救治病人。

说明书附图

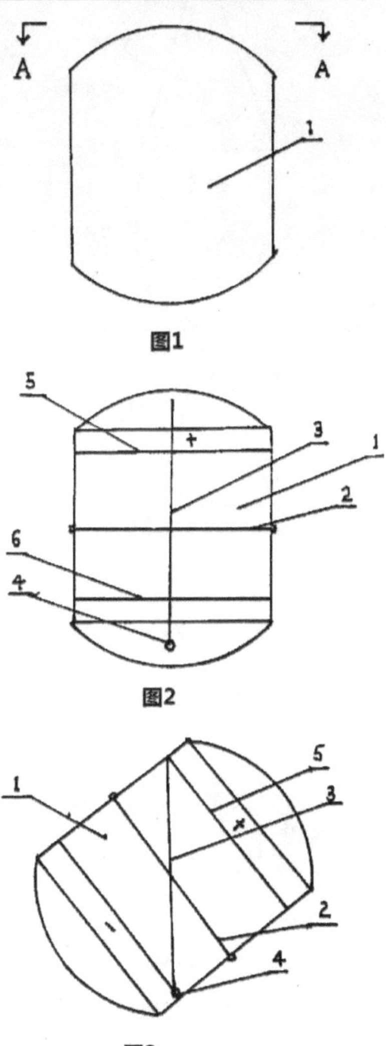

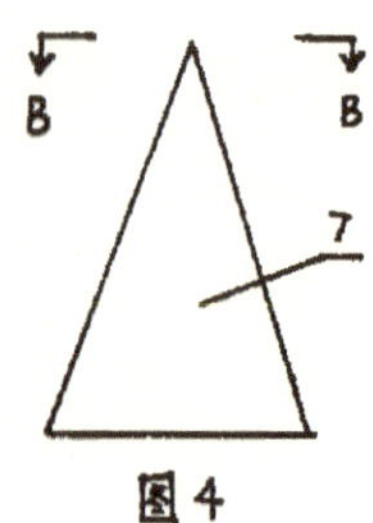

图 4

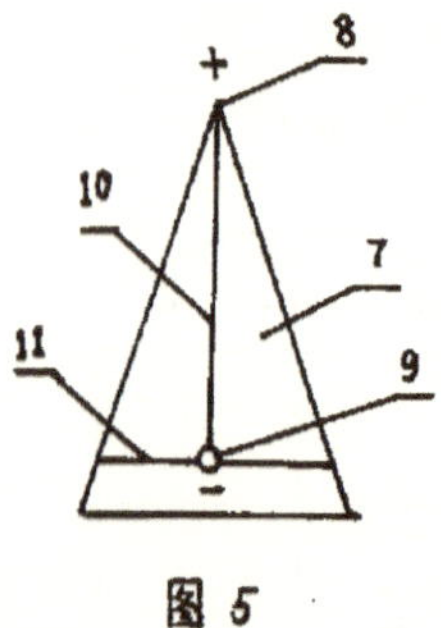

图 5

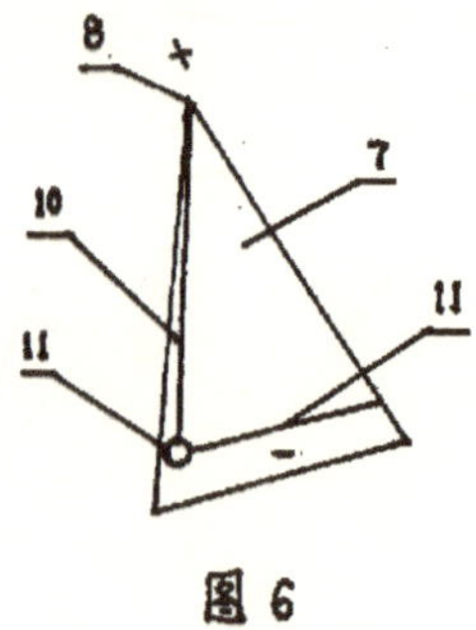

图 6

权利要求书

1. 　一种倾斜式电子开关，其特征在于：当该开关直立时，电源断开；当该开关倾斜时，电源接通。

2. 　按权利要求 1 所述的倾斜式电子开关，其特征在于：所述的电子开关为一圆形的小球，在小球的中央，用一横线安置一能导电的金属棒，该金属棒的下端有一重力球，使该金属棒始终垂直地吊立在小球的中央。在小球的上半部和下半部各有一圈金属导体，分别为电源的正、负极。小球直立时金属棒与电源的正、负极脱离；小球倾斜时，金属棒与电源的正、负两极接通。

3.　按权利要求 1 所述的倾斜式电子开关，其特征在于：所述的电子开关为一圆椎形小盒，在小盒的顶端吊一个带有重力球的金属导体，金属导体的顶端为电源的正极，在小盒的下部设置一圈金属导体，接电源的负极。当小盆直立时，电源的正、负极相脱离；当小盒倾斜时，电源的正、负极接通。

4.　按权利要求1所述的倾斜式电子开关，其特征在于：该种开关可应用于防盗，医疗等各个领域，其中一种方法是，在为心脏病人制作的报警器上设置一种这样的开关，病人一晕倒，开关便打开，报警器报警并发出怎样解救病人的提示语。

说明书摘要

本实用新型涉及一种倾斜式电子开关，它是在一小圆球的中央，用一横线安置一能导电的金属棒，金属棒的下端有一重力球，使该金属棒始终垂直吊立在小球的中央。在小球的上半部和下半部各有一圈金属导体，分别为电源的正、负极。小球直立时，金属棒与电源的正、负两极脱离；小球倾斜时，金属棒与电源的正负两极接通。

摘要附图

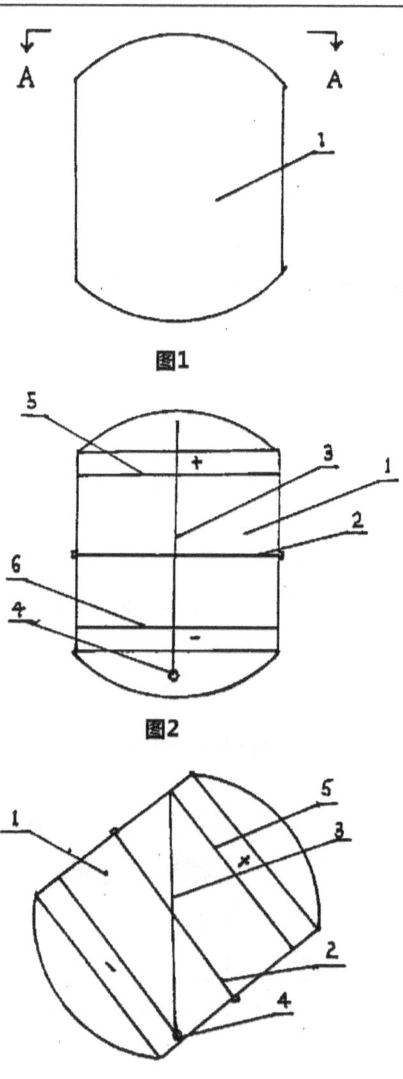

说明书

家庭报警装置

所属技术领域

本实用新型涉及一种家庭报警装置。

背景技术

当家中无人时出现跑气、跑水、火灾、盗窃等危险情况时，如何能让主人立刻知道并及时排险，是人们迫切盼望解决的问题,安装高级的报警装置费用昂贵，一般家庭不愿进行这项投资。

发明内容

本实用新型的任务是要提供一项简单易行的家庭报警装置，不仅安装简便，而且价格便宜。

本实用新型的任务是以如下方式完成的：一种由电子门锁、遥控板、报警电话、多个报警传感器、防泄气控制开关、防跑水电子开关所组成的家庭报警装置，其特征在于：所述的电子门锁与遥控板，其主体为一带有震动报警器的电子门锁，装于门上，电子门锁用遥控板控制，按下遥控板上开的按键，门锁打开，报警器不响；按下遥控板关的按键，门锁锁定，报警器处于工作状态。该电子门锁、遥控板与汽车电子门锁与遥控板相似，因是现有技术，故本文不再赘述，其不同之处在于将汽车电子门锁应用于家庭防盗门，另外在于在门锁上有一手动开关，也可用人工方式关闭报警器。所述的报警电话是与电子门锁连接的报警电话上有可自动拨号的拨号盘和记忆键，可储存一个电话号码；有一免提扬声器和受话器。当电子门锁处于锁定状态有人触动门时，报警器报警，报警电话自动拨通人们设置的电话，人们便可从外面通过门上的免提受话器听到门内外的动静，并通过免提扬声器对门外的人进行询问和对话。所述的多个报警传感器是指门上报警器上还设置一排多项并联开关连接器，分别连接门铃、烟感器、报警触头、防跑水电子开关等，其连接方式有两种，一种为拉线式的，即通过拉电线连接多个报警传感器；另一种为遥控式的，即门上报警器上的多项并联开关为无线电接收器，多个报警传感器上均有与汽车电子门锁遥控板相似的发射装置，其连接原理因是现有技术，故本文不再赘述。以上电子门锁和报警电话可统称为门上报警器。将多个传感器分别设置在厨房、卫生间、阳台、窗户等上面，家中出现盗、火、水等险情，传感器便发出指令传导给门上报警器上的开关，门上报警器便开始报警。所述的防泄气控制开关为在煤气、天然气管道的总阀和液化气罐的总阀上设置一个自动开关，当烟感器发出指令时总阀门便自动关闭。所述的防跑水电子开关是在一个绝缘体上设置正、负极两个电源触头，该触头与地面仅距毫米左右，利用水能导电的原理，一旦有水浸到正、负极两个触头，便接通电源，发出指令。将该开关放在厨房和卫生间的地面上，在自来水管道的总阀上设置一个专门接收该开关指令的自动阀，地面上一但跑水该自动阀便自动关闭。

附图说明

以下将结合附图对实用新型作进一步的详细描述。

图 1 为本实用新型的正视图及门上报警器与多个报警传感器拉线式的连接图。

图 2 为本实用新型门上报警器与报警传感器的无线电遥控连接图。

图 3 为本实用新型防泄气控制开关的正视图。

图 4 为本实用新型防跑水电子开关的正视图。

具体实施方式

参见图 1，是本实用新型的正视图及与多个报警传感器的第一种拉线联系方法。一种带有震动报警器 14 的遥控电子门锁 1，相连接一部报警电话 2，电话 2 可通过电线 20 用分线盒连在家中的电话主机上，电话 2 上设有免提扬声器 3 与免提送话器 4，并设有记忆键 5，通过记忆键 5 和拨号键 6 可储存一个电话号码。电话 2 与报警器 14 的电源开关靠门的震动进行控制，其原理与汽车防盗锁相仿，因是现有技术，故本文不再赘述。按动遥控板 37 上关的按纽 38，锁舌 7 锁定，电源接通，电话 2 与报警器 14 处于工作状态；按动遥控板 37 上开的按纽 39，锁舌缩回，电源断开，报警器 14 与电话 2 停止工作。报警器 14 与电话 2 的电源开关也可靠手动按纽 8 控制。与电话 2 和报警器 14 相连接的还有一多项并联开关 9，多项开关 9 靠连接线 16、17、18 分别连接门的上端的烟传感器 10（现有技术）、门外的门铃按纽 11、门的下端的防跑水电子开关 12。

参见图 2 是本实用新型第二种无线电遥控连接方法。门上报警器是电子门锁 15 相接一部报警电话 22，电话 22 是家庭电话主机的无绳分机。在门上报警器电话 22 上设置一个无线电接收器 13 以代替多项电子有线开关。在多个报警传感器上均设置相同频率的无线电发射器，这样不用拉线，便可将烟感器设在厨房，将防跑水电子开设在卫生间、厨房，将其它多个报警触头分别设在门、窗等多个部位，加大警戒范围。所述的报警传感器目前在市场已有许多种，因大部分为现有技术，故本文不再赘述。另外，在电子门锁 15 之上再加上手动开关 21，可从门内手动控制报警器 19 和电话 22 的开关。

参见图 3，所述的防泄气控制开关是在液化气罐 25 的总阀上设一电子自动开关 26，在煤气，天然气管道 23 上设一电子自动开关 24，将烟感器设在以上电子开关上，或设在室内其它地方，烟感器感触到烟气之后，发出指令，电子自动开关开闭。因自动开关为现有技术，故本文不再赘述，本实用新型不同之处是将该技术应用在煤、液化、天然气的总阀上。

　　<u>参见图</u> 4，所述的防跑水电子开关详见图 4，在一个绝缘体 31 之上设置正极 32 与负极 33 两个触头，该触头距地面仅毫米左右，根据水能导电的原理，一旦有水浸到正极 32 与负极 33 两个触头，便通过线路 35、36 接通电源，通过传导，报警器 14 与电话 2 开始报警。在自来水管道 29 的总阀上设一电子自动阀 30。一旦家内有水浸上防跑水电子开关，其便发出指令，自动阀 30 便自动关闭。因自动阀为<u>现有技术，故本文不再赘述，本实用新型的不同之处是</u>将自动阀应用在自来水管的总阀上。

　　<u>本实用新型的原理是</u>：只要用遥控板将电子锁 1 或 15 锁定，门便从里面锁上，报警器 14、19 和报警电话 2、22 处于工作状况，此时只要出现盗、火、水等情况，或有人按动门铃，报警器便开始报警，报警电话中的电子开关便将免提系统和记忆键打开，电话自动拨号。同时，煤气阀、水阀等也自动关闭。　操作时，将自己常用的电话号码，如手机或单位值班电话或 BP 机（自动寻呼机）号等储存在记忆健中，出门时用遥控板将门锁上，家中一旦有情况电话便响，便可通过监听，及时处理。人在家里时，可将手动按纽 8、21 关上，报警器与报警电话便停止工作，以免搅扰家人。本家庭报警装置可另装在门上，也可直接设计在防盗门内。

说明书附图

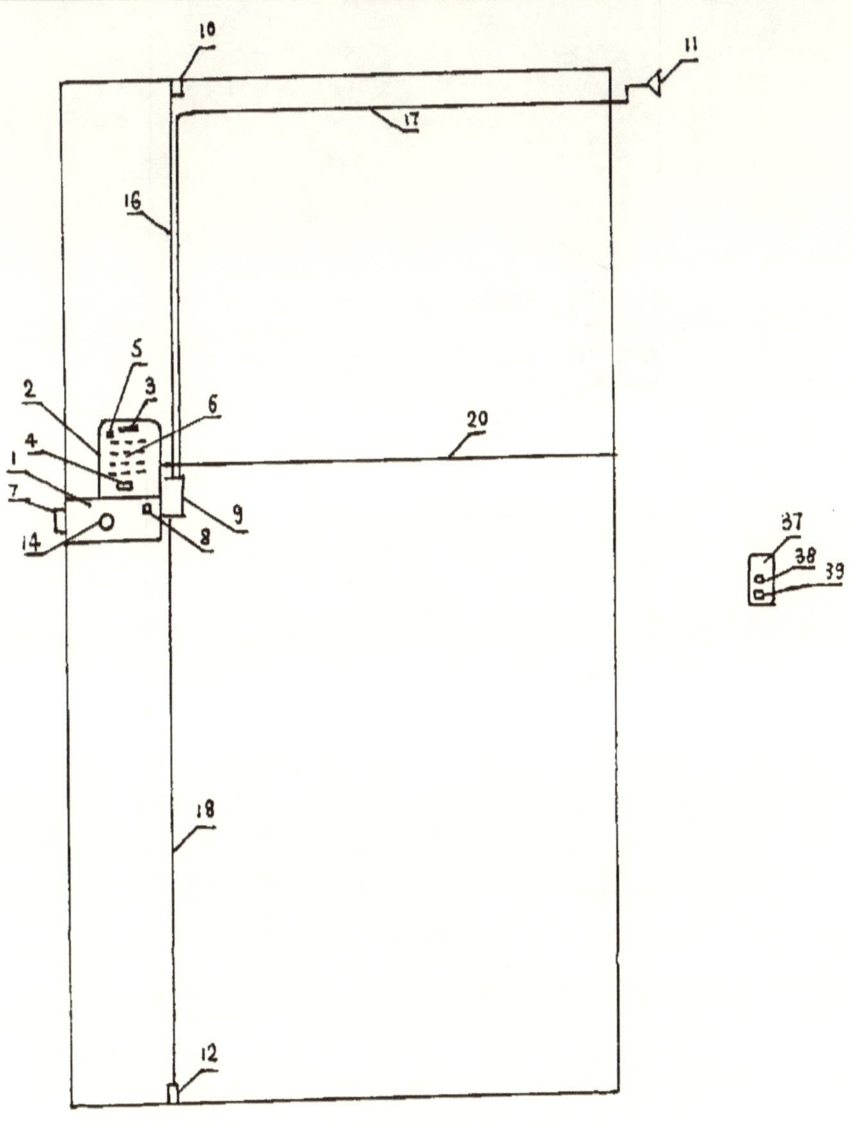

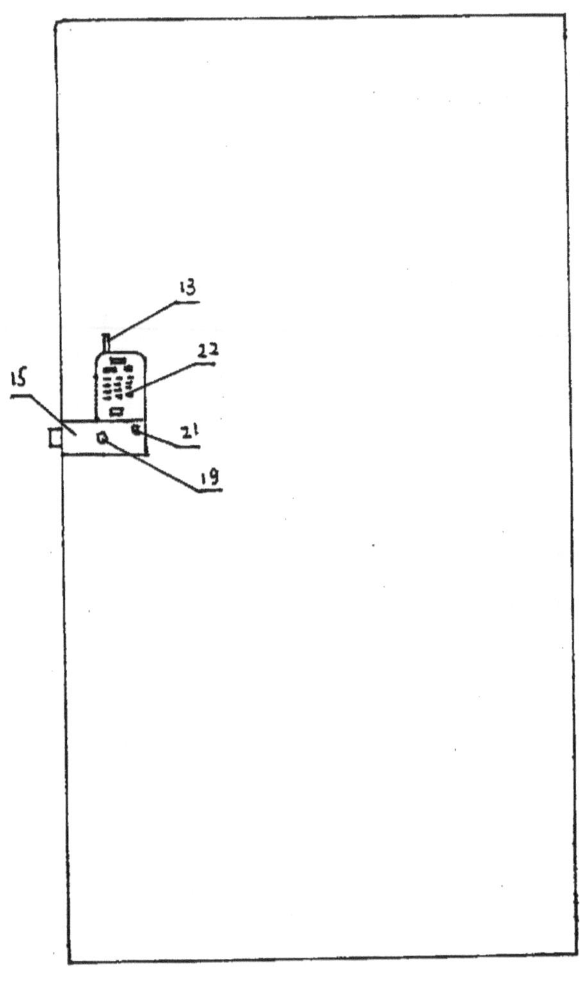

图 2

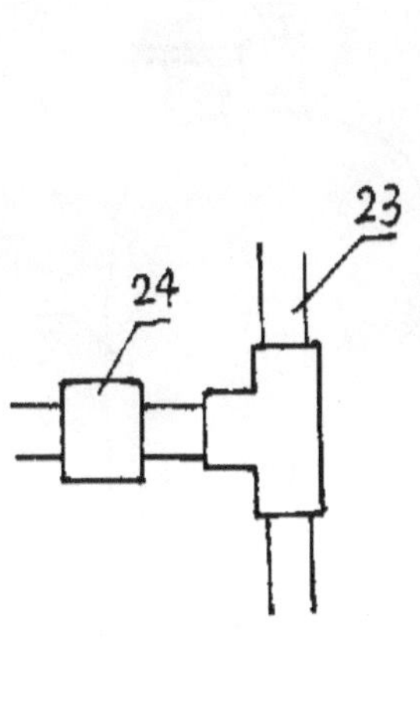

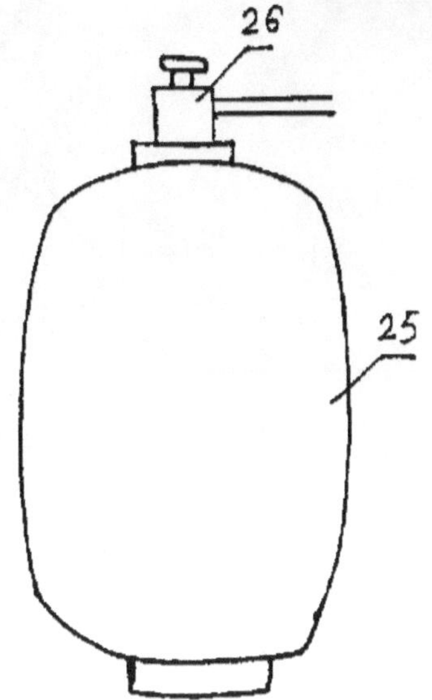

图 3

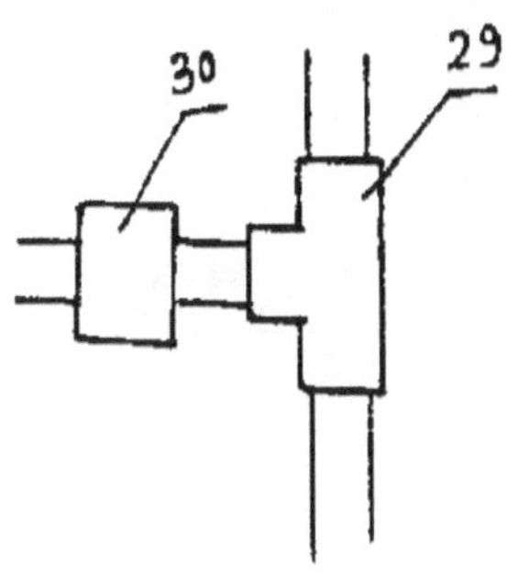

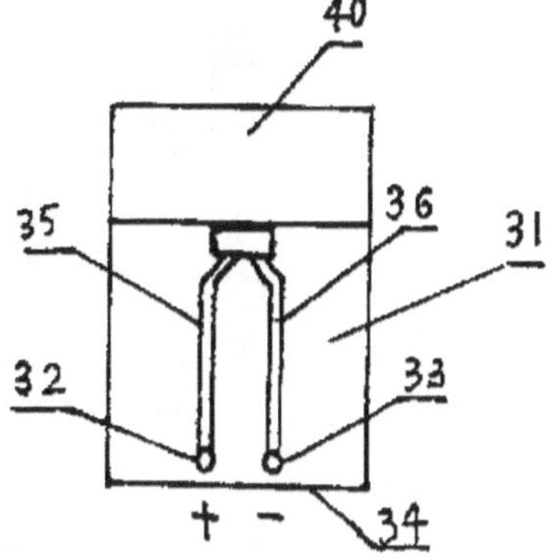

图 4

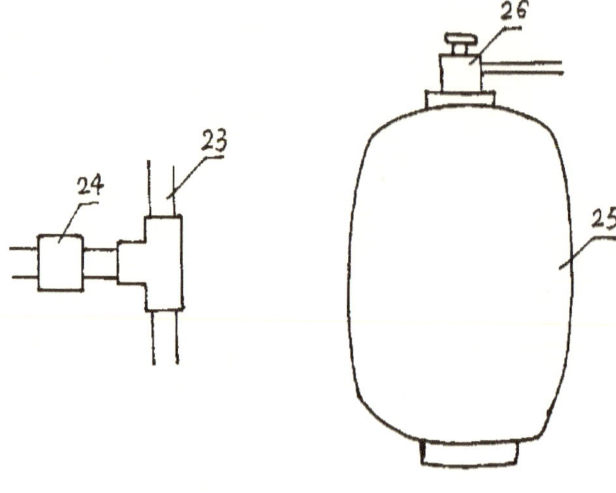

图 3

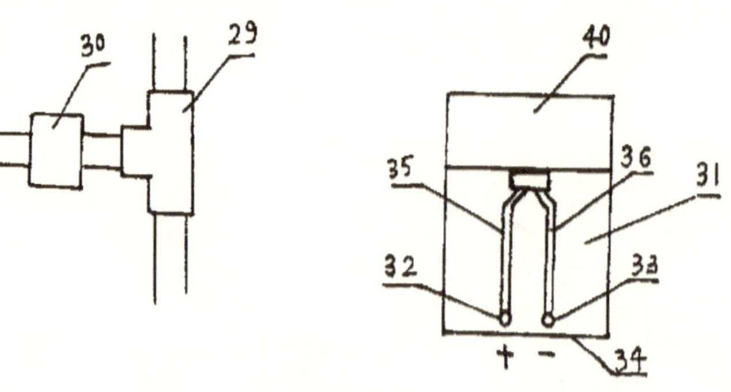

图 4

权利要求书

1. 　<u>一种由</u>电子门锁、遥控板、报警电话、多个报警传感器、防泄气控制开关、防跑水电子开关所<u>组成的</u>家庭报警装置，<u>其特征</u>

在于：所述的电子门锁和遥控板，其主体为一带有震动报警器的遥控电子门锁和对其进行遥控开关的遥控板，电子门锁上还有一控制报警器和报警电话的手动开关。

2． 按权利要求 1 所述的家庭报警装置，其特征在于：所述的报警电话，与电子门锁相连接，并与家庭中的电话主机相连接。报警电话上有可储存一个电话号码的记忆键和自动拨号的拨号键，有一个免提扬声器和受话器。

3． 按权利要求 1 所述的家庭报警装置，其特征在于：所述的报警器和报警电话上有多项并联开关，用拉线方式连接多个报警传感器。

4． 按权利要求 1 所述的家庭报警装置，其特征在于：所述的报警器和报警电话上相接的多项并联开关是一个无线电接收器，各报警传感器上有与之相同频率的无线电发射器。

5． 按权利要求 1 所述的家庭报警装置，其特征在于：所述的防泄气控制开关，是在煤气、天然气管道和液化器罐的总阀上设置电子自动开关，用以接收烟感器发出的开关指令。

6． 按权利要求 1 所述的家庭报警装置，其特征在于：所述的防跑水电子开关，是在一绝缘体上设置距绝缘体边缘仅毫米左右的电源正、负极触头，两触头连接一个电子开关，同时在自来水管道的总阀上设一电子自动开关，用以接收防跑水电子开关的开关指令。

说明书

多功能电话

所属技术领域

本实用新型涉及一种多功能电话。

背景技术

现有的电话功能尚不完备，例如：电话的报警功能不全，人们看护病人时不想让电话铃响却无法控制它，电话表盘上按键齐全却不能作计算器用，显示屏上有时间显示却无钟表的报时功能，人们手举话筒不方便做记录工作，等等。

发明内容

本实用新型的任务是要提供一种多功能电话，弥补上述电话的不足，全面提高电话的各项功能。

本实用新型的任务是以如下方式完成的：一种由外接报警触头、禁烟提示器、静音开关、计算器、钟表、电话耳机组成的多功能电话，其特征在于：所述的外接报警触头包括红外线开关、震动开关、温控开关、声控开关、触感开关、烟感器、指南针式电子开关、倾斜式电子开关、水感器等。所述的红外线开关、震动开关、温控开关、声控开关、触感开关、烟感器等因是现有技术，故本文不再赘述；所述的指南针式电子开关，是在指南针的表盘上设置可转动的电子开关的正、负两极，指针为正、负两极的连接导线，因表盘可以转动，而指针始终指向南北，因此该开关可以随着指南针表盘的转动而开或关；所述的倾斜式电子开关有两种实施例，第一种实施例是在一个圆锥形小盒内，顶端垂吊一个带有重力球的金属棒，金属棒的顶端为电源的正极，根据地球引力作用，金属棒始终垂直悬吊；在小盒的下部设置一圈金属导体，接电源的负极，当小盒直立时，电源的正、负极断开；当小盒倾斜时，电源的正、负极接通，开关打开；第二种实施例是在一个小球内壁上设置一个横线，横线上垂吊一个能导电的金属棒，金属棒的一头为一重力球，使金属棒始终垂直吊立；小球的上半部与下半部各有一圈金属导体，分别为电源的正、负极，小球直立时，金属棒与正、负极脱离；小球倾斜时金属棒将正、负极接通，开关打开；所述的水感器是在一绝缘体上设置距底边仅毫米左右的电源正负极并联接一个电子开关，将水感器置于墙角下，根据水能导电的原理，一旦有水浸到水感器，电源正负极接通，报警开关打开。以上这些报警触头与电话中的能够自动拨号的记忆键相联接并作为记忆键的外接开关，报警触头与记忆键的联接方式可以是拉线式的，也可以用无线电遥控式，人们在记意键中存储一个最常用的电话号码，将各种报警触头放在相应位置，只要一出现警情，报警开关打开，电话自动拨通人们设置的电话号码；所述的触感开关还可作为手机电话上的记忆键的外接指环式按纽。

　　所述的禁烟提示器，是在电话上装一语音器，及与语音器相连并作为语音器开关的烟感器，语音器中录制的语音为"请您不要吸烟"之类的提示语。

　　所述的静音开关，是在电话上设制一个闪光灯，在闪光灯与电话铃之间设一转换开关，当人们不需要电话铃响时，将开关拨到闪光灯上。

　　所述的计算器，是在电话中装一计算器，在电话内芯与计算器之间设一转换开关，该转换开关连接电话显示屏、按键盘和其他按键。将包括#字键、*字键、重拨键、贮存键等键在内的其他按键分别设为+、－、×、÷、＝、Ｃ等键，使其一键两用，电话与计算器共用一副显示屏、拨号盘和其他按键。该方式也可用于手机电话，人们拿着手机，就象随身携带了一部计算器。

所述的钟表，是在电话中装一闹钟和闹钟专用按纽盘，使电话具有叫早和提醒的功能，在专用按纽盘中设一与闹钟定时开关相连的电话记忆键；同时在电话上设一窗口，窗口内设一转盘，转盘上刻有世界上一些主要城市与北京的时间差。

所述的电话耳机，包括以下几种实施例：第一种是一付耳机联着微型麦克和通用插头，第二种是头套式耳机加麦克联着一个通用插头，第三种是无绳电话另配一付与无绳电话相同频率的头套式无绳接送话器，第四种是头套联着一个用来夹电话手柄的夹子；在电话机座上设置一个与电话耳机插头相配套的插座和红灯，在该插座与原电话手柄压簧之间设一转换开关，由转换开关连接外线进入。

附图说明

以下将结合附图对实用新型作进一步详细说明。

图 1 为本实用新型电话主机和 12 个外接报警触头的效果图。

图 2 为本实用新型外接报警触头 11、12 的剖视图。

图 3 为本实用新型手机电话和外接触感按纽的效果图。

图 4 为本实用新型静音开关的电路图。

图 5 为本实用新型计算器的电路图。

图 6 为本实用新型增加外接耳机插孔的电路图。

图 7 为本实用新型电话耳机的正视图。

具体实施方式

参见图 1，在电话主机 1 上设一记忆键 2，通过拨号盘 3 拨号可储存一个电话号码，该记忆键 2 的开关为外接报警触头 3、4、5、6、7，8、9、10、11、12，只要以上报警触头开关有一个打开，电话的记忆键便自动拨号，向人报警，。各报警触头与记忆键 2 的联系方式可为拉绳式，也可为无绳电子遥控式，其连接方式因是现有技术，故文本不再赘述。所述的外接报警触头 3 为红外线电子开关，4 为震动开关，5 为温控开关，6 为声控开关，7 为触感开关，8 为烟感器，，以上各报警触头因是现有技术，故本文不再赘述；报警触头 9 为指南针式电子开关，所述的指南针式电子开关 9 是在指南针的表盘上设置电子开关的正极 13 和负极 14，指针 15 为正、负极之间的电路导线，将该开关 9 置于门、窗上，将正极 13、负极 14 转到离开指针 15 的位置，只要门、窗一被推开，指南针一转动，指南针式电子开关 9 便打开，电话开始报警；报警触头 10 为水感器，所述的水感器 10 是在一绝缘体 16 上设置距绝缘体边缘 17 仅毫米左右的电源正负极 18，电源正负极 18 连接一个电子开关 19，根据水能导电的原理，将水感器 10 放在墙边，只要地面有水浸到电源正负极 18，开关 19 便打开，电话开始报警；报警触头 11、12 为倾斜式电子开关，参见图 2，是倾斜式电子开关 11、12 两种实施例的剖视图，倾斜式电子开关 11 是在圆锥形小盒的顶端 20 垂吊一带有重力球 21 的金属棒 22，金属棒 22 的顶端 20 为电源的正极，在小盒的下部设置一圈金属导体 23，为电源的负极，当小盒直立时，金属棒 22 与金属导体 23 脱离，电源断开；当小盒倾斜时，金属棒 22 与金属导体 23 相连，电源正、负极接通；倾斜式电子开关 12 是在一圆球的中央用横线 24 安置一个能导电的金属棒 25，金属棒 25 的下端有一重力球 26，受地球引力作用，无论小球前后左右怎样倾斜，金属棒 25 始终垂直吊在小球的中央；在小球的上半部和下半部各有一圈金属导体 27、28，分别为电源的正、负极，当小球直立时，金属棒 25 与正极 27、负极 28 相脱离，电源断开；当小球倾斜时，金属棒 25 与正极 27、负极 28 连接上，电源接通，电话开始报警；所述的报警触头 7 为触感按钮，可将该按钮放在床头，桌边、病人手边，以便于人们及时接通电话报警。该触感按钮还可应用于手机电话，如图 3 所示，在手机 29 上设一记忆键 30，该记忆键 30 的开关为外接触感按钮 31，触感按钮 31 可为指环式的，套在指头上，人们夜间出外，若遇紧急情况来不及拨电话，便可按动按钮 31，电话自动拨号接通，其他人便可通过电话听到其呼叫声和身边发生的动静；也可将该按钮套在病人手指上，供其呼救用。记忆键 30 与按钮 31 的联系方式可为拉线式的，也可为无线遥控式的，因其为现有技术，故本文不再赘述。

参见图 1，所述的禁烟提示器，是在电话主机 1 上设一烟感器 32，该烟感器 32 联着一个语音器 33 并作为语音器 33 的开关，语音器 33 设置的语音为"请您不要吸烟"之类的提示语，只要有人在电话边抽烟，禁烟提示器便可自动向其发出劝诫。

参见图 1，所述的静音开关，是在电话主机 1 上设一转换开关 34，并设一闪光灯 35，其联接方式详见图 4 电路图，在外线进入 36 上设一转换开关 37，该开关 37 可在电话铃 38 与闪光灯 35 之间进行切换，将开关 34 拨向铃声 38，有人来电话，铃声响；将开关拨向闪光灯 35，有人来电话便铃声不响，闪光灯 35 闪烁。

参见图 1，所述的计算器，是在电话主机 1 中装一计算器 43，并设一转换开关 39。详见图 5 电路图，在电话显示屏 41、拨号盘 3 和其他按键 40 上设一转换开关 39，该开关 39 可在电话内芯 42 与计算器 43 之间进行转换；其他按键 40 包括#字键、*字键、重拨键、贮存键等键，分别设为+、−、×、÷、=、C 等键，一键两用，将开关 39 拨向计算器 43，电话可作计算器用。该方式也可用于手机电话。

参见图 1，所述的钟表，是在电话主机中装一多功能钟表，并设一钟表专用按纽盘 44，可通过按纽来定时、提醒等用，在专用按纽盘 44 中设一与闹钟定时开关 64 相连的电话记忆键 65，这样，电话就可按时拨通人们设置的电话，使电话边的人得到提醒；在电话 1 上设一窗口 45，在窗口 45 下设一转盘 46，转盘 46 上标有世界上一些主要城市与北京的时间差，这样，当你想给世界上某个城市打电话，想知道当地时间时，转一下转盘 46 即可。

　　<u>参见图</u> 1，<u>所述的</u>电话耳机，是在电话主机 1 上增加一外接插孔 47 和红灯 48，参见图 6 电路图，插孔 47 与原手柄 49 的压簧 50 之间有一转换开关 51，转换开关 51 与外线进入 52 相连，将转换开关 51 拨向原手柄 49 的压簧 50，可使用原手柄 49 打电话；将转换开关 51 拨向外接插孔 47，插入自己的耳机，红灯 48 亮起来，人们可使用自己的电话耳机来打电话。详见图 7，电话耳机可有以下几种实施例：<u>第一个实施例是</u>耳机 53 连着一个微型卖克 54 并连着一个通用插头 55；<u>第二个实施例是</u>带有卖克 56 的头套式耳机 57 连着一个通用插头 58；<u>第三个实施例是</u>头套 59 上装一个与现有无绳电话相同接收频率的无绳接收器 60 加送话器 61，这样用自己的耳机打电话，不用公共手柄，可防止疾病传播，而且可以解放双手。<u>第四个实施例是</u>头套 62 上装一夹子 63，用来夹电话手柄，以解放双手。

说明书附图

3
4
5
6
7
8
15
13
9
16
10
19
18
17
11
A
B
A
B
12
14
34
39
3
45
40
46
2
37
33
35
32
47
64
65
44
1
48
51
41
50
49
图 1

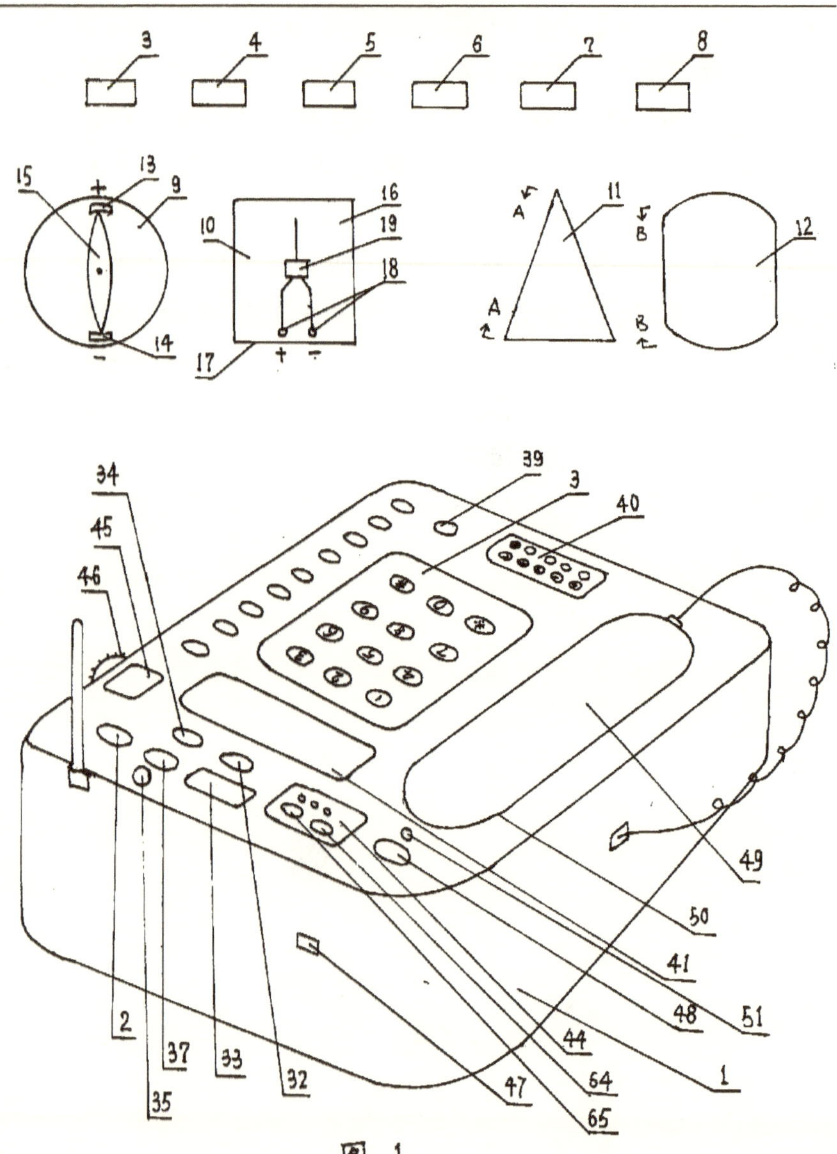

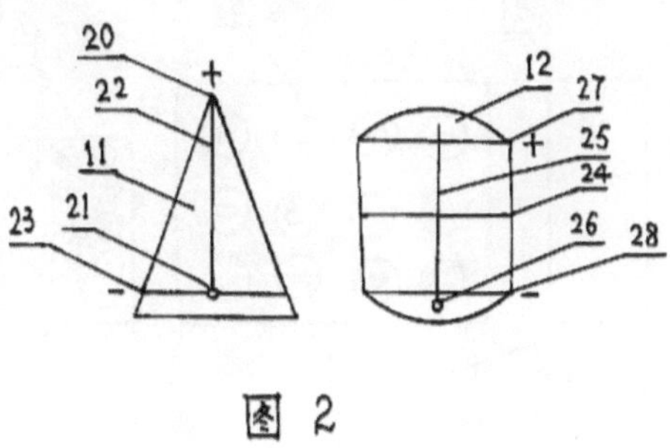

图 2

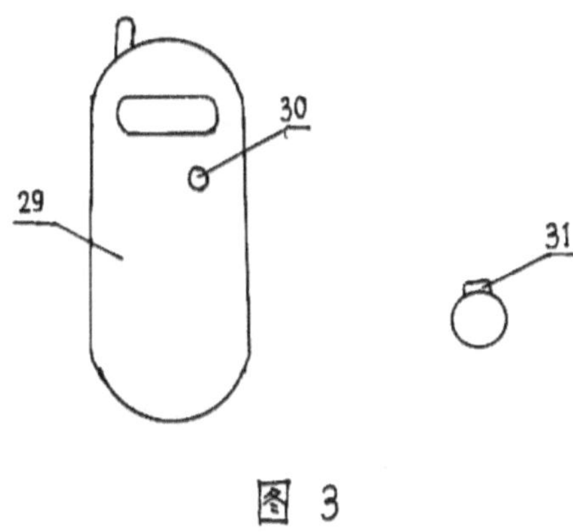

图 3

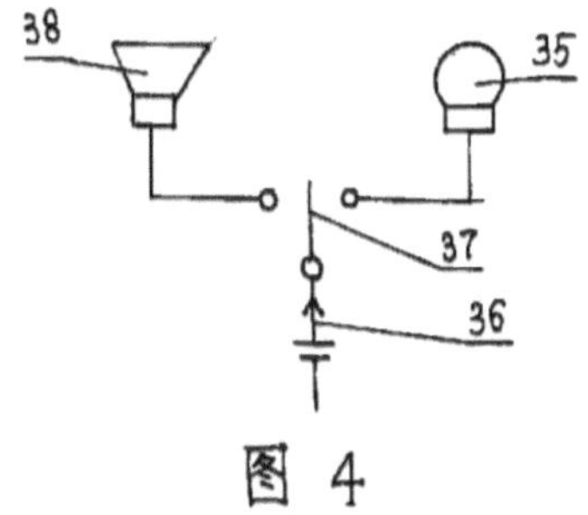

图 4

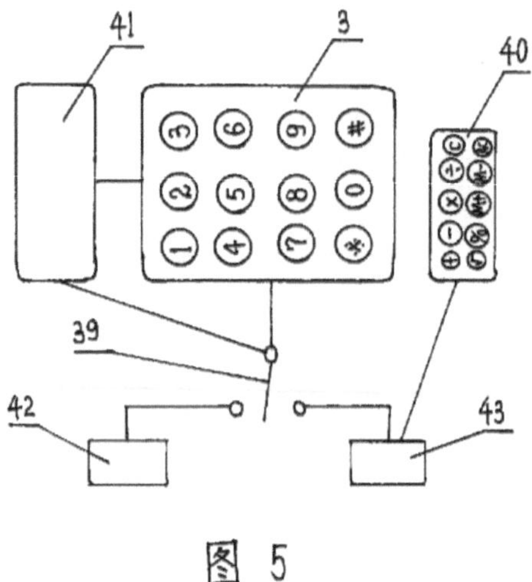

图 5

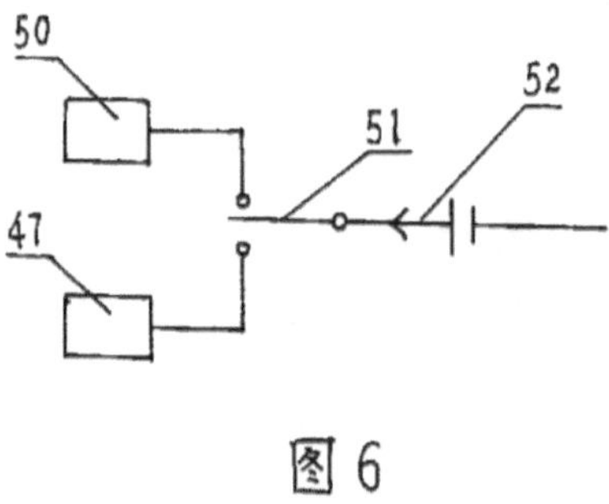

图 6

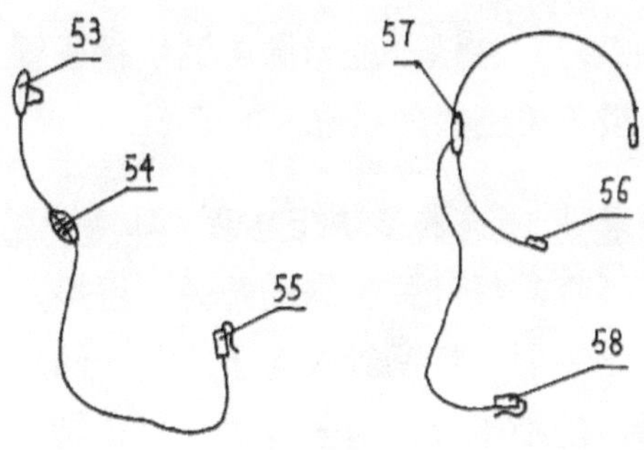

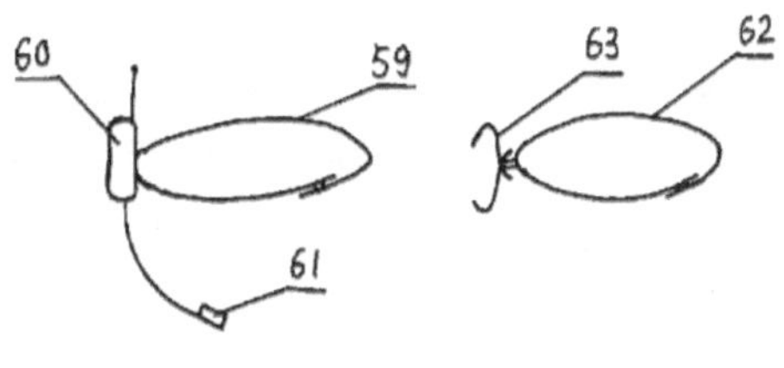

图 7

权利要求书

1. <u>一种由</u>外接报警触头、禁烟提示器、静音开关、计算器、钟表、
电话耳机<u>组成的</u>多功能电话，<u>其特征在于：</u>在电话中设有能够
自动拨号的专用记忆键，并以多个外接报警触头作为其外接开
关，外接报警触头与记忆键的联接方式有拉线式和无线电遥控
式两种方式，该方式也可应用于手机电话；电话中装有禁烟提
示器、静音开关、计算器、钟表；在电话机座上设置一个电话

耳机插座和红灯，在该插座与原电话手柄压簧之间设一转换开关，由该转换开关连接外线进入。

2. 根据权利要求 1 所述的多功能电话，其特征在于：所述的外接报警触头包括红外线开关、震动开关、温控开关、声控开关、触感开关、烟感器、指南针式电子开关、倾斜式电子开关、水感器等，所述的指南针式电子开关，是在指南针的表盘上设置可转动的电子开关的正、负两极，指针为正、负两极的连接导线；所述的倾斜式电子开关有两种实施例，第一种实施例是在一个圆锥形小盒内，顶端垂吊一个带有重力球的金属棒，在小盒的下部设置一圈金属导体，金属棒的顶端和小盒下部的金属导体分别为电源的正、负极；第二种实施例是在一个小球内壁上设置一个横线，横线上垂吊一个能导电的金属棒，金属棒的一头为一重力球，小球的上半部与下半部各有一圈金属导体，分别为电源的正、负极；所述的水感器是在一绝缘体上设置距底边仅毫米左右的电源正负极，并连接一个电子开关。

3. 根据权利要求 1 所述的多功能电话，其特征在于：所述的禁烟提示器，是在电话上装一语音器及与语音器相连并作为语音器开关的烟感器，语音器中录制的语音为"请您不要吸烟"之类的提示语。

4. 根据权利要求 1 所述的多功能电话，其特征在于：所述的静音开关，是在电话上设置一个闪光灯，在闪光灯与电话铃之间设一转换开关，由转换开关连接外线进入。

5. 根据权利要求 1 所述的多功能电话，其特征在于：所述的计算器，是在电话主机中装一计算器，在电话内芯与计算器之间设一转换开关，由该开关连接电话显示屏、拨号盘和其他按键，所述的其他按键包括#字键、*字键、重拨键、贮存键等键，分别设为+、−、×、÷、=、C 等键；该方式也同样用于手机电话。

6.　<u>根据权利要求 1 所述的多功能电话</u>，<u>其特征在于</u>：所述的钟表，是在电话中装一闹钟和闹钟专用键盘，在闹钟专用键盘中设一与闹钟定时开关相连的电话记忆键；在电话上设一窗口，窗口内设一转盘，转盘上刻有世界上一些主要城市与北京的时间差。

7.　<u>根据权利要求 1 所述的多功能电话</u>，<u>其特征在于</u>：所述的电话耳机，包括以下几种实施例：第一种是一付耳机连着微型麦克和通用插头，第二种是头套式耳机加麦克联着一个通用插头，第三种是无绳电话另配一付与无绳电话相同频率的头套式无绳接、送话器，第四种是头套连着一个用来夹电话手柄的夹子。

说明书摘要

<u>一种多功能电话</u>，它是以触感开关、烟感器、指南针式电子开关、倾斜式电子开关、水感器等多个外接报警触头作为电话记意键的外接报警开关；在电话上装一禁烟提示器，设置一个代替电话铃的闪光灯，装一计算器和闹钟，使电话具有静音、计算器和提示的功能；在电话上设一窗口，窗口内能看到世界上一些主要城市与北京的时间差；在电话机座上设置一个电话耳机插座和红灯，另配有个人专用的电话耳机。

（注：摘要附图为说明书附图 1）

说明书

多功能计算机键盘

所属技术领域

本实用新型涉及一种计算机键盘，尤其是一种多功能计算机键盘。

背景技术

目前人们所使用的计算机中有计算器、钟表、网上电话、电子辞典、电子记事簿等功能，但这些功能只有打开电脑是才能使用，不开电脑时则无法使用，很不方便；没有安装内置调制解调器的电脑还要另外安装调制解调器。也不方便。

发明内容

本实用新型的目的是要提供一种多功能计算机键盘，将上述功能设置在键盘中，不用打开电脑，在键盘中就能操作上述功能，方便人们使用。

本实用新型的目的是以如下方式完成的：一种由计算机键盘原有功能加计算器、钟表、电话、电子辞典、电子名片、电子记事簿、显示屏、外置调制解调器等组成的多功能计算机键盘，其特征在于：所述的计算器，是在键盘内安装一个小型计算器，并在键盘上开设一个显示屏，计算器与原键盘共用一副数字按键，＋、一、X、÷、＝、C 等按键与键盘上其它按键一键两用。所述的钟表，是在键盘内安装一个小型电子闹钟，与新增计算器共用一个显示屏，闹钟的各种功能与键盘上原有按键一键两用。所述的电话，是在键盘中安装一个电话机芯，使用键盘上的数字按键为共享拨号盘。所述的外置调节解调器，是将外置调制解调器设置在键盘中，不用再另外安装调制解调器。所述的电子辞典、电子名片、电子记事簿等，是在键盘中安装这些功能内芯，大家共用一副显示屏。另外，在家盘上安装若干功能转换键，进行上述功能的转换。

附图说明

以下将结合附图对实用新型作详细描述。

图 1 为本实用新型俯视图。

图 2 为本实用新型的电路图。

具体实施方式

参见图 1，在计算机键盘 1 上增加显示屏 2，在键盘 1 内安装一个计算器机芯，将键盘 1 上的一些按键一键两用，例如/键 3 与 X 号，*键 4 与÷号，Enter 键 5 与＝号，等等，加上数字键，使键盘 1 可作为一个小型计算器使用。

在键盘 1 内安装一个小型电子闹钟，显示屏 2 作为其时间显示屏，将一些按键设为一键两用，键盘 1 可作为一个闹钟使用。在键盘 1 内安装一个微型电话机芯，使用键盘 1 上的数字按键，并将其它一些按键一键两用，例如＋键 8 与 Redial,—键与#等等，在键盘 1 上设一电话插孔 10，将耳机或手柄插入插孔 10，键盘 1 就变成了一部电话机。在键盘上 1 中安装电子辞典、电子名片、电子记事簿的机芯，将一些按键设置为其功能键，一键两用，键盘 1 就变成一个家庭商务通。在键盘 1 上设置一些功能转换键 12，可进行上述功能的转换。将外置调制解调器 13 设计成薄片，在键盘 1 的下端设一卡槽，可将其卡在下面，可避免其另外占用地方，该卡槽因在键盘 1 下面，图中未标出。

参见图 2，键盘 1 与计算机主机 14，显示屏 2，电子辞典、电子名片、电子记事簿机芯 15，计算器机芯 16，闹钟机芯 17，电话机芯

18 的电路图，通过转换开关 12 可进行各种功能转换。

说明书附图

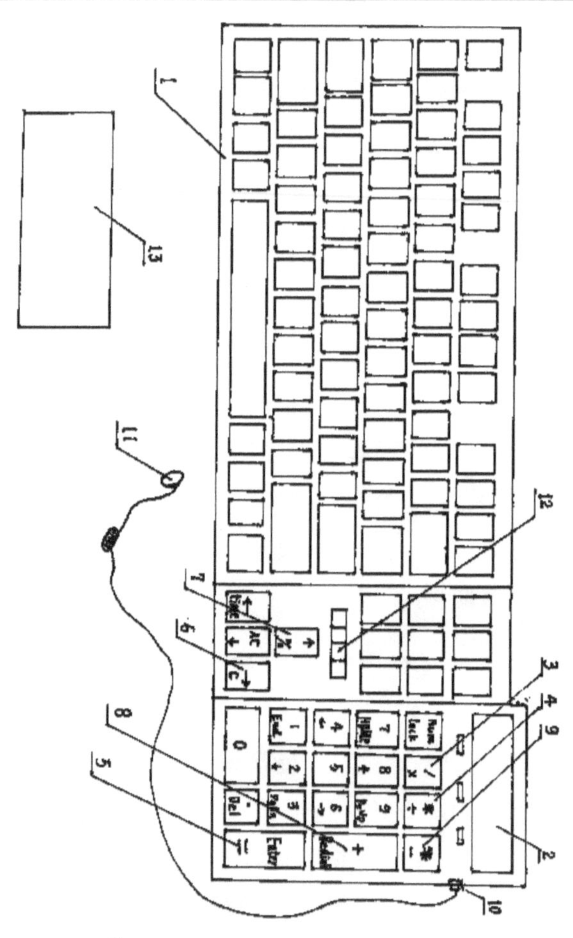

图 1

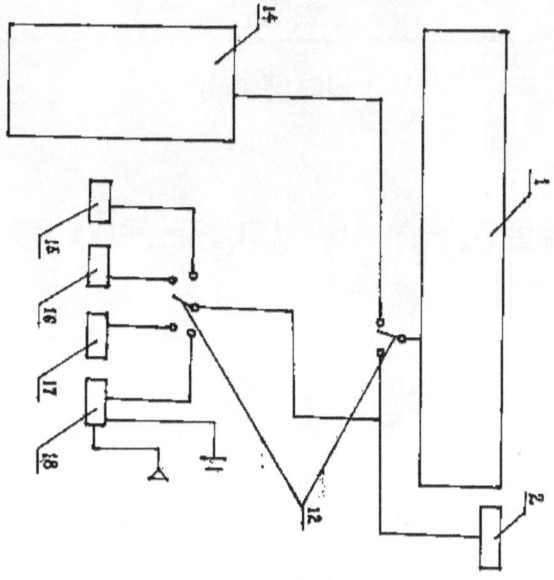

图　2

说明书

多时区钟表

技术领域

本实用新型涉及一种钟表，尤其涉及一种能显示多时区时间的多时区钟表。

背景技术

世界上有些国家有多个时区，例如美国有四个时区，加拿大有六个时区，澳大利亚有三个时区，巴西有四个时区，俄罗斯则有十一个时区。对于生活在多时区国家的人来说，出差旅行要经常调表，很麻烦，经常会因时间搞错而误事。本人"环球钟表"专利公布了一组连体计时装置，有四个连体小指针作为辅助时针专门指向美国的四个时区，原有主时针则指示当前所在时区，解决了多时区的问题。但是，辅时针与原有主时针的搭配问题还不完善，并且主、辅时针都是 12 小时，到别的国家旅行，仍搞不清楚辅时针所指的时间是白天还是晚上。

发明内容

本实用新型的目的是要提供一种主时针与辅时针搭配更加完善的多时区钟表，且能方便地看到辅时针所指的时间是白天还是晚上。为了实现上述目的，本实用新型采用了如下技术方案：一种多时区钟表，包括标有时区图的表盘、时间数字显示圈、主时针、分针、秒针和辅时针，其特征在于：所述辅时针与主时针同轴套设，分别调拨。

上述的多时区钟表，其特点为：所述时间数字显示圈为两圈数字，一圈为 12 小时，一圈为 24 小时。

上述的多时区钟表，其特点为：所述主时针为单个长指针，辅时针为 2-11 个指示不同时区的，相隔 15 度角的连体短指针，连体短指针的数量与表盘上的时区图中的时区数量相对应，例如美国是四个时区，辅时针上的短指针为四个；澳大利亚是三个时区，辅时针上的短指针为三个。辅时针走时一圈为 24 个小时，与表盘上的 24 小时数字显示圈相对应；主时针走时一圈为 12 小时，与表盘上的 12 小时数字显示圈相对应。

上述的多时区钟表，其特点为：所述的标有时区图的表盘上设有美国，或加拿大、或澳大利亚、或俄罗斯、或巴西等多时区国家的时区图。所述的辅时针中的各个短指针与时区图中的各个时区可用不同颜色，或标上不同字母加以区别，指针的颜色、字母和表盘上的时区图中的颜色、字母相对应。

上述的多时区钟表，其特点为：所述的主时针与辅时针共同套设在钟表的中心轴上，通过表盘一侧或背后的调拨钮分别调拨。

上述的多时区钟表，其特点为：所述的主时针固定套设在中心轴上，所述的辅时针是单独的连体指针，其根部有一卡口，该卡口与时针的中心轴相吻合。

上述的多时区钟表，其特点为：所述的辅时针固定套设在中心轴上，所述的主时针是一单独的指针，其根部有一卡口，该卡口与时针的中心轴相吻合。

上述的多时区钟表，其特点为：所述的辅时针固定套设在中心轴上，所述的主时针是一单独的加长帽，可套设在辅指针的连体短指针中的其中任何一个小指针上。

上述的多时区钟表，其特点为：所述的辅时针固定套设在钟表的中心轴上，将其中一个指针加长，设定为主时针。

本实用新型的设计思路为：将多时区国家的时区图镶嵌在表盘上，配合以指示不同时区的辅时针，完善了主时针与辅时针的搭配设计方案。其主时针与辅时针的连接设置有如下几钟方案。

一是将时间数字显示圈为设两圈数字，一圈为 12 小时，一圈为 24 小时。在钟表的中心轴上套设主时针与辅时针两组时针，主时针为单个的长时针，每走一圈为 12 小时；辅时针为 2-11 个各个相差一小时，相隔 15 度角的连体短指针，每走一圈为 24 个小时。

二是表盘上只设 12 小时一圈数字显示，主时针与辅时针两组时针由机芯同时带动，但可通过钟表一侧或背后（手表是在一侧，时钟是在背后）的调节按钮分别调拨。辅时针用以指示钟表盘面上的时区图中的各个时区，主时针则可在整个表盘内随意调整，用以指示当前所在时区。

三是将主时针固定套设在中心轴上，将辅时针作成可以插拔的单独的连体短指针，其根部有一卡口，该卡口与钟表的中心轴相吻合，将辅时针插在中心轴的适当位置，其便和主时针同时走动。也可将辅时针固定套设在中心轴上，将主时针作成可以插拔的单独的长指针。这样，不用重新开模具，不用对机芯加以改造，使用原有钟表，打开钟的盖子，将单独的外加时针插在原有时针的中心轴上即可实现显示多个时区的目的。

四是将辅时针固定套设在中心轴上，将主时针作成一单独的加长帽，可套设在辅时针中的连体短指针中的其中任何一个指针上。这样，既可突出当前所在时区，又可看到其它几个时区的时间。

五是将附加时针固定套设在钟表的中心轴上，设定其中一个为长指针为主时针，人们既可明显地看到当前所在时区，又可看到其它几个时区的时间。

本实用新型的设计可以根据需要变换时区图，和增减辅时针的若干个短指针来表示不同时区，适用于美国、加拿大、澳大利亚、俄罗斯、巴西等多时区的国家使用。

附图说明

图 1 为本实用新型第一个实施例的正视图。

图 2 为本实用新型第二个实施例的正视图。

图 3 为本实用新型第三个实施例的辅时针的结构图。

图 4 为本实用新型第三个实施例的正视图。

图 5 为本实用新型第四个实施例的正视图。

图 6 为本实用新型第五个实施例的正视图。

具体实施方式

本实用新型可以做成美国的四时区钟表、加拿大的六时区钟表、澳大利亚的三时区钟表、俄罗斯的十一时区钟表、巴西的四时区钟表等。现以美国的四个时区为例，根据以下附图对本实用新型作进一步的说明：

实施例一：

如图 1 所示，在钟表的表盘 1 上设置一幅美国的四个时区图 2，主时针 3、分针 4、秒针 5 和辅时针 6 同轴设置在表盘的中心轴 7 上。将表盘 1 上的时间数字显示设为两圈，外圈 8 为 12 小时，里圈 9 为 24 个小时。主时针 3 指示外圈 8 的 12 小时；辅时针 6 为四个表示不同时区的相隔 15 度角的连体短指针，指示里圈 9 的 24 个小时。其四个短指针设成与美国四个时区图 2 相对应的不同颜色，或标上不同字母，用以方便人们辨认美国的四个时区。主时针 3 与辅时针 6 在中心轴 7 上分别走动，通过手表一侧的调拨钮 10、11 分别调拨，时钟的调拨钮是在背后。

实施例二：

　　<u>如图 2 所示</u>，在钟表的只有 12 小时数字显示的表盘 12 上设置一幅美国的四个时区图 13，主时针 14 与辅时针 15 在中心轴 16 上同轴套设，同时走动，但可通过调拨钮 17、18 分别调拨，辅时针 15 的四个小指针各相差一小时，用不同颜色和字母标示，与表盘 12 内的时区图 13 相对应。

　　<u>实施例三：</u>

　　<u>如图 3 所示</u>，将辅时针作成可以插拔的单独的指针 19，其根部有一卡口 20，该卡口与钟表的中心轴相吻合。如图 4 所示，将辅时针 19 的卡口 20 插在主时针 21 的中心轴 22 上，辅时针便和主时针同时转动。也可将辅时针固定套设在中心轴上，将主时针作成可以插拔的单独的长指针。

　　<u>实施例四：</u>

　　<u>如图 5 所示</u>，将辅时针 23 固定套设在中心轴 24 上，将主时针设成一单独的加长帽 25，可套设在辅时针 23 连体短指针中的其中任何一个指针上。

　　<u>实施例五：</u>

　　<u>如图 6 所示</u>，将辅时针 26 固定套设在钟表的中心轴 27 上，将其中一个指针加长设为主时针 28。人们既可以清楚地看到自己当前所在时区的时间，又可看到其它时区的时间。

说明书附图

12
11
10
9
8
7
6
5
4
3
2
1
24
23
22
21
20
19
18
17
16
15
14
13
MOUNTAIN
EASTERN
Seattle
Portland
San Francisco
Los Angeles
Santa Fe
New Orleans
New York
Philadelphia

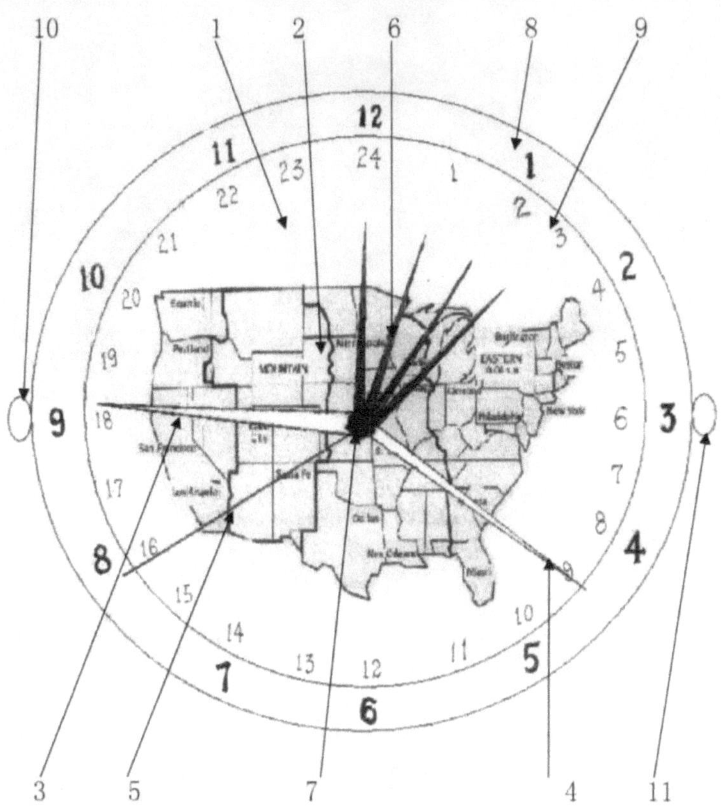

图 1

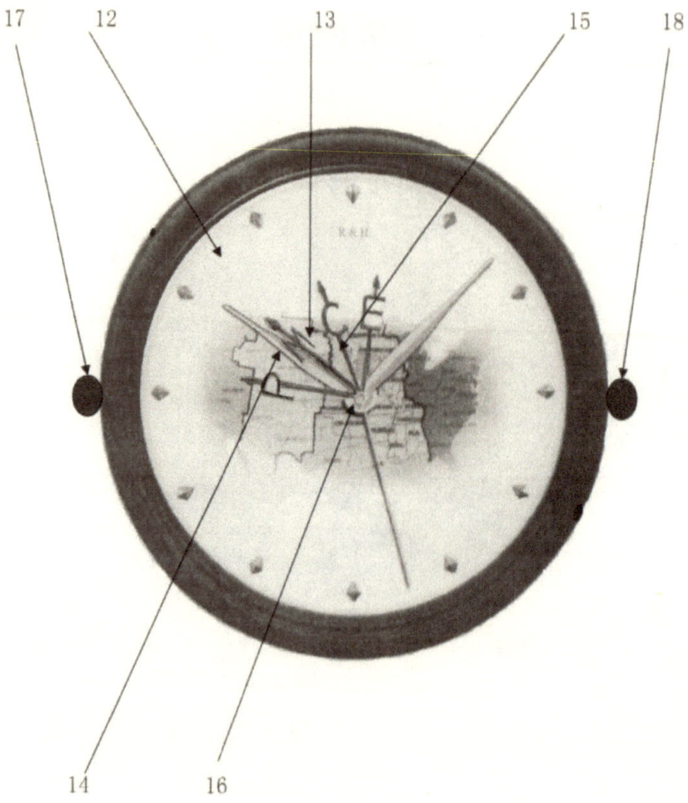

图 2

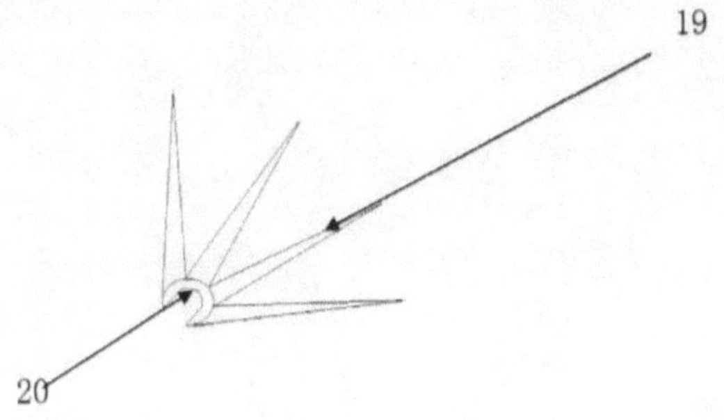

图 3

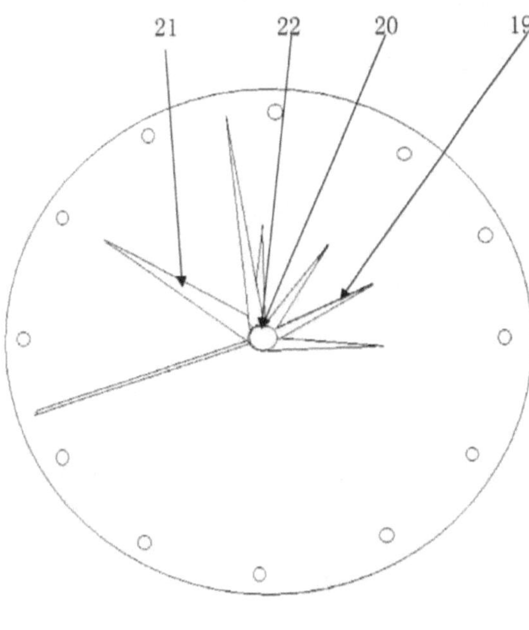

图 4

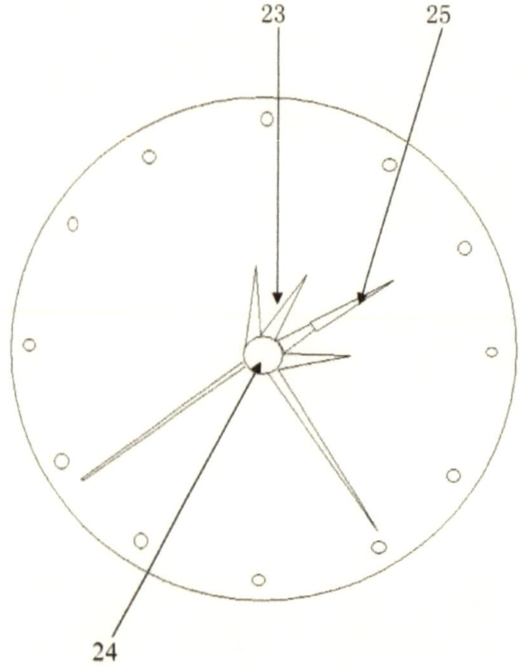

图 5

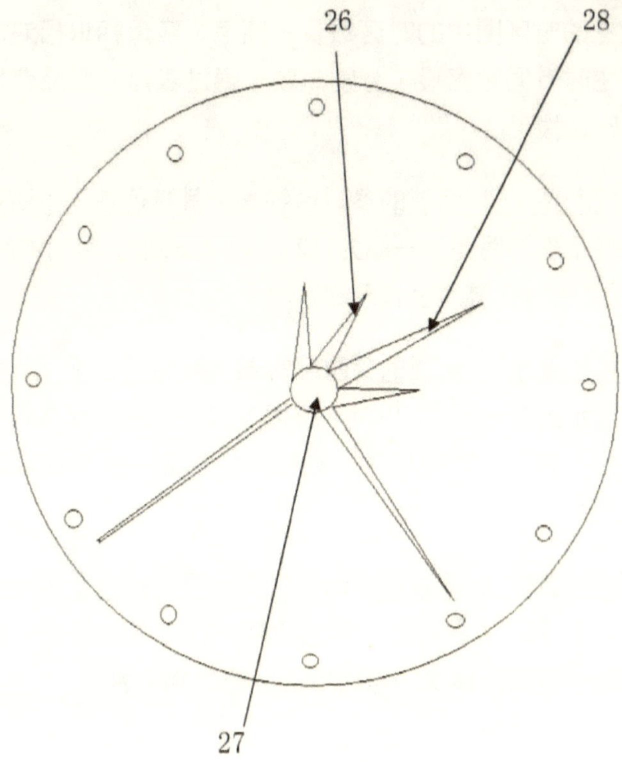

图 6

权利要求书

1、　<u>一种</u>多时区钟表，包括标有时区图的表盘、时间数字显示圈、主时针、分针、秒针和辅时针，<u>其特征在于：</u>所述辅时针与主时针同轴套设，分别调拨。

2、　<u>根据权利要求 1 所述的多时区钟表，其特征在于：</u>所述主时针为单个长指针，辅时针为 2-11 个指示不同时区的，连成一体且相隔 15 度角的短指针，短指针的数量、颜色、字母标识与所述表盘上的时区图中的时区数量、颜色、字母标识相对应，辅时针与主时针同轴套设，分别走动，通过表盘一侧或背后的调拨钮分别调拨。

3、　根据权利要求 1 所述的多时区钟表，其特征在于：所述的时间数字显示圈为两圈，一圈为 12 小时，一圈为 24 小时，主时针指示 12 小时，辅时针指示 24 小时。

4、　根据权利要求 1 所述的多时区钟表，其特征在于：所述的时间数字显示圈为一圈 12 小时，所述主时针与辅时针共同套设在钟表的中心轴上，同轴转动，通过所述表盘一侧或背后的调拨钮分别调拨。

5、　根据权利要求 4 所述的多时区钟表，其特征在于：所述的主时针固定套设在中心轴上，所述的辅时针是单独的连体指针，其根部有一卡口，该卡口与时针的中心轴相吻合。

6、　根据权利要求 4 所述的多时区钟表，其特征在于：所述的辅时针固定套设在中心轴上，所述的主时针是一单独的指针，其根部有一卡口，该卡口与时针的中心轴相吻合。

7、　根据权利要求 4 所述的多时区钟表，其特征在于：所述的辅时针固定套设在中心轴上，所述的主时针是一单独的加长帽，可套设在辅时针的连体短指针中的其中任何一个指针上。

8、　根据权利要求 1 所述的多时区钟表，其特征在于：所述的辅时针固定套设在中心轴上，其中一个加长的为主时针。

说明书摘要

　　<u>本实用新型名称为</u>多时区钟表，涉及钟表领域。本实用新型的目的是提供一种操作更加简单、功能更加完善的多时区钟表。本实用新型的技术方案是：一种多时区钟表，包括标有时区图的表盘、主时针、分针、秒针和辅时针，其特征在于：所述辅时针为 2-11 个指示不同时区的，相隔 30 度角的连体短指针，主时针指示当前所在时区时间，辅时针指示多时区国家的各个时区的时间，所述主时针与辅时针同轴套设，分别调拨。

摘要附图

二、外观设计专利

外观设计示例

1、美国四时区钟

外观设计简要说明

1. <u>本外观设计的设计要点在于</u>钟表表盘上的美国四个时区图，四个连体小指针，四个小表盘，及表盘上的美国四个时区的字母标识。

外观设计图片或照片

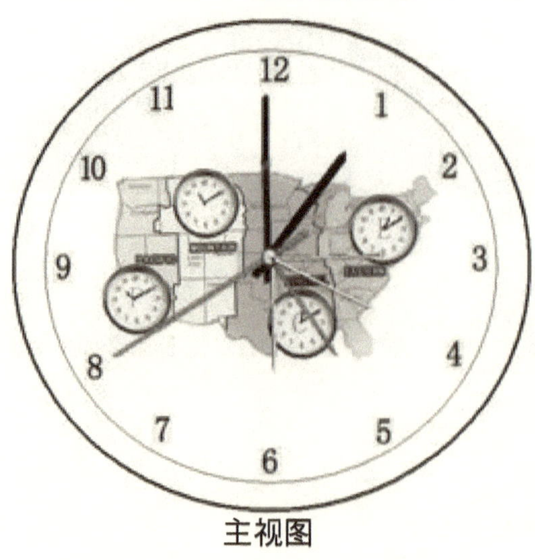

主视图

2、十二星座钟表

外观设计简要说明

1. <u>本外观设计的设计要点在于</u>钟表表盘上用 12 星座图案代替时间
   显示，并且有 12 星座时间顺序显示。

外观设计图片或照片

主视图

（图片由任琳设计）

填表注意事项

一、申请外观设计专利必须提交图片或照片，一式两份。同时请求
保护色彩的外观设计专利申请，应提交彩色图片或照片一式两
份。

二、图片或照片的首页用此表，续页可用同样大小和质量相当的白
纸绘制。纸张只限使用正面，四周应留有空白，左侧和顶部各
2.5 厘米，右侧和底部各 1.5 厘米。

三、邮寄申请文件不得折叠。

四、图片的绘制

　1.绘制要求

　　①绘制应按照技术制图和机械制图国家标准绘制。

　　②绘图应使用制图工具和不易褪色的黑色墨水。彩色图片应采
　　　用着色牢固、不易褪色的颜料绘制。

　　③不得用蓝图、草图、油印件。

　2.剖视图应标明剖视方向和在被剖视的图上的位置。

　3.剖面线
　　剖面线间的距离应与剖视图尺寸相适应，不得影响图面整洁。

　4.比例
　　图片中各视图比例应一致。

　5.尺寸
　　提交的图片或照片中图形的尺寸不得小于 3 厘米×8 厘米（细长
　　物品除外），并不得大于 15 厘米×22 厘米，并应保证在该图形缩
　　小到 2/3（线性）时产品外观轮廓的各个细节仍能清楚可辨。

五、照片

照片的拍摄应按照正投影制作，轮廓应清晰，应避免强光、阴影、衬托物。

照片按照顺序粘贴在本表正面，若一张表格纸不够，可用与本表同样大小和质量相当的白纸续贴。

六、图片或照片中的文字

除了一些必不可少的标记外，例如 A-A，1，2，3，……外，图中不得有文字。若图片或照片需要用文字说明的，应在简要说明中加以说明，并用阿拉伯数字顺序编号。

七、立体外观设计产品，一般应当提交六面正投影视图和立体图（图片或者照片）

平面外观设计产品，一般应当提交两面正投影视图。

六面正投影视图名称是：主视图、后视图、左视图、右视图、俯视图和仰视图。各视图的视图名称应当标注在相应视图的下面。

任京生部分专利名录

序	专利名称	申请日	专利号	发明人	申请人	批准日
1	多功能自行车锁	1994. 1. 4	94200483*3	任京生	任京生	1994. 8. 10.
2	多用途自行车锁	1994. 3. 17	94206316*3	任京生	任京生	1996. 3. 16.
3	自行车手把套连体气笛	1996. 5. 27	96212006*5	任京生	任京生	1997. 11. 15.
4	卫生电话	1997. 2. 4	97201163*3	任京生	任京生	1998. 12. 4.
5	免叠睡袋	1997. 2. 4	97201162*5	任京生	任京生	1998. 5. 6.
6	新式楼房垃圾道排废箱	1997. 7. 8	97221048*2	任京生	任京生	1999. 6. 4.
7	山地车锁配套工具	1997. 7. 8	97220459*8	任京生	任京生	1998. 11. 20.
8	工具式自行车铃	1997. 7. 8	97220458*×	任京生	任京生	1998. 9. 25.
9	洗脚洗衣两用机	1997. 7. 8	97221052*0	任京生	任京生	1999. 3. 11.
10	电子音响钥匙包	1997. 7. 8	97221051*2	任京生	任京生	1999. 3. 11.
11	指南针式电子开关	1997. 7. 8	97221050*4	任京生	任京生	1999. 8. 20.
12	电话耳机	1997. 7. 8	97220460*1	任京生	任京生	1999. 1. 8.
13	锅铲防护手罩	1997. 9. 18	97226170*2	任京生	任京生	1998. 11. 6.
14	锅体附设锅盖扒手	1997. 9. 18	97226169*9	任京生	任京生	1998. 9. 18.
15	防跑水电子报警开关	1997. 9. 18	97226171*0	任京生	任京生	1998. 9. 18.
16	洗脚洗袜两用盆	1997. 9. 18	97226172*9	任京生	任京生	1999. 3. 4.
17	卫生间节水系统	1997. 9. 18	97226168*0	任京生	任京生	1999. 4. 30.
18	坐蹲两用式座便器	1997. 11. 20	97249472*3	任京生 贺玓	贺玓	1999. 4. 23.
19	可装卸式自行车手把	1998. 3. 16	98202097*×	任京生	贺玓	1998. 12. 25.
20	易识别饮料瓶标签纸	1998. 3. 16	98201973*4	任京生	贺玓	1999. 4. 2.
21	食物冷却箱	1998. 3. 16	98202099*6	任京生	贺玓	1999. 1. 8.
22	倾斜式电子开关	1998. 3. 16	98201972*6	任京生	贺玓	1999. 9. 24.
23	自卫伞	1998. . 3. 16	98202094*5	任京生	贺玓	1999. 5. 7.
24	家庭报警装置	1998. 3. 16	98202093*7	任京生	贺玓	1999. 10. 29.
25	防盗卡式灯座	1998. 3. 16	98201969*6	任京生	贺玓	1999. 2. 12.
26	皮带表	1998. 3. 16	98201971*8	任京生	贺玓	1998. 3. 16.
27	保健式前后背两用书包	1998. 7. 8	98206475*6	任京生	贺玓	1999. 7. 9.
28	加衬领口	1998. 7. 8	98206475*6	任京生 贺玓	贺玓	1999. 7. 9.
29	两用锅把手	1998. 10. 27	98241842*6	任京生	贺玓	1999. 8. 21.
30	智能信报箱	1998. 10. 27	98241843*4	任京生	贺玓	1999. 8. 21.
31	洁身器附设洗脚盆	1999. 10. 14	99248468.5	任京生	任京生	2000. 4. 7.
32	多功能电话	1999. 10. 14	99248466.9	任京生	任京生	2000. 3. 31.
33	双层车胎	2000. 2. 17	00205413.2	任京生	任京生	2000. 11. 4.
34	多功能计算机键盘	2000. 12. 12	00265357.5	任京生	任京生	2002. 1. 23.
35	多功能环球钟表	2002. 3. 22	02208468.1	任京生	任京生	2002. 10. 23.
36	起坐式行走马	2002. 8. 1	02244271.5	任京生	任京生	2003. 7. 31.
37	多时区钟表	2004. 8. 11.	ZL200420029515.6	任京生、高登伟	高登伟	2005. 11. 16.
38	钟表	2004. 8. 16	ZL200430076750.4	任京生、高	高登伟	2005. 4. 20.

				登伟		
39	钟表表盘	2005.7.28	ZL2005300239033	任京生、戴群、任琳、高登伟	高登伟	2006.11.22.

附录：有关专利法律文件

中华人民共和国专利法（2008 年修正）

（1984 年 3 月 12 日第六届全国人民代表大会常务委员会第四次会议通过 根据 1992 年 9 月 4 日第七届全国人民代表大会常务委员会第二十七次会议《关于修改〈中华人民共和国专利法〉的决定》第一次修正　根据 2000 年 8 月 25 日第九届全国人民代表大会常务委员会第十七次会议《关于修改〈中华人民共和国专利法〉的决定》第二次修正　根据 2008 年 12 月 27 日第十一届全国人民代表大会常务委员会第六次会议《关于修改〈中华人民共和国专利法〉的决定》第三次修正）

第一章　总　则

第一条　　　为了保护专利权人的合法权益，鼓励发明创造，推动发明创造的应用，提高创新能力，促进科学技术进步和经济社会发展，制定本法。

第二条　　　本法所称的发明创造是指发明、实用新型和外观设计。

发明，是指对产品、方法或者其改进所提出的新的技术方案。

实用新型，是指对产品的形状、构造或者其结合所提出的适于实用的新的技术方案。

外观设计，是指对产品的形状、图案或者其结合以及色彩与形状、图案的结合所作出的富有美感并适于工业应用的新设计。

第三条　国务院专利行政部门负责管理全国的专利工作；统一受理和审查专利申请，依法授予专利权。
省、自治区、直辖市人民政府管理专利工作的部门负责本行政区域内的专利管理工作。

第四条　申请专利的发明创造涉及国家安全或者重大利益需要保密的，按照国家有关规定办理。

第五条　对违反法律、社会公德或者妨害公共利益的发明创造，不授予专利权。
对违反法律、行政法规的规定获取或者利用遗传资源，并依赖该遗传资源完成的发明创造，不授予专利权。

第六条　执行本单位的任务或者主要是利用本单位的物质技术条件所完成的发明创造为职务发明创造。职务发明创造申请专利的权利属于该单位；申请被批准后，该单位为专利权人。
非职务发明创造，申请专利的权利属于发明人或者设计人；申请被批准后，该发明人或者设计人为专利权人。
利用本单位的物质技术条件所完成的发明创造，单位与发明人或者设计人订有合同，对申请专利的权利和专利权的归属作出约定的，从其约定。

第七条　对发明人或者设计人的非职务发明创造专利申请，任何单位或者个人不得压制。

第八条　　　两个以上单位或者个人合作完成的发明创造、一个单位或者个人接受其他单位或者个人委托所完成的发明创造，除另有协议的以外，申请专利的权利属于完成或者共同完成的单位或者个人；申请被批准后，申请的单位或者个人为专利权人。

第九条　　　同样的发明创造只能授予一项专利权。但是，同一申请人同日对同样的发明创造既申请实用新型专利又申请发明专利，先获得的实用新型专利权尚未终止，且申请人声明放弃该实用新型专利权的，可以授予发明专利权。

两个以上的申请人分别就同样的发明创造申请专利的，专利权授予最先申请的人。

第十条　　　专利申请权和专利权可以转让。

中国单位或者个人向外国人、外国企业或者外国其他组织转让专利申请权或者专利权的，应当依照有关法律、行政法规的规定办理手续。

转让专利申请权或者专利权的，当事人应当订立书面合同，并向国务院专利行政部门登记，由国务院专利行政部门予以公告。专利申请权或者专利权的转让自登记之日起生效。

第十一条　　发明和实用新型专利权被授予后，除本法另有规定的以外，任何单位或者个人未经专利权人许可，都不得实施其专利，即不得为生产经营目的制造、使用、许诺销售、销售、进口其专利产品，或者使用其专利方法以及使用、许诺销售、销售、进口依照该专利方法直接获得的产品。

外观设计专利权被授予后，任何单位或者个人未经专利权人许可，都不得实施其专利，即不得为生产经营目的制造、许诺销售、销售、进口其外观设计专利产品。

第十二条　任何单位或者个人实施他人专利的，应当与专利权人订立实施许可合同，向专利权人支付专利使用费。被许可人无权允许合同规定以外的任何单位或者个人实施该专利。

第十三条　发明专利申请公布后，申请人可以要求实施其发明的单位或者个人支付适当的费用。

第十四条　国有企业事业单位的发明专利，对国家利益或者公共利益具有重大意义的，国务院有关主管部门和省、自治区、直辖市人民政府报经国务院批准，可以决定在批准的范围内推广应用，允许指定的单位实施，由实施单位按照国家规定向专利权人支付使用费。

第十五条　专利申请权或者专利权的共有人对权利的行使有约定的，从其约定。没有约定的，共有人可以单独实施或者以普通许可方式许可他人实施该专利；许可他人实施该专利的，收取的使用费应当在共有人之间分配。
除前款规定的情形外，行使共有的专利申请权或者专利权应当取得全体共有人的同意。

第十六条　被授予专利权的单位应当对职务发明创造的发明人或者设计人给予奖励；发明创造专利实施后，根据其推广应用的范围和取得的经济效益，对发明人或者设计人给予合理的报酬。

第十七条　发明人或者设计人有权在专利文件中写明自己是发明人或者设计人。

专利权人有权在其专利产品或者该产品的包装上标明专利标识。

第十八条　在中国没有经常居所或者营业所的外国人、外国企业或者外国其他组织在中国申请专利的，依照其所属国同中国签订的协议或者共同参加的国际条约，或者依照互惠原则，根据本法办理。

第十九条　在中国没有经常居所或者营业所的外国人、外国企业或者外国其他组织在中国申请专利和办理其他专利事务的，应当委托依法设立的专利代理机构办理。

中国单位或者个人在国内申请专利和办理其他专利事务的，可以委托依法设立的专利代理机构办理。

专利代理机构应当遵守法律、行政法规，按照被代理人的委托办理专利申请或者其他专利事务；对被代理人发明创造的内容，除专利申请已经公布或者公告的以外，负有保密责任。专利代理机构的具体管理办法由国务院规定。

第二十条　任何单位或者个人将在中国完成的发明或者实用新型向外国申请专利的，应当事先报经国务院专利行政部门进行保密审查。保密审查的程序、期限等按照国务院的规定执行。

中国单位或者个人可以根据中华人民共和国参加的有关国际条约提出专利国际申请。申请人提出专利国际申请的，应当遵守前款规定。

国务院专利行政部门依照中华人民共和国参加的有关国际条约、本法和国务院有关规定处理专利国际申请。

对违反本条第一款规定向外国申请专利的发明或者实用新型，在中国申请专利的，不授予专利权。

第二十一条　国务院专利行政部门及其专利复审委员会应当按照客观、公正、准确、及时的要求，依法处理有关专利的申请和请求。

国务院专利行政部门应当完整、准确、及时发布专利信息，定期出版专利公报。

在专利申请公布或者公告前，国务院专利行政部门的工作人员及有关人员对其内容负有保密责任。

第二章　授予专利权的条件

第二十二条　授予专利权的发明和实用新型，应当具备新颖性、创造性和实用性。

新颖性，是指该发明或者实用新型不属于现有技术；也没有任何单位或者个人就同样的发明或者实用新型在申请日以前向国务院专利行政部门提出过申请，并记载在申请日以后公布的专利申请文件或者公告的专利文件中。

创造性，是指与现有技术相比，该发明具有突出的实质性特点和显著的进步，该实用新型具有实质性特点和进步。

实用性，是指该发明或者实用新型能够制造或者使用，并且能够产生积极效果。

本法所称现有技术，是指申请日以前在国内外为公众所知的技术。

第二十三条　授予专利权的外观设计，应当不属于现有设计；也没有任何单位或者个人就同样的外观设计在申请日以前向国务院专利行政部门提出过申请，并记载在申请日以后公告的专利文件中。

授予专利权的外观设计与现有设计或者现有设计特征的组合相比，应当具有明显区别。

授予专利权的外观设计不得与他人在申请日以前已经取得的合法权利相冲突。

本法所称现有设计，是指申请日以前在国内外为公众所知的设计。

第二十四条　申请专利的发明创造在申请日以前六个月内，有下列情形之一的，不丧失新颖性：

（一）在中国政府主办或者承认的国际展览会上首次展出的；

（二）在规定的学术会议或者技术会议上首次发表的；

（三）他人未经申请人同意而泄露其内容的。

第二十五条　对下列各项，不授予专利权：

（一）科学发现；

（二）智力活动的规则和方法；

（三）疾病的诊断和治疗方法；

（四）动物和植物品种；

（五）用原子核变换方法获得的物质；

（六）对平面印刷品的图案、色彩或者二者的结合作出的主要起标识作用的设计。对前款第（四）项所列产品的生产方法，可以依照本法规定授予专利权。

第三章　专利的申请

第二十六条　申请发明或者实用新型专利的，应当提交请求书、说明书及其摘要和权利要求书等文件。

请求书应当写明发明或者实用新型的名称，发明人的姓名，申请人姓名或者名称、地址，以及其他事项。

说明书应当对发明或者实用新型作出清楚、完整的说明，以所属技术领域的技术人员能够实现为准；必要的时候，应当有附图。摘要应当简要说明发明或者实用新型的技术要点。

权利要求书应当以说明书为依据，清楚、简要地限定要求专利保护的范围。

依赖遗传资源完成的发明创造，申请人应当在专利申请文件中说明该遗传资源的直接来源和原始来源；申请人无法说明原始来源的，应当陈述理由。

第二十七条　申请外观设计专利的，应当提交请求书、该外观设计的图片或者照片以及对该外观设计的简要说明等文件。

申请人提交的有关图片或者照片应当清楚地显示要求专利保护的产品的外观设计。

第二十八条　国务院专利行政部门收到专利申请文件之日为申请日。如果申请文件是邮寄的，以寄出的邮戳日为申请日。

第二十九条　申请人自发明或者实用新型在外国第一次提出专利申请之日起十二个月内，或者自外观设计在外国第一次提出专利申请之日起六个月内，又在中国就相同主题提出专利申请的，依照该外国同中国签订的协议或者共同参加的国际条约，或者依照相互承认优先权的原则，可以享有优先权。

申请人自发明或者实用新型在中国第一次提出专利申请之日起十二个月内，又向国务院专利行政部门就相同主题提出专利申请的，可以享有优先权。

第三十条　　申请人要求优先权的，应当在申请的时候提出书面声明，并且在三个月内提交第一次提出的专利申请文件的副本；未提出书面声明或者逾期未提交专利申请文件副本的，视为未要求优先权。

第三十一条　　一件发明或者实用新型专利申请应当限于一项发明或者实用新型。属于一个总的发明构思的两项以上的发明或者实用新型，可以作为一件申请提出。

一件外观设计专利申请应当限于一项外观设计。同一产品两项以上的相似外观设计，或者用于同一类别并且成套出售或者使用的产品的两项以上外观设计，可以作为一件申请提出。

第三十二条　　申请人可以在被授予专利权之前随时撤回其专利申请。

第三十三条　　申请人可以对其专利申请文件进行修改，但是，对发明和实用新型专利申请文件的修改不得超出原说明书和权利要求书记载的范围，对外观设计专利申请文件的修改不得超出原图片或者照片表示的范围。

第四章　专利申请的审查和批准

第三十四条　国务院专利行政部门收到发明专利申请后，经初步审查认为符合本法要求的，自申请日起满十八个月，即行公布。国务院专利行政部门可以根据申请人的请求早日公布其申请。

第三十五条　发明专利申请自申请日起三年内，国务院专利行政部门可以根据申请人随时提出的请求，对其申请进行实质审查；申请人无正当理由逾期不请求实质审查的，该申请即被视为撤回。

国务院专利行政部门认为必要的时候，可以自行对发明专利申请进行实质审查。

第三十六条　发明专利的申请人请求实质审查的时候，应当提交在申请日前与其发明有关的参考资料。

发明专利已经在外国提出过申请的，国务院专利行政部门可以要求申请人在指定期限内提交该国为审查其申请进行检索的资料或者审查结果的资料；无正当理由逾期不提交的，该申请即被视为撤回。

第三十七条　国务院专利行政部门对发明专利申请进行实质审查后，认为不符合本法规定的，应当通知申请人，要求其在指定的期限内陈述意见，或者对其申请进行修改；无正当理由逾期不答复的，该申请即被视为撤回。

第三十八条　发明专利申请经申请人陈述意见或者进行修改后，国务院专利行政部门仍然认为不符合本法规定的，应当予以驳回。

第三十九条　发明专利申请经实质审查没有发现驳回理由的，由国务院专利行政部门作出授予发明专利权的决定，发给发明专利证书，同时予以登记和公告。发明专利权自公告之日起生效。

第四十条　实用新型和外观设计专利申请经初步审查没有发现驳回理由的，由国务院专利行政部门作出授予实用新型专利权或者外观设计专利权的决定，发给相应的专利证书，同时予以登记和公告。实用新型专利权和外观设计专利权自公告之日起生效。

第四十一条　国务院专利行政部门设立专利复审委员会。专利申请人对国务院专利行政部门驳回申请的决定不服的，可以自收到通知之日起三个月内，向专利复审委员会请求复审。专利复审委员会复审后，作出决定，并通知专利申请人。

专利申请人对专利复审委员会的复审决定不服的，可以自收到通知之日起三个月内向人民法院起诉。

第五章　专利权的期限、终止和无效

第四十二条　发明专利权的期限为二十年，实用新型专利权和外观设计专利权的期限为十年，均自申请日起计算。

第四十三条　专利权人应当自被授予专利权的当年开始缴纳年费。

第四十四条　有下列情形之一的，专利权在期限届满前终止：

（一）没有按照规定缴纳年费的；

（二）专利权人以书面声明放弃其专利权的。

专利权在期限届满前终止的，由国务院专利行政部门登记和公告。

第四十五条　自国务院专利行政部门公告授予专利权之日起，任何单位或者个人认为该专利权的授予不符合本法有关规定的，可以请求专利复审委员会宣告该专利权无效。

第四十六条　专利复审委员会对宣告专利权无效的请求应当及时审查和作出决定，并通知请求人和专利权人。宣告专利权无效的决定，由国务院专利行政部门登记和公告。

对专利复审委员会宣告专利权无效或者维持专利权的决定不服的，可以自收到通知之日起三个月内向人民法院起诉。人民法院应当通知无效宣告请求程序的对方当事人作为第三人参加诉讼。

第四十七条　宣告无效的专利权视为自始即不存在。

宣告专利权无效的决定，对在宣告专利权无效前人民法院作出并已执行的专利侵权的判决、调解书，已经履行或者强制执行的专利侵权纠纷处理决定，以及已经履行的专利实施许可合同和专利权转让合同，不具有追溯力。但是因专利权人的恶意给他人造成的损失，应当给予赔偿。

依照前款规定不返还专利侵权赔偿金、专利使用费、专利权转让费，明显违反公平原则的，应当全部或者部分返还。

第六章　专利实施的强制许可

第四十八条　有下列情形之一的，国务院专利行政部门根据具备实施条件的单位或者个人的申请，可以给予实施发明专利或者实用新型专利的强制许可：

（一）专利权人自专利权被授予之日起满三年，且自提出专利申请之日起满四年，无正当理由未实施或者未充分实施其专利的；

（二）专利权人行使专利权的行为被依法认定为垄断行为，为消除或者减少该行为对竞争产生的不利影响的。

第四十九条　在国家出现紧急状态或者非常情况时，或者为了公共利益的目的，国务院专利行政部门可以给予实施发明专利或者实用新型专利的强制许可。

第五十条　为了公共健康目的，对取得专利权的药品，国务院专利行政部门可以给予制造并将其出口到符合中华人民共和国参加的有关国际条约规定的国家或者地区的强制许可。

第五十一条　一项取得专利权的发明或者实用新型比前已经取得专利权的发明或者实用新型具有显著经济意义的重大技术进步，其实施又有赖于前一发明或者实用新型的实施的，国务院专利行政部门根据后一专利权人的申请，可以给予实施前一发明或者实用新型的强制许可。

在依照前款规定给予实施强制许可的情形下，国务院专利行政部门根据前一专利权人的申请，也可以给予实施后一发明或者实用新型的强制许可。

第五十二条　强制许可涉及的发明创造为半导体技术的，其实施限于公共利益的目的和本法第四十八条第（二）项规定的情形。

第五十三条　除依照本法第四十八条第（二）项、第五十条规定给予的强制许可外，强制许可的实施应当主要为了供应国内市场。

第五十四条　依照本法第四十八条第（一）项、第五十一条规定申请强制许可的单位或者个人应当提供证据，证明其以合理的条件请求专利权人许可其实施专利，但未能在合理的时间内获得许可。

第五十五条　国务院专利行政部门作出的给予实施强制许可的决定，应当及时通知专利权人，并予以登记和公告。
给予实施强制许可的决定，应当根据强制许可的理由规定实施的范围和时间。强制许可的理由消除并不再发生时，国务院专利行政部门应当根据专利权人的请求，经审查后作出终止实施强制许可的决定。

第五十六条　取得实施强制许可的单位或者个人不享有独占的实施权，并且无权允许他人实施。

第五十七条　取得实施强制许可的单位或者个人应当付给专利权人合理的使用费，或者依照中华人民共和国参加的有关国际条约的规定处理使用费问题。付给使用费的，其数额由双方协商；双方不能达成协议的，由国务院专利行政部门裁决。

第五十八条　专利权人对国务院专利行政部门关于实施强制许可的决定不服的，专利权人和取得实施强制许可的单位或者个人对国务院专利行政部门关于实施强制许

可的使用费的裁决不服的，可以自收到通知之日起
三个月内向人民法院起诉。

第七章　专利权的保护

第五十九条　发明或者实用新型专利权的保护范围以其权利要求
的内容为准，说明书及附图可以用于解释权利要求
的内容。
外观设计专利权的保护范围以表示在图片或者照片
中的该产品的外观设计为准，简要说明可以用于解
释图片或者照片所表示的该产品的外观设计。

第六十条　未经专利权人许可，实施其专利，即侵犯其专利权，
引起纠纷的，由当事人协商解决；不愿协商或者协
商不成的，专利权人或者利害关系人可以向人民法
院起诉，也可以请求管理专利工作的部门处理。管
理专利工作的部门处理时，认定侵权行为成立的，
可以责令侵权人立即停止侵权行为，当事人不服
的，可以自收到处理通知之日起十五日内依照《中
华人民共和国行政诉讼法》向人民法院起诉；侵权
人期满不起诉又不停止侵权行为的，管理专利工作
的部门可以申请人民法院强制执行。进行处理的管
理专利工作的部门应当事人的请求，可以就侵犯专
利权的赔偿数额进行调解；调解不成的，当事人可
以依照《中华人民共和国民事诉讼法》向人民法院
起诉。

第六十一条　专利侵权纠纷涉及新产品制造方法的发明专利的，
制造同样产品的单位或者个人应当提供其产品制造
方法不同于专利方法的证明。
专利侵权纠纷涉及实用新型专利或者外观设计专利

的，人民法院或者管理专利工作的部门可以要求专利权人或者利害关系人出具由国务院专利行政部门对相关实用新型或者外观设计进行检索、分析和评价后作出的专利权评价报告，作为审理、处理专利侵权纠纷的证据。

第六十二条　在专利侵权纠纷中，被控侵权人有证据证明其实施的技术或者设计属于现有技术或者现有设计的，不构成侵犯专利权。

第六十三条　假冒专利的，除依法承担民事责任外，由管理专利工作的部门责令改正并予公告，没收违法所得，可以并处违法所得四倍以下的罚款；没有违法所得的，可以处二十万元以下的罚款；构成犯罪的，依法追究刑事责任。

第六十四条　管理专利工作的部门根据已经取得的证据，对涉嫌假冒专利行为进行查处时，可以询问有关当事人，调查与涉嫌违法行为有关的情况；对当事人涉嫌违法行为的场所实施现场检查；查阅、复制与涉嫌违法行为有关的合同、发票、账簿以及其他有关资料；检查与涉嫌违法行为有关的产品，对有证据证明是假冒专利的产品，可以查封或者扣押。
管理专利工作的部门依法行使前款规定的职权时，当事人应当予以协助、配合，不得拒绝、阻挠。

第六十五条　侵犯专利权的赔偿数额按照权利人因被侵权所受到的实际损失确定；实际损失难以确定的，可以按照侵权人因侵权所获得的利益确定。权利人的损失或者侵权人获得的利益难以确定的，参照该专利许可使用费的倍数合理确定。赔偿数额还应当包括权利人为制止侵权行为所支付的合理开支。

权利人的损失、侵权人获得的利益和专利许可使用费均难以确定的，人民法院可以根据专利权的类型、侵权行为的性质和情节等因素，确定给予一万元以上一百万元以下的赔偿。

第六十六条　专利权人或者利害关系人有证据证明他人正在实施或者即将实施侵犯专利权的行为，如不及时制止将会使其合法权益受到难以弥补的损害的，可以在起诉前向人民法院申请采取责令停止有关行为的措施。

申请人提出申请时，应当提供担保；不提供担保的，驳回申请。

人民法院应当自接受申请之时起四十八小时内作出裁定；有特殊情况需要延长的，可以延长四十八小时。裁定责令停止有关行为的，应当立即执行。当事人对裁定不服的，可以申请复议一次；复议期间不停止裁定的执行。

申请人自人民法院采取责令停止有关行为的措施之日起十五日内不起诉的，人民法院应当解除该措施。

申请有错误的，申请人应当赔偿被申请人因停止有关行为所遭受的损失。

第六十七条　为了制止专利侵权行为，在证据可能灭失或者以后难以取得的情况下，专利权人或者利害关系人可以在起诉前向人民法院申请保全证据。

人民法院采取保全措施，可以责令申请人提供担保；申请人不提供担保的，驳回申请。

人民法院应当自接受申请之时起四十八小时内作出裁定；裁定采取保全措施的，应当立即执行。

申请人自人民法院采取保全措施之日起十五日内不起诉的，人民法院应当解除该措施。

第六十八条　侵犯专利权的诉讼时效为二年，自专利权人或者利害关系人得知或者应当得知侵权行为之日起计算。

发明专利申请公布后至专利权授予前使用该发明未支付适当使用费的，专利权人要求支付使用费的诉讼时效为二年，自专利权人得知或者应当得知他人使用其发明之日起计算，但是，专利权人于专利权授予之日前即已得知或者应当得知的，自专利权授予之日起计算。

第六十九条　有下列情形之一的，不视为侵犯专利权：

（一）专利产品或者依照专利方法直接获得的产品，由专利权人或者经其许可的单位、个人售出后，使用、许诺销售、销售、进口该产品的；

（二）在专利申请日前已经制造相同产品、使用相同方法或者已经作好制造、使用的必要准备，并且仅在原有范围内继续制造、使用的；

（三）临时通过中国领陆、领水、领空的外国运输工具，依照其所属国同中国签订的协议或者共同参加的国际条约，或者依照互惠原则，为运输工具自身需要而在其装置和设备中使用有关专利的；

（四）专为科学研究和实验而使用有关专利的；

（五）为提供行政审批所需要的信息，制造、使用、进口专利药品或者专利医疗器械的，以及专门为其制造、进口专利药品或者专利医疗器械的。

第七十条　　为生产经营目的使用、许诺销售或者销售不知道是未经专利权人许可而制造并售出的专利侵权产品，能证明该产品合法来源的，不承担赔偿责任。

第七十一条　违反本法第二十条规定向外国申请专利，泄露国家秘密的，由所在单位或者上级主管机关给予行政处分；构成犯罪的，依法追究刑事责任。

第七十二条　侵夺发明人或者设计人的非职务发明创造专利申请权和本法规定的其他权益的，由所在单位或者上级主管机关给予行政处分。

第七十三条　管理专利工作的部门不得参与向社会推荐专利产品等经营活动。

管理专利工作的部门违反前款规定的，由其上级机关或者监察机关责令改正，消除影响，有违法收入的予以没收；情节严重的，对直接负责的主管人员和其他直接责任人员依法给予行政处分。

第七十四条　从事专利管理工作的国家机关工作人员以及其他有关国家机关工作人员玩忽职守、滥用职权、徇私舞弊，构成犯罪的，依法追究刑事责任；尚不构成犯罪的，依法给予行政处分。

第八章　附则

第七十五条　向国务院专利行政部门申请专利和办理其他手续，应当按照规定缴纳费用。

第七十六条　本法自 1985 年 4 月 1 日起施行。

中华人民共和国专利法实施细则(2010 修订)

（2001 年 6 月 15 日中华人民共和国国务院令第 306 号公布　根据 2002 年 12 月 28 日《国务院关于修改〈中华人民共和国专利法实施细则〉的决定》第一次修订　根据 2010 年 1 月 9 日《国务院关于修改〈中华人民共和国专利法实施细则〉的决定》第二次修订）

第一章　总则

第一条　　　根据《中华人民共和国专利法》（以下简称专利法），制定本细则。

第二条　　　专利法和本细则规定的各种手续，应当以书面形式或者国务院专利行政部门规定的其他形式办理。

第三条　　　依照专利法和本细则规定提交的各种文件应当使用中文；国家有统一规定的科技术语的，应当采用规范词；外国人名、地名和科技术语没有统一中文译文的，应当注明原文。

依照专利法和本细则规定提交的各种证件和证明文件是外文的，国务院专利行政部门认为必要时，可以要求当事人在指定期限内附送中文译文；期满未附送的，视为未提交该证件和证明文件。

第四条　　向国务院专利行政部门邮寄的各种文件，以寄出的邮戳日为递交日；邮戳日不清晰的，除当事人能够提出证明外，以国务院专利行政部门收到日为递交日。

国务院专利行政部门的各种文件，可以通过邮寄、直接送交或者其他方式送达当事人。当事人委托专利代理机构的，文件送交专利代理机构；未委托专利代理机构的，文件送交请求书中指明的联系人。

国务院专利行政部门邮寄的各种文件，自文件发出之日起满 15 日，推定为当事人收到文件之日。

根据国务院专利行政部门规定应当直接送交的文件，以交付日为送达日。

文件送交地址不清，无法邮寄的，可以通过公告的方式送达当事人。自公告之日起满 1 个月，该文件视为已经送达。

第五条　　专利法和本细则规定的各种期限的第一日不计算在期限内。期限以年或者月计算的，以其最后一月的相应日为期限届满日；该月无相应日的，以该月最后一日为期限届满日；期限届满日是法定休假日的，以休假日后的第一个工作日为期限届满日。

第六条　　当事人因不可抗拒的事由而延误专利法或者本细则规定的期限或者国务院专利行政部门指定的期限，导致其权利丧失的，自障碍消除之日起 2 个月内，最迟自期限届满之日起 2 年内，可以向国务院专利行政部门请求恢复权利。

除前款规定的情形外，当事人因其他正当理由延误专利法或者本细则规定的期限或者国务院专利行政部门指定的期限，导致其权利丧失的，可以自收到国务院专利行政部门的通知之日起 2 个月内向国务院专利行政部门请求恢复权利。

当事人依照本条第一款或者第二款的规定请求恢复权利的，应当提交恢复权利请求书，说明理由，必要时附具有关证明文件，并办理权利丧失前应当办理的相应手续；依照本条第二款的规定请求恢复权利的，还应当缴纳恢复权利请求费。

当事人请求延长国务院专利行政部门指定的期限的，应当在期限届满前，向国务院专利行政部门说明理由并办理有关手续。

本条第一款和第二款的规定不适用专利法第二十四条、第二十九条、第四十二条、第六十八条规定的期限。

第七条　　专利申请涉及国防利益需要保密的，由国防专利机构受理并进行审查；国务院专利行政部门受理的专利申请涉及国防利益需要保密的，应当及时移交国防专利机构进行审查。经国防专利机构审查没有发现驳回理由的，由国务院专利行政部门作出授予国防专利权的决定。

国务院专利行政部门认为其受理的发明或者实用新型专利申请涉及国防利益以外的国家安全或者重大利益需要保密的，应当及时作出按照保密专利申请处理的决定，并通知申请人。保密专利申请的审查、复审以及保密专利权无效宣告的特殊程序，由国务院专利行政部门规定。

第八条　　专利法第二十条所称在中国完成的发明或者实用新型，是指技术方案的实质性内容在中国境内完成的发明或者实用新型。

任何单位或者个人将在中国完成的发明或者实用新型向外国申请专利的，应当按照下列方式之一请求国务院专利行政部门进行保密审查：

（一）直接向外国申请专利或者向有关国外机构提交专利国际申请的，应当事先向国务院专利行政部门提出请求，并详细说明其技术方案；

（二）向国务院专利行政部门申请专利后拟向外国申请专利或者向有关国外机构提交专利国际申请的，应当在向外国申请专利或者向有关国外机构提交专利国际申请前向国务院专利行政部门提出请求。

向国务院专利行政部门提交专利国际申请的，视为同时提出了保密审查请求。

第九条　　国务院专利行政部门收到依照本细则第八条规定递交的请求后，经过审查认为该发明或者实用新型可能涉及国家安全或者重大利益需要保密的，应当及时向申请人发出保密审查通知；申请人未在其请求递交日起 4 个月内收到保密审查通知的，可以就该发明或者实用新型向外国申请专利或者向有关国外机构提交专利国际申请。

国务院专利行政部门依照前款规定通知进行保密审查的，应当及时作出是否需要保密的决定，并通知申请人。申请人未在其请求递交日起 6 个月内收到需要保密的决定的，可以就该发明或者实用新型向外国申请专利或者向有关国外机构提交专利国际申请。

第十条　　专利法第五条所称违反法律的发明创造，不包括仅其实施为法律所禁止的发明创造。

第十一条　　除专利法第二十八条和第四十二条规定的情形外，专利法所称申请日，有优先权的，指优先权日。

本细则所称申请日，除另有规定的外，是指专利法第二十八条规定的申请日。

第十二条　　　专利法第六条所称执行本单位的任务所完成的职务发明创造，是指：

（一）在本职工作中作出的发明创造；

（二）履行本单位交付的本职工作之外的任务所作出的发明创造；

（三）退休、调离原单位后或者劳动、人事关系终止后 1 年内作出的，与其在原单位承担的本职工作或者原单位分配的任务有关的发明创造。

专利法第六条所称本单位，包括临时工作单位；专利法第六条所称本单位的物质技术条件，是指本单位的资金、设备、零部件、原材料或者不对外公开的技术资料等。

第十三条　　　专利法所称发明人或者设计人，是指对发明创造的实质性特点作出创造性贡献的人。在完成发明创造过程中，只负责组织工作的人、为物质技术条件的利用提供方便的人或者从事其他辅助工作的人，不是发明人或者设计人。

第十四条　　　除依照专利法第十条规定转让专利权外，专利权因其他事由发生转移的，当事人应当凭有关证明文件或者法律文书向国务院专利行政部门办理专利权转移手续。

专利权人与他人订立的专利实施许可合同，应当自合同生效之日起 3 个月内向国务院专利行政部门备案。

以专利权出质的，由出质人和质权人共同向国务院专利行政部门办理出质登记。

第二章　专利的申请

第十五条　　以书面形式申请专利的，应当向国务院专利行政部门提交申请文件一式两份。

以国务院专利行政部门规定的其他形式申请专利的，应当符合规定的要求。

申请人委托专利代理机构向国务院专利行政部门申请专利和办理其他专利事务的，应当同时提交委托书，写明委托权限。

申请人有 2 人以上且未委托专利代理机构的，除请求书中另有声明的外，以请求书中指明的第一申请人为代表人。

第十六条　　发明、实用新型或者外观设计专利申请的请求书应当写明下列事项：

（一）发明、实用新型或者外观设计的名称；

（二）申请人是中国单位或者个人的，其名称或者姓名、地址、邮政编码、组织机构代码或者居民身份证件号码；申请人是外国人、外国企业或者外国其他组织的，其姓名或者名称、国籍或者注册的国家或者地区；

（三）发明人或者设计人的姓名；

（四）申请人委托专利代理机构的，受托机构的名称、机构代码以及该机构指定的专利代理人的姓名、执业证号码、联系电话；

（五）要求优先权的，申请人第一次提出专利申请（以下简称在先申请）的申请日、申请号以及原受理机构的名称；

（六）申请人或者专利代理机构的签字或者盖章；

（七）申请文件清单；

（八）附加文件清单；

（九）其他需要写明的有关事项。

第十七条　　发明或者实用新型专利申请的说明书应当写明发明或者实用新型的名称，该名称应当与请求书中的名称一致。说明书应当包括下列内容：

（一）技术领域：写明要求保护的技术方案所属的技术领域；

（二）背景技术：写明对发明或者实用新型的理解、检索、审查有用的背景技术；有可能的，并引证反映这些背景技术的文件；

（三）发明内容：写明发明或者实用新型所要解决的技术问题以及解决其技术问题采用的技术方案，并对照现有技术写明发明或者实用新型的有益效果；

（四）附图说明：说明书有附图的，对各幅附图作简略说明；

（五）具体实施方式：详细写明申请人认为实现发明或者实用新型的优选方式；必要时，举例说明；有附图的，对照附图。

发明或者实用新型专利申请人应当按照前款规定的方式和顺序撰写说明书，并在说明书每一部分前面写明标题，除非其发明或者实用新型的性质用其他方式或者顺序撰写能节约说明书的篇幅并使他人能够准确理解其发明或者实用新型。

发明或者实用新型说明书应当用词规范、语句清楚，并不得使用"如权利要求……所述的……"一类的引用语，也不得使用商业性宣传用语。

发明专利申请包含一个或者多个核苷酸或者氨基酸序列的，说明书应当包括符合国务院专利行政部门规定的序列表。申请人应当将该序列表作为说明书的一个单独部分提交，并按照国务院专利行政部门的规定提交该序列表的计算机可读形式的副本。

实用新型专利申请说明书应当有表示要求保护的产品的形状、构造或者其结合的附图。

第十八条　　发明或者实用新型的几幅附图应当按照"图 1，图 2，……"顺序编号排列。

发明或者实用新型说明书文字部分中未提及的附图标记不得在附图中出现，附图中未出现的附图标记不得在说明书文字部分中提及。申请文件中表示同一组成部分的附图标记应当一致。

附图中除必需的词语外，不应当含有其他注释。

第十九条　　权利要求书应当记载发明或者实用新型的技术特征。

权利要求书有几项权利要求的，应当用阿拉伯数字顺序编号。

权利要求书中使用的科技术语应当与说明书中使用的科技术语一致，可以有化学式或者数学式，但是不得有插图。除绝对必要的外，不得使用"如说明书……部分所述"或者"如图……所示"的用语。

权利要求中的技术特征可以引用说明书附图中相应的标记，该标记应当放在相应的技术特征后并置于括号内，便于理解权利要求。附图标记不得解释为对权利要求的限制。

第二十条　　权利要求书应当有独立权利要求，也可以有从属权利要求。

独立权利要求应当从整体上反映发明或者实用新型的技术方案，记载解决技术问题的必要技术特征。

从属权利要求应当用附加的技术特征，对引用的权利要求作进一步限定。

第二十一条　发明或者实用新型的独立权利要求应当包括前序部分和特征部分，按照下列规定撰写：

（一）前序部分：写明要求保护的发明或者实用新型技术方案的主题名称和发明或者实用新型主题与最接近的现有技术共有的必要技术特征；

（二）特征部分：使用"其特征是……"或者类似的用语，写明发明或者实用新型区别于最接近的现有技术的技术特征。这些特征和前序部分写明的特征合在一起，限定发明或者实用新型要求保护的范围。

发明或者实用新型的性质不适于用前款方式表达的，独立权利要求可以用其他方式撰写。

一项发明或者实用新型应当只有一个独立权利要求，并写在同一发明或者实用新型的从属权利要求之前。

第二十二条　发明或者实用新型的从属权利要求应当包括引用部分和限定部分，按照下列规定撰写：

（一）引用部分：写明引用的权利要求的编号及其主题名称；

（二）限定部分：写明发明或者实用新型附加的技术特征。

从属权利要求只能引用在前的权利要求。引用两项以上权利要求的多项从属权利要求，只能以择一方式引用在前的权利要求，并不得作为另一项多项从属权利要求的基础。

第二十三条　说明书摘要应当写明发明或者实用新型专利申请所公开内容的概要，即写明发明或者实用新型的名称和所属技术领域，并清楚地反映所要解决的技术问题、解决该问题的技术方案的要点以及主要用途。说明书摘要可以包含最能说明发明的化学式；有附图的专利申请，还应当提供一幅最能说明该发明或者实用新型技术特征的附图。附图的大小及清晰度应当保证在该图缩小到 4 厘米×6 厘米时，仍能清晰地分辨出图中的各个细节。摘要文字部分不得超过 300 个字。摘要中不得使用商业性宣传用语。

第二十四条　申请专利的发明涉及新的生物材料，该生物材料公众不能得到，并且对该生物材料的说明不足以使所属领域的技术人员实施其发明的，除应当符合专利法和本细则的有关规定外，申请人还应当办理下列手续：

（一）在申请日前或者最迟在申请日（有优先权的，指优先权日），将该生物材料的样品提交国务院专利行政部门认可的保藏单位保藏，并在申请时或者最迟自申请日起 4 个月内提交保藏单位出具的保藏证明和存活证明；期满未提交证明的，该样品视为未提交保藏；

（二）在申请文件中，提供有关该生物材料特征的资料；

（三）涉及生物材料样品保藏的专利申请应当在请求书和说明书中写明该生物材料的分类命名（注明拉丁文名称）、保藏该生物材料样品的单位名称、地址、保藏日期和保藏编号；申请时未写明的，应当自申请日起 4 个月内补正；期满未补正的，视为未提交保藏。

第二十五条　发明专利申请人依照本细则第二十四条的规定保藏生物材料样品的，在发明专利申请公布后，任何单位或者个人需要将该专利申请所涉及的生物材料作为实验目的使用的，应当向国务院专利行政部门提出请求，并写明下列事项：

（一）请求人的姓名或者名称和地址；

（二）不向其他任何人提供该生物材料的保证；

（三）在授予专利权前，只作为实验目的使用的保证。

第二十六条　专利法所称遗传资源，是指取自人体、动物、植物或者微生物等含有遗传功能单位并具有实际或者潜在价值的材料；专利法所称依赖遗传资源完成的发明创造，是指利用了遗传资源的遗传功能完成的发明创造。

就依赖遗传资源完成的发明创造申请专利的，申请人应当在请求书中予以说明，并填写国务院专利行政部门制定的表格。

第二十七条　申请人请求保护色彩的，应当提交彩色图片或者照片。

申请人应当就每件外观设计产品所需要保护的内容提交有关图片或者照片。

第二十八条　外观设计的简要说明应当写明外观设计产品的名称、用途，外观设计的设计要点，并指定一幅最能表明设计要点的图片或者照片。省略视图或者请求保护色彩的，应当在简要说明中写明。

对同一产品的多项相似外观设计提出一件外观设计专利申请的，应当在简要说明中指定其中一项作为基本设计。

简要说明不得使用商业性宣传用语，也不能用来说明产品的性能。

第二十九条　国务院专利行政部门认为必要时，可以要求外观设计专利申请人提交使用外观设计的产品样品或者模型。样品或者模型的体积不得超过 30 厘米×30 厘米×30 厘米，重量不得超过 15 公斤。易腐、易损或者危险品不得作为样品或者模型提交。

第三十条　专利法第二十四条第（一）项所称中国政府承认的国际展览会，是指国际展览会公约规定的在国际展览局注册或者由其认可的国际展览会。

专利法第二十四条第（二）项所称学术会议或者技

术会议，是指国务院有关主管部门或者全国性学术团体组织召开的学术会议或者技术会议。

申请专利的发明创造有专利法第二十四条第（一）项或者第（二）项所列情形的，申请人应当在提出专利申请时声明，并自申请日起 2 个月内提交有关国际展览会或者学术会议、技术会议的组织单位出具的有关发明创造已经展出或者发表，以及展出或者发表日期的证明文件。

申请专利的发明创造有专利法第二十四条第（三）项所列情形的，国务院专利行政部门认为必要时，可以要求申请人在指定期限内提交证明文件。

申请人未依照本条第三款的规定提出声明和提交证明文件的，或者未依照本条第四款的规定在指定期限内提交证明文件的，其申请不适用专利法第二十四条的规定。

第三十一条　申请人依照专利法第三十条的规定要求外国优先权的，申请人提交的在先申请文件副本应当经原受理机构证明。依照国务院专利行政部门与该受理机构签订的协议，国务院专利行政部门通过电子交换等途径获得在先申请文件副本的，视为申请人提交了经该受理机构证明的在先申请文件副本。要求本国优先权，申请人在请求书中写明在先申请的申请日和申请号的，视为提交了在先申请文件副本。

要求优先权，但请求书中漏写或者错写在先申请的申请日、申请号和原受理机构名称中的一项或者两项内容的，国务院专利行政部门应当通知申请人在指定期限内补正；期满未补正的，视为未要求优先权。

要求优先权的申请人的姓名或者名称与在先申请文件副本中记载的申请人姓名或者名称不一致的，应当提交优先权转让证明材料，未提交该证明材料的，视为未要求优先权。

外观设计专利申请的申请人要求外国优先权，其在先申请未包括对外观设计的简要说明，申请人按照本细则第二十八条规定提交的简要说明未超出在先申请文件的图片或者照片表示的范围的，不影响其享有优先权。

第三十二条　申请人在一件专利申请中，可以要求一项或者多项优先权；要求多项优先权的，该申请的优先权期限从最早的优先权日起计算。

申请人要求本国优先权，在先申请是发明专利申请的，可以就相同主题提出发明或者实用新型专利申请；在先申请是实用新型专利申请的，可以就相同主题提出实用新型或者发明专利申请。但是，提出后一申请时，在先申请的主题有下列情形之一的，不得作为要求本国优先权的基础：

（一）已经要求外国优先权或者本国优先权的；

（二）已经被授予专利权的；

（三）属于按照规定提出的分案申请的。

　　申请人要求本国优先权的，其在先申请自后一申请提出之日起即视为撤回。

第三十三条　在中国没有经常居所或者营业所的申请人，申请专利或者要求外国优先权的，国务院专利行政部门认为必要时，可以要求其提供下列文件：

（一）申请人是个人的，其国籍证明；

（二）申请人是企业或者其他组织的，其注册的国家或者地区的证明文件；

（三）申请人的所属国，承认中国单位和个人可以按照该国国民的同等条件，在该国享有专利权、优先权和其他与专利有关的权利的证明文件。

第三十四条　依照专利法第三十一条第一款规定，可以作为一件专利申请提出的属于一个总的发明构思的两项以上的发明或者实用新型，应当在技术上相互关联，包含一个或者多个相同或者相应的特定技术特征，其中特定技术特征是指每一项发明或者实用新型作为整体，对现有技术作出贡献的技术特征。

第三十五条　依照专利法第三十一条第二款规定，将同一产品的多项相似外观设计作为一件申请提出的，对该产品

的其他设计应当与简要说明中指定的基本设计相
似。一件外观设计专利申请中的相似外观设计不得
超过 10 项。

专利法第三十一条第二款所称同一类别并且成套出
售或者使用的产品的两项以上外观设计，是指各产
品属于分类表中同一大类，习惯上同时出售或者同
时使用，而且各产品的外观设计具有相同的设计构
思。

将两项以上外观设计作为一件申请提出的，应当将
各项外观设计的顺序编号标注在每件外观设计产品
各幅图片或者照片的名称之前。

第三十六条　申请人撤回专利申请的，应当向国务院专利行政部
门提出声明，写明发明创造的名称、申请号和申请
日。

撤回专利申请的声明在国务院专利行政部门作好公
布专利申请文件的印刷准备工作后提出的，申请文
件仍予公布；但是，撤回专利申请的声明应当在以
后出版的专利公报上予以公告。

第三章　专利申请的审查和批准

第三十七条　在初步审查、实质审查、复审和无效宣告程序中，
实施审查和审理的人员有下列情形之一的，应当自

行回避，当事人或者其他利害关系人可以要求其回避：

（一）是当事人或者其代理人的近亲属的；

（二）与专利申请或者专利权有利害关系的；

（三）与当事人或者其代理人有其他关系，可能影响公正审查和审理的；

（四）专利复审委员会成员曾参与原申请的审查的。

第三十八条　国务院专利行政部门收到发明或者实用新型专利申请的请求书、说明书（实用新型必须包括附图）和权利要求书，或者外观设计专利申请的请求书、外观设计的图片或者照片和简要说明后，应当明确申请日、给予申请号，并通知申请人。

第三十九条　专利申请文件有下列情形之一的，国务院专利行政部门不予受理，并通知申请人：

（一）发明或者实用新型专利申请缺少请求书、说明书（实用新型无附图）或者权利要求书的，或者外观设计专利申请缺少请求书、图片或者照片、简要说明的；

（二）未使用中文的；

（三）不符合本细则第一百二十一条第一款规定的；

（四）请求书中缺少申请人姓名或者名称，或者缺少地址的；

（五）明显不符合专利法第十八条或者第十九条第一款的规定
　　　的；

（六）专利申请类别（发明、实用新型或者外观设计）不明确
　　　或者难以确定的。

第四十条　　　说明书中写有对附图的说明但无附图或者缺少部分
　　　　　　　附图的，申请人应当在国务院专利行政部门指定的
　　　　　　　期限内补交附图或者声明取消对附图的说明。申请
　　　　　　　人补交附图的，以向国务院专利行政部门提交或者
　　　　　　　邮寄附图之日为申请日；取消对附图的说明的，保
　　　　　　　留原申请日。

第四十一条　　两个以上的申请人同日（指申请日；有优先权的，
　　　　　　　指优先权日）分别就同样的发明创造申请专利的，
　　　　　　　应当在收到国务院专利行政部门的通知后自行协商
　　　　　　　确定申请人。

　　　　　　　同一申请人在同日（指申请日）对同样的发明创造
　　　　　　　既申请实用新型专利又申请发明专利的，应当在申
　　　　　　　请时分别说明对同样的发明创造已申请了另一专
　　　　　　　利；未作说明的，依照专利法第九条第一款关于同
　　　　　　　样的发明创造只能授予一项专利权的规定处理。

　　　　　　　国务院专利行政部门公告授予实用新型专利权，应
　　　　　　　当公告申请人已依照本条第二款的规定同时申请了
　　　　　　　发明专利的说明。

发明专利申请经审查没有发现驳回理由，国务院专利行政部门应当通知申请人在规定期限内声明放弃实用新型专利权。申请人声明放弃的，国务院专利行政部门应当作出授予发明专利权的决定，并在公告授予发明专利权时一并公告申请人放弃实用新型专利权声明。申请人不同意放弃的，国务院专利行政部门应当驳回该发明专利申请；申请人期满未答复的，视为撤回该发明专利申请。

实用新型专利权自公告授予发明专利权之日起终止。

第四十二条　一件专利申请包括两项以上发明、实用新型或者外观设计的，申请人可以在本细则第五十四条第一款规定的期限届满前，向国务院专利行政部门提出分案申请；但是，专利申请已经被驳回、撤回或者视为撤回的，不能提出分案申请。

国务院专利行政部门认为一件专利申请不符合专利法第三十一条和本细则第三十四条或者第三十五条的规定的，应当通知申请人在指定期限内对其申请进行修改；申请人期满未答复的，该申请视为撤回。

分案的申请不得改变原申请的类别。

第四十三条　依照本细则第四十二条规定提出的分案申请，可以保留原申请日，享有优先权的，可以保留优先权日，但是不得超出原申请记载的范围。

分案申请应当依照专利法及本细则的规定办理有关手续。

分案申请的请求书中应当写明原申请的申请号和申请日。提交分案申请时，申请人应当提交原申请文件副本；原申请享有优先权的，并应当提交原申请的优先权文件副本。

第四十四条　专利法第三十四条和第四十条所称初步审查，是指审查专利申请是否具备专利法第二十六条或者第二十七条规定的文件和其他必要的文件，这些文件是否符合规定的格式，并审查下列各项：

（一）发明专利申请是否明显属于专利法第五条、第二十五条规定的情形，是否不符合专利法第十八条、第十九条第一款、第二十条第一款或者本细则第十六条、第二十六条第二款的规定，是否明显不符合专利法第二条第二款、第二十六条第五款、第三十一条第一款、第三十三条或者本细则第十七条至第二十一条的规定；

（二）实用新型专利申请是否明显属于专利法第五条、第二十五条规定的情形，是否不符合专利法第十八条、第十九条第一款、第二十条第一款或者本细则第十六条至第十九条、第二十一条至第二十三条的规定，是否明显不符合专利法第二条第三款、第二十二条第二款、第四款、第二十六条第三款、第四款、第三十一条第一款、第三十三条或者本细则第二十条、第四十三条第一款的规定，是否依照专利法第九条规定不能取得专利权；

（三）外观设计专利申请是否明显属于专利法第五条、第二十五条第一款第（六）项规定的情形，是否不符合专利法第十八条、第十九条第一款或者本细则第十六条、第二十七条、第二十八条的规定，是否明显不符合专利法第二条第四款、第二十三条第一款、第二十七条第二款、第三十一条第二款、第三十三条或者本细则第四十三条第一款的规定，是否依照专利法第九条规定不能取得专利权；

（四）申请文件是否符合本细则第二条、第三条第一款的规定。

国务院专利行政部门应当将审查意见通知申请人，要求其在指定期限内陈述意见或者补正；申请人期满未答复的，其申请视为撤回。申请人陈述意见或者补正后，国务院专利行政部门仍然认为不符合前款所列各项规定的，应当予以驳回。

第四十五条　除专利申请文件外，申请人向国务院专利行政部门提交的与专利申请有关的其他文件有下列情形之一的，视为未提交：

（一）未使用规定的格式或者填写不符合规定的；

（二）未按照规定提交证明材料的。

国务院专利行政部门应当将视为未提交的审查意见通知申请人。

第四十六条　申请人请求早日公布其发明专利申请的，应当向国务院专利行政部门声明。国务院专利行政部门对该申请进行初步审查后，除予以驳回的外，应当立即将申请予以公布。

第四十七条　申请人写明使用外观设计的产品及其所属类别的，应当使用国务院专利行政部门公布的外观设计产品分类表。未写明使用外观设计的产品所属类别或者所写的类别不确切的，国务院专利行政部门可以予以补充或者修改。

第四十八条　自发明专利申请公布之日起至公告授予专利权之日止，任何人均可以对不符合专利法规定的专利申请向国务院专利行政部门提出意见，并说明理由。

第四十九条　发明专利申请人因有正当理由无法提交专利法第三十六条规定的检索资料或者审查结果资料的，应当向国务院专利行政部门声明，并在得到有关资料后补交。

第五十条　国务院专利行政部门依照专利法第三十五条第二款的规定对专利申请自行进行审查时，应当通知申请人。

第五十一条　发明专利申请人在提出实质审查请求时以及在收到国务院专利行政部门发出的发明专利申请进入实质审查阶段通知书之日起的 3 个月内，可以对发明专利申请主动提出修改。

实用新型或者外观设计专利申请人自申请日起 2 个月内，可以对实用新型或者外观设计专利申请主动提出修改。

申请人在收到国务院专利行政部门发出的审查意见通知书后对专利申请文件进行修改的，应当针对通知书指出的缺陷进行修改。

国务院专利行政部门可以自行修改专利申请文件中文字和符号的明显错误。国务院专利行政部门自行修改的，应当通知申请人。

第五十二条　发明或者实用新型专利申请的说明书或者权利要求书的修改部分，除个别文字修改或者增删外，应当按照规定格式提交替换页。外观设计专利申请的图片或者照片的修改，应当按照规定提交替换页。

第五十三条　依照专利法第三十八条的规定，发明专利申请经实质审查应当予以驳回的情形是指：

（一）申请属于专利法第五条、第二十五条规定的情形，或者依照专利法第九条规定不能取得专利权的；

（二）申请不符合专利法第二条第二款、第二十条第一款、第二十二条、第二十六条第三款、第四款、第五款、第三十一条第一款或者本细则第二十条第二款规定的；

（三）申请的修改不符合专利法第三十三条规定，或者分案的申请不符合本细则第四十三条第一款的规定的。

第五十四条　国务院专利行政部门发出授予专利权的通知后，申请人应当自收到通知之日起 2 个月内办理登记手续。申请人按期办理登记手续的，国务院专利行政部门应当授予专利权，颁发专利证书，并予以公告。期满未办理登记手续的，视为放弃取得专利权的权利。

第五十五条　保密专利申请经审查没有发现驳回理由的，国务院专利行政部门应当作出授予保密专利权的决定，颁发保密专利证书，登记保密专利权的有关事项。

第五十六条　授予实用新型或者外观设计专利权的决定公告后，专利法第六十条规定的专利权人或者利害关系人可以请求国务院专利行政部门作出专利权评价报告。

请求作出专利权评价报告的，应当提交专利权评价报告请求书，写明专利号。每项请求应当限于一项专利权。

专利权评价报告请求书不符合规定的，国务院专利行政部门应当通知请求人在指定期限内补正；请求人期满未补正的，视为未提出请求。

第五十七条　国务院专利行政部门应当自收到专利权评价报告请求书后 2 个月内作出专利权评价报告。对同一项实用新型或者外观设计专利权，有多个请求人请求作出专利权评价报告的，国务院专利行政部门仅作出一份专利权评价报告。任何单位或者个人可以查阅或者复制该专利权评价报告。

第五十八条　国务院专利行政部门对专利公告、专利单行本中出现的错误，一经发现，应当及时更正，并对所作更正予以公告。

第四章　专利申请的复审与专利权的无效宣告

第五十九条　专利复审委员会由国务院专利行政部门指定的技术专家和法律专家组成，主任委员由国务院专利行政部门负责人兼任。

第六十条　依照专利法第四十一条的规定向专利复审委员会请求复审的，应当提交复审请求书，说明理由，必要时还应当附具有关证据。

复审请求不符合专利法第十九条第一款或者第四十一条第一款规定的，专利复审委员会不予受理，书面通知复审请求人并说明理由。

复审请求书不符合规定格式的，复审请求人应当在专利复审委员会指定的期限内补正；期满未补正的，该复审请求视为未提出。

第六十一条　请求人在提出复审请求或者在对专利复审委员会的复审通知书作出答复时，可以修改专利申请文件；但是，修改应当仅限于消除驳回决定或者复审通知书指出的缺陷。

修改的专利申请文件应当提交一式两份。

第六十二条　专利复审委员会应当将受理的复审请求书转交国务院专利行政部门原审查部门进行审查。原审查部门根据复审请求人的请求，同意撤销原决定的，专利复审委员会应当据此作出复审决定，并通知复审请求人。

第六十三条　专利复审委员会进行复审后，认为复审请求不符合专利法和本细则有关规定的，应当通知复审请求人，要求其在指定期限内陈述意见。期满未答复的，该复审请求视为撤回；经陈述意见或者进行修改后，专利复审委员会认为仍不符合专利法和本细则有关规定的，应当作出维持原驳回决定的复审决定。

专利复审委员会进行复审后，认为原驳回决定不符合专利法和本细则有关规定的，或者认为经过修改的专利申请文件消除了原驳回决定指出的缺陷的，应当撤销原驳回决定，由原审查部门继续进行审查程序。

第六十四条　复审请求人在专利复审委员会作出决定前，可以撤回其复审请求。

复审请求人在专利复审委员会作出决定前撤回其复审请求的，复审程序终止。

第六十五条　依照专利法第四十五条的规定，请求宣告专利权无效或者部分无效的，应当向专利复审委员会提交专利权无效宣告请求书和必要的证据一式两份。无效宣告请求书应当结合提交的所有证据，具体说明无效宣告请求的理由，并指明每项理由所依据的证据。

前款所称无效宣告请求的理由，是指被授予专利的发明创造不符合专利法第二条、第二十条第一款、第二十二条、第二十三条、第二十六条第三款、第四款、第二十七条第二款、第三十三条或者本细则第二十条第二款、第四十三条第一款的规定，或者属于专利法第五条、第二十五条的规定，或者依照专利法第九条规定不能取得专利权。

第六十六条　专利权无效宣告请求不符合专利法第十九条第一款或者本细则第六十五条规定的，专利复审委员会不予受理。

在专利复审委员会就无效宣告请求作出决定之后，又以同样的理由和证据请求无效宣告的，专利复审委员会不予受理。

以不符合专利法第二十三条第三款的规定为理由请求宣告外观设计专利权无效，但是未提交证明权利冲突的证据的，专利复审委员会不予受理。

专利权无效宣告请求书不符合规定格式的，无效宣告请求人应当在专利复审委员会指定的期限内补正；期满未补正的，该无效宣告请求视为未提出。

第六十七条　在专利复审委员会受理无效宣告请求后，请求人可以在提出无效宣告请求之日起 1 个月内增加理由或者补充证据。逾期增加理由或者补充证据的，专利复审委员会可以不予考虑。

第六十八条　专利复审委员会应当将专利权无效宣告请求书和有关文件的副本送交专利权人，要求其在指定的期限内陈述意见。

专利权人和无效宣告请求人应当在指定期限内答复专利复审委员会发出的转送文件通知书或者无效宣告请求审查通知书；期满未答复的，不影响专利复审委员会审理。

第六十九条　在无效宣告请求的审查过程中，发明或者实用新型专利的专利权人可以修改其权利要求书，但是不得扩大原专利的保护范围。

发明或者实用新型专利的专利权人不得修改专利说明书和附图，外观设计专利的专利权人不得修改图片、照片和简要说明。

第七十条　专利复审委员会根据当事人的请求或者案情需要，可以决定对无效宣告请求进行口头审理。

专利复审委员会决定对无效宣告请求进行口头审理的，应当向当事人发出口头审理通知书，告知举行口头审理的日期和地点。当事人应当在通知书指定的期限内作出答复。

无效宣告请求人对专利复审委员会发出的口头审理通知书在指定的期限内未作答复，并且不参加口头审理的，其无效宣告请求视为撤回；专利权人不参加口头审理的，可以缺席审理。

第七十一条　在无效宣告请求审查程序中，专利复审委员会指定的期限不得延长。

第七十二条　专利复审委员会对无效宣告的请求作出决定前，无效宣告请求人可以撤回其请求。

专利复审委员会作出决定之前，无效宣告请求人撤回其请求或者其无效宣告请求被视为撤回的，无效宣告请求审查程序终止。但是，专利复审委员会认为根据已进行的审查工作能够作出宣告专利权无效或者部分无效的决定的，不终止审查程序。

第五章　专利实施的强制许可

第七十三条　专利法第四十八条第（一）项所称未充分实施其专利，是指专利权人及其被许可人实施其专利的方式或者规模不能满足国内对专利产品或者专利方法的需求。

专利法第五十条所称取得专利权的药品，是指解决公共健康问题所需的医药领域中的任何专利产品或者依照专利方法直接获得的产品，包括取得专利权的制造该产品所需的活性成分以及使用该产品所需的诊断用品。

第七十四条　请求给予强制许可的，应当向国务院专利行政部门提交强制许可请求书，说明理由并附具有关证明文件。

国务院专利行政部门应当将强制许可请求书的副本送交专利权人，专利权人应当在国务院专利行政部门指定的期限内陈述意见；期满未答复的，不影响国务院专利行政部门作出决定。

国务院专利行政部门在作出驳回强制许可请求的决定或者给予强制许可的决定前，应当通知请求人和专利权人拟作出的决定及其理由。

国务院专利行政部门依照专利法第五十条的规定作出给予强制许可的决定，应当同时符合中国缔结或者参加的有关国际条约关于为了解决公共健康问题而给予强制许可的规定，但中国作出保留的除外。

第七十五条　依照专利法第五十七条的规定，请求国务院专利行政部门裁决使用费数额的，当事人应当提出裁决请求书，并附具双方不能达成协议的证明文件。国务院专利行政部门应当自收到请求书之日起 3 个月内作出裁决，并通知当事人。

第六章　对职务发明创造的发明人或者设计人的奖励和报酬

第七十六条　被授予专利权的单位可以与发明人、设计人约定或者在其依法制定的规章制度中规定专利法第十六条规定的奖励、报酬的方式和数额。

企业、事业单位给予发明人或者设计人的奖励、报酬，按照国家有关财务、会计制度的规定进行处理。

第七十七条　被授予专利权的单位未与发明人、设计人约定也未在其依法制定的规章制度中规定专利法第十六条规定的奖励的方式和数额的，应当自专利权公告之日起 3 个月内发给发明人或者设计人奖金。一项发明专利的奖金最低不少于 3000 元；一项实用新型专利或者外观设计专利的奖金最低不少于 1000 元。

由于发明人或者设计人的建议被其所属单位采纳而完成的发明创造，被授予专利权的单位应当从优发给奖金。

第七十八条　被授予专利权的单位未与发明人、设计人约定也未在其依法制定的规章制度中规定专利法第十六条规定的报酬的方式和数额的，在专利权有效期限内，实施发明创造专利后，每年应当从实施该项发明或者实用新型专利的营业利润中提取不低于2%或者从实施该项外观设计专利的营业利润中提取不低于0.2%，作为报酬给予发明人或者设计人，或者参照上述比例，给予发明人或者设计人一次性报酬；被授予专利权的单位许可其他单位或者个人实施其专利的，应当从收取的使用费中提取不低于 10%，作为报酬给予发明人或者设计人。

第七章　专利权的保护

第七十九条　专利法和本细则所称管理专利工作的部门，是指由
省、自治区、直辖市人民政府以及专利管理工作量
大又有实际处理能力的设区的市人民政府设立的管
理专利工作的部门。

第八十条　国务院专利行政部门应当对管理专利工作的部门处
理专利侵权纠纷、查处假冒专利行为、调解专利纠
纷进行业务指导。

第八十一条　当事人请求处理专利侵权纠纷或者调解专利纠纷
的，由被请求人所在地或者侵权行为地的管理专利
工作的部门管辖。

两个以上管理专利工作的部门都有管辖权的专利纠
纷，当事人可以向其中一个管理专利工作的部门提
出请求；当事人向两个以上有管辖权的管理专利工
作的部门提出请求的，由最先受理的管理专利工作
的部门管辖。

管理专利工作的部门对管辖权发生争议的，由其共
同的上级人民政府管理专利工作的部门指定管辖；
无共同上级人民政府管理专利工作的部门的，由国
务院专利行政部门指定管辖。

第八十二条　在处理专利侵权纠纷过程中，被请求人提出无效宣告请求并被专利复审委员会受理的，可以请求管理专利工作的部门中止处理。

管理专利工作的部门认为被请求人提出的中止理由明显不能成立的，可以不中止处理。

第八十三条　专利权人依照专利法第十七条的规定，在其专利产品或者该产品的包装上标明专利标识的，应当按照国务院专利行政部门规定的方式予以标明。

专利标识不符合前款规定的，由管理专利工作的部门责令改正。

第八十四条　下列行为属于专利法第六十三条规定的假冒专利的行为：

（一）在未被授予专利权的产品或者其包装上标注专利标识，专利权被宣告无效后或者终止后继续在产品或者其包装上标注专利标识，或者未经许可在产品或者产品包装上标注他人的专利号；

（二）销售第（一）项所述产品；

（三）在产品说明书等材料中将未被授予专利权的技术或者设计称为专利技术或者专利设计，将专利申请称为专利，或者未经许可使用他人的专利号，使公众将所涉及的技术或者设计误认为是专利技术或者专利设计；

（四）伪造或者变造专利证书、专利文件或者专利申请文件；

（五）其他使公众混淆，将未被授予专利权的技术或者设计误认为是专利技术或者专利设计的行为。

专利权终止前依法在专利产品、依照专利方法直接获得的产品或者其包装上标注专利标识，在专利权终止后许诺销售、销售该产品的，不属于假冒专利行为。

销售不知道是假冒专利的产品，并且能够证明该产品合法来源的，由管理专利工作的部门责令停止销售，但免除罚款的处罚。

第八十五条　　除专利法第六十条规定的外，管理专利工作的部门应当事人请求，可以对下列专利纠纷进行调解：

（一）专利申请权和专利权归属纠纷；

（二）发明人、设计人资格纠纷；

（三）职务发明创造的发明人、设计人的奖励和报酬纠纷；

（四）在发明专利申请公布后专利权授予前使用发明而未支付适当费用的纠纷；

（五）其他专利纠纷。

对于前款第（四）项所列的纠纷，当事人请求管理专利工作的部门调解的，应当在专利权被授予之后提出。

第八十六条　当事人因专利申请权或者专利权的归属发生纠纷，已请求管理专利工作的部门调解或者向人民法院起诉的，可以请求国务院专利行政部门中止有关程序。

依照前款规定请求中止有关程序的，应当向国务院专利行政部门提交请求书，并附具管理专利工作的部门或者人民法院的写明申请号或者专利号的有关受理文件副本。

管理专利工作的部门作出的调解书或者人民法院作出的判决生效后，当事人应当向国务院专利行政部门办理恢复有关程序的手续。自请求中止之日起 1 年内，有关专利申请权或者专利权归属的纠纷未能结案，需要继续中止有关程序的，请求人应当在该期限内请求延长中止。期满未请求延长的，国务院专利行政部门自行恢复有关程序。

第八十七条　人民法院在审理民事案件中裁定对专利申请权或者专利权采取保全措施的，国务院专利行政部门应当在收到写明申请号或者专利号的裁定书和协助执行通知书之日中止被保全的专利申请权或者专利权的有关程序。保全期限届满，人民法院没有裁定继续采取保全措施的，国务院专利行政部门自行恢复有关程序。

第八十六条　国务院专利行政部门根据本细则第八十六条和第八十七条规定中止有关程序，是指暂停专利申请的初步审查、实质审查、复审程序，授予专利权程序和专利权无效宣告程序；暂停办理放弃、变更、转移专利权或者专利申请权手续，专利权质押手续以及专利权期限届满前的终止手续等。

第八章　专利登记和专利公报

第八十九条　国务院专利行政部门设置专利登记簿，登记下列与专利申请和专利权有关的事项：

（一）专利权的授予；

（二）专利申请权、专利权的转移；

（三）专利权的质押、保全及其解除；

（四）专利实施许可合同的备案；

（五）专利权的无效宣告；

（六）专利权的终止；

（七）专利权的恢复；

（八）专利实施的强制许可；

（九）专利权人的姓名或者名称、国籍和地址的变更。

第九十条　国务院专利行政部门定期出版专利公报，公布或者公告下列内容：

（一）发明专利申请的著录事项和说明书摘要；

（二）发明专利申请的实质审查请求和国务院专利行政部门对发明专利申请自行进行实质审查的决定；

（三）发明专利申请公布后的驳回、撤回、视为撤回、视为放弃、恢复和转移；

（四）专利权的授予以及专利权的著录事项；

（五）发明或者实用新型专利的说明书摘要，外观设计专利的一幅图片或者照片；

（六）国防专利、保密专利的解密；

（七）专利权的无效宣告；

（八）专利权的终止、恢复；

（九）专利权的转移；

（十）专利实施许可合同的备案；

（十一）专利权的质押、保全及其解除；

（十二）专利实施的强制许可的给予；

（十三）专利权人的姓名或者名称、地址的变更；

（十四）文件的公告送达；

（十五）国务院专利行政部门作出的更正；

（十六）其他有关事项。

第九十一条　国务院专利行政部门应当提供专利公报、发明专利申请单行本以及发明专利、实用新型专利、外观设计专利单行本，供公众免费查阅。

第九十二条　国务院专利行政部门负责按照互惠原则与其他国家、地区的专利机关或者区域性专利组织交换专利文献。

第九章　费用

第九十三条　向国务院专利行政部门申请专利和办理其他手续时，应当缴纳下列费用：

（一）申请费、申请附加费、公布印刷费、优先权要求费；

（二）发明专利申请实质审查费、复审费；

（三）专利登记费、公告印刷费、年费；

（四）恢复权利请求费、延长期限请求费；

（五）著录事项变更费、专利权评价报告请求费、无效宣告请求费。

前款所列各种费用的缴纳标准，由国务院价格管理部门、财政部门会同国务院专利行政部门规定。

第九十四条　专利法和本细则规定的各种费用，可以直接向国务院专利行政部门缴纳，也可以通过邮局或者银行汇付，或者以国务院专利行政部门规定的其他方式缴纳。

通过邮局或者银行汇付的，应当在送交国务院专利行政部门的汇单上写明正确的申请号或者专利号以及缴纳的费用名称。不符合本款规定的，视为未办理缴费手续。

直接向国务院专利行政部门缴纳费用的，以缴纳当日为缴费日；以邮局汇付方式缴纳费用的，以邮局汇出的邮戳日为缴费日；以银行汇付方式缴纳费用的，以银行实际汇出日为缴费日。

多缴、重缴、错缴专利费用的，当事人可以自缴费日起 3 年内，向国务院专利行政部门提出退款请求，国务院专利行政部门应当予以退还。

第九十五条　申请人应当自申请日起 2 个月内或者在收到受理通知书之日起 15 日内缴纳申请费、公布印刷费和必要的申请附加费；期满未缴纳或者未缴足的，其申请视为撤回。

申请人要求优先权的，应当在缴纳申请费的同时缴纳优先权要求费；期满未缴纳或者未缴足的，视为未要求优先权。

第九十六条　当事人请求实质审查或者复审的，应当在专利法及本细则规定的相关期限内缴纳费用；期满未缴纳或者未缴足的，视为未提出请求。

第九十七条　申请人办理登记手续时，应当缴纳专利登记费、公告印刷费和授予专利权当年的年费；期满未缴纳或者未缴足的，视为未办理登记手续。

第九十八条　授予专利权当年以后的年费应当在上一年度期满前缴纳。专利权人未缴纳或者未缴足的，国务院专利行政部门应当通知专利权人自应当缴纳年费期满之日起 6 个月内补缴，同时缴纳滞纳金；滞纳金的金额按照每超过规定的缴费时间 1 个月，加收当年全额年费的 5% 计算；期满未缴纳的，专利权自应当缴纳年费期满之日起终止。

第九十九条　恢复权利请求费应当在本细则规定的相关期限内缴纳；期满未缴纳或者未缴足的，视为未提出请求。

延长期限请求费应当在相应期限届满之日前缴纳；期满未缴纳或者未缴足的，视为未提出请求。

著录事项变更费、专利权评价报告请求费、无效宣告请求费应当自提出请求之日起 1 个月内缴纳；期满未缴纳或者未缴足的，视为未提出请求。

第一百条　　　申请人或者专利权人缴纳本细则规定的各种费用有困难的，可以按照规定向国务院专利行政部门提出减缴或者缓缴的请求。减缴或者缓缴的办法由国务院财政部门会同国务院价格管理部门、国务院专利行政部门规定。

第十章　关于国际申请的特别规定

第一百零一条　　国务院专利行政部门根据专利法第二十条规定，受理按照专利合作条约提出的专利国际申请。

按照专利合作条约提出并指定中国的专利国际申请（以下简称国际申请）进入国务院专利行政部门处理阶段（以下称进入中国国家阶段）的条件和程序适用本章的规定；本章没有规定的，适用专利法及本细则其他各章的有关规定。

第一百零二条　　按照专利合作条约已确定国际申请日并指定中国的国际申请，视为向国务院专利行政部门提出的专利申请，该国际申请日视为专利法第二十八条所称的申请日。

第一百零三条　　国际申请的申请人应当在专利合作条约第二条所称的优先权日（本章简称优先权日）起 30 个

月内，向国务院专利行政部门办理进入中国国家阶段的手续；申请人未在该期限内办理该手续的，在缴纳宽限费后，可以在自优先权日起32个月内办理进入中国国家阶段的手续。

第一百零四条　　申请人依照本细则第一百零三条的规定办理进入中国国家阶段的手续的，应当符合下列要求：

（一）以中文提交进入中国国家阶段的书面声明，写明国际申请号和要求获得的专利权类型；

（二）缴纳本细则第九十三条第一款规定的申请费、公布印刷费，必要时缴纳本细则第一百零三条规定的宽限费；

（三）国际申请以外文提出的，提交原始国际申请的说明书和权利要求书的中文译文；

（四）在进入中国国家阶段的书面声明中写明发明创造的名称，申请人姓名或者名称、地址和发明人的姓名，上述内容应当与世界知识产权组织国际局（以下简称国际局）的记录一致；国际申请中未写明发明人的，在上述声明中写明发明人的姓名；

（五）国际申请以外文提出的，提交摘要的中文译文，有附图和摘要附图的，提交附图副本和摘要附图副本，附图中有文字的，将其替换为对应的中文文字；国际申请以中文提出的，提交国际公布文件中的摘要和摘要附图副本；

（六）在国际阶段向国际局已办理申请人变更手续的，提供变更后的申请人享有申请权的证明材料；

（七）必要时缴纳本细则第九十三条第一款规定的申请附加费。

符合本条第一款第（一）项至第（三）项要求的，国务院专利行政部门应当给予申请号，明确国际申请进入中国国家阶段的日期（以下简称进入日），并通知申请人其国际申请已进入中国国家阶段。

国际申请已进入中国国家阶段，但不符合本条第一款第（四）项至第（七）项要求的，国务院专利行政部门应当通知申请人在指定期限内补正；期满未补正的，其申请视为撤回。

第一百零五条　　国际申请有下列情形之一的，其在中国的效力终止：

（一）在国际阶段，国际申请被撤回或者被视为撤回，或者国际申请对中国的指定被撤回的；

（二）申请人未在优先权日起 32 个月内按照本细则第一百零三条规定办理进入中国国家阶段手续的；

（三）申请人办理进入中国国家阶段的手续，但自优先权日起 32 个月期限届满仍不符合本细则第一百零四条第（一）项至第（三）项要求的。

依照前款第（一）项的规定，国际申请在中国的效力终止的，不适用本细则第六条的规定；依照前款第（二）项、第（三）项的规定，国际申请在中国的效力终止的，不适用本细则第六条第二款的规定。

第一百零六条　　国际申请在国际阶段作过修改，申请人要求以经修改的申请文件为基础进行审查的，应当自进入日起 2 个月内提交修改部分的中文译文。在该期间内未提交中文译文的，对申请人在国际阶段提出的修改，国务院专利行政部门不予考虑。

第一百零七条　　国际申请涉及的发明创造有专利法第二十四条第（一）项或者第（二）项所列情形之一，在提出国际申请时作过声明的，申请人应当在进入中国国家阶段的书面声明中予以说明，并自进入日起 2 个月内提交本细则第三十条第三款规定的有关证明文件；未予说明或者期满未提交证明文件的，其申请不适用专利法第二十四条的规定。

第一百零八条　　申请人按照专利合作条约的规定，对生物材料样品的保藏已作出说明的，视为已经满足了本细则第二十四条第（三）项的要求。申请人应当在进入中国国家阶段声明中指明记载生物材料样品保藏事项的文件以及在该文件中的具体记载位置。

申请人在原始提交的国际申请的说明书中已记载生物材料样品保藏事项，但是没有在进入中国国家阶段声明中指明的，应当自进入日起 4

个月内补正。期满未补正的，该生物材料视为未提交保藏。

申请人自进入日起 4 个月内向国务院专利行政部门提交生物材料样品保藏证明和存活证明的，视为在本细则第二十四条第（一）项规定的期限内提交。

第一百零九条　　国际申请涉及的发明创造依赖遗传资源完成的，申请人应当在国际申请进入中国国家阶段的书面声明中予以说明，并填写国务院专利行政部门制定的表格。

第一百一十条　　申请人在国际阶段已要求一项或者多项优先权，在进入中国国家阶段时该优先权要求继续有效的，视为已经依照专利法第三十条的规定提出了书面声明。

申请人应当自进入日起 2 个月内缴纳优先权要求费；期满未缴纳或者未缴足的，视为未要求该优先权。

申请人在国际阶段已依照专利合作条约的规定，提交过在先申请文件副本的，办理进入中国国家阶段手续时不需要向国务院专利行政部门提交在先申请文件副本。申请人在国际阶段未提交在先申请文件副本的，国务院专利行政部门认为必要时，可以通知申请人在指定期限内补交；申请人期满未补交的，其优先权要求视为未提出。

第一百一十一条　在优先权日起 30 个月期满前要求国务院专利行政部门提前处理和审查国际申请的，申请人除应当办理进入中国国家阶段手续外，还应当依照专利合作条约第二十三条第二款规定提出请求。国际局尚未向国务院专利行政部门传送国际申请的，申请人应当提交经确认的国际申请副本。

第一百一十二条　要求获得实用新型专利权的国际申请，申请人可以自进入日起 2 个月内对专利申请文件主动提出修改。

要求获得发明专利权的国际申请，适用本细则第五十一条第一款的规定。

第一百一十三条　申请人发现提交的说明书、权利要求书或者附图中的文字的中文译文存在错误的，可以在下列规定期限内依照原始国际申请文本提出改正：

（一）在国务院专利行政部门作好公布发明专利申请或者公告实用新型专利权的准备工作之前；

（二）在收到国务院专利行政部门发出的发明专利申请进入实质审查阶段通知书之日起 3 个月内。

申请人改正译文错误的，应当提出书面请求并缴纳规定的译文改正费。

申请人按照国务院专利行政部门的通知书的要求改正译文的，应当在指定期限内办理本条第二款规定的手续；期满未办理规定手续的，该申请视为撤回。

第一百一十四条　对要求获得发明专利权的国际申请，国务院专利行政部门经初步审查认为符合专利法和本细则有关规定的，应当在专利公报上予以公布；国际申请以中文以外的文字提出的，应当公布申请文件的中文译文。

要求获得发明专利权的国际申请，由国际局以中文进行国际公布的，自国际公布日起适用专利法第十三条的规定；由国际局以中文以外的文字进行国际公布的，自国务院专利行政部门公布之日起适用专利法第十三条的规定。

对国际申请，专利法第二十一条和第二十二条中所称的公布是指本条第一款所规定的公布。

第一百一十五条　国际申请包含两项以上发明或者实用新型的，申请人可以自进入日起，依照本细则第四十二条第一款的规定提出分案申请。

在国际阶段，国际检索单位或者国际初步审查单位认为国际申请不符合专利合作条约规定的单一性要求时，申请人未按照规定缴纳附加费，导致国际申请某些部分未经国际检索或者未经国际初步审查，在进入中国国家阶段时，申请人要求将所述部分作为审查基础，国务院专利行政部门认为国际检索单位或者国际初步审查单位对发明单一性的判断正确的，应当通知申请人在指定期限内缴纳单一性恢复费。期满未缴纳或者未足额缴纳的，国际申请中未经检索或者未经国际初步审查的部分视为撤回。

第一百一十六条　国际申请在国际阶段被有关国际单位拒绝给予国际申请日或者宣布视为撤回的，申请人在收到通知之日起 2 个月内，可以请求国际局将国际申请档案中任何文件的副本转交国务院专利行政部门，并在该期限内向国务院专利行政部门办理本细则第一百零三条规定的手续，国务院专利行政部门应当在接到国际局传送的文件后，对国际单位作出的决定是否正确进行复查。

第一百一十七条　基于国际申请授予的专利权，由于译文错误，致使依照专利法第五十九条规定确定的保护范围超出国际申请的原文所表达的范围的，以依据原文限制后的保护范围为准；致使保护范围小于国际申请的原文所表达的范围的，以授权时的保护范围为准。

第十一章　附则

第一百一十八条　经国务院专利行政部门同意，任何人均可以查阅或者复制已经公布或者公告的专利申请的案卷和专利登记簿，并可以请求国务院专利行政部门出具专利登记簿副本。

已视为撤回、驳回和主动撤回的专利申请的案卷，自该专利申请失效之日起满 2 年后不予保存。

已放弃、宣告全部无效和终止的专利权的案卷，自该专利权失效之日起满 3 年后不予保存。

第一百一十九条　向国务院专利行政部门提交申请文件或者办理各种手续，应当由申请人、专利权人、其他利害关系人或者其代表人签字或者盖章；委托专利代理机构的，由专利代理机构盖章。

请求变更发明人姓名、专利申请人和专利权人的姓名或者名称、国籍和地址、专利代理机构的名称、地址和代理人姓名的，应当向国务院专利行政部门办理著录事项变更手续，并附具变更理由的证明材料。

第一百二十条　向国务院专利行政部门邮寄有关申请或者专利权的文件，应当使用挂号信函，不得使用包裹。

除首次提交专利申请文件外，向国务院专利行政部门提交各种文件、办理各种手续的，应当标明申请号或者专利号、发明创造名称和申请人或者专利权人姓名或者名称。

一件信函中应当只包含同一申请的文件。

第一百二十一条　各类申请文件应当打字或者印刷，字迹呈黑色，整齐清晰，并不得涂改。附图应当用制图工具和黑色墨水绘制，线条应当均匀清晰，并不得涂改。

请求书、说明书、权利要求书、附图和摘要应当分别用阿拉伯数字顺序编号。

申请文件的文字部分应当横向书写。纸张限于单面使用。

第一百二十二条　国务院专利行政部门根据专利法和本细则制定专利审查指南。

第一百二十三条　本细则自 2001 年 7 月 1 日起施行。1992 年 12 月 12 日国务院批准修订、1992 年 12 月 21 日中国专利局发布的《中华人民共和国专利法实施细则》同时废止。

参考文献

- 《专利申请指南》，中国专利信息中心实施除 编著。

- 《专利法教程》，汤宗舜，法律出版社，1988。

- 《创造之王》，姚国华，基督教创作传播中心，2009。

- 《怎样搞发明创造》，（美）G 基文森 著，赵晨 译，专利文献出版社，1985。

- 《发明趣谈》，（苏）波德罗维奇 著，何家杰、梁迅、赵玉、杨志城 译，1989。

你也能成为发明人

作　　者 / 任京生（Jing Sheng Ren）

出版者 / 美商 EHGBooks 微出版公司

發行者 / 漢世紀數位文化（股）公司

臺灣學人出版網：http://www.TaiwanFellowship.org

地　　址 / 106 臺北市大安區敦化南路 2 段 1 號 4 樓

電　　話 / 02-2707-9001 轉 616-617

印　　刷 / 漢世紀古騰堡®數位出版 POD 雲端科技

出版日期 / 2014 年 9 月（亞馬遜 Kindle 電子書同步出版）

總經銷 / Amazon.com

臺灣銷售網 / 三民網路書店：http://www.sanmin.com.tw

　　　　　三民書局復北店

　　　　　地址 / 104 臺北市復興北路 386 號

　　　　　電話 / 02-2500-6600

　　　　　三民書局重南店

　　　　　地址 / 100 臺北市重慶南路一段 61 號

　　　　　電話 / 02-2361-7511

全省金石網路書店：http://www.kingstone.com.tw

定　　價 / 新臺幣 500 元（美金 17 元 / 人民幣 100 元）